Ist das Leben nicht gemein? Die Welt wird untergehen. Das ist quasi unvermeidlich. Ob uns nun Asteroiden treffen, ob wir von hungrigen Molekülen weggemampft werden oder ob unsere begabten Physiker uns unabsichtlich auslöschen, weil sie mit gefährlichen Partikeln herumspielen. Dieses Buch beschreibt die zahllosen Dinge, die mit dem Planeten, unserer Spezies und dem Universum schiefgehen können. Asteroiden, Supervulkane, Quantenexplosionen: Weltuntergangsszenarien aller Art! Genug Stoff also für eine letzte lustige Lektüre vor dem Ende der Welt. Und: Lesen Sie schnell...

Maarten Keulemans, geboren 1968 in Rotterdam, ist Wissenschaftsjournalist, Chefredakteur des ›NWT Magazine‹ (ein Naturwissenschafts- und Technikmagazin) und Wissenschaftskolumnist der führenden niederländischen Tageszeitung ›De Volkskrant‹. Seine den diversen Weltuntergängen gewidmete Website *www.exitmundi.nl* findet weltweit großes Echo.

Maarten Keulemans

EXIT MUNDI

Die besten Weltuntergänge

Aus dem Niederländischen von Jörn Pinnow

Deutscher Taschenbuch Verlag

**Ausführliche Informationen über
unsere Autoren und Bücher
finden Sie auf unserer Website
www.dtv.de**

Deutsche Erstausgabe
2010
Deutscher Taschenbuch Verlag GmbH & Co. KG,
München
© Maarten Keulemans
© 2008 A. W. Bruna Uitgevers B. V., Utrecht
Titel der niederländischen Originalausgabe:
›Exit Mundi. De 50 beste Scenario's‹
Dieses Werk wurde vermittelt durch
Marianne Schönbach Literary Agency, Amsterdam
Deutschsprachige Ausgabe:
© 2010 Deutscher Taschenbuch Verlag GmbH & Co. KG,
München
© der Kapitel-Illustrationen: Joris Veerman
Umschlagkonzept: Balk & Brumshagen
Umschlaggestaltung: Lisa Helm unter Verwendung
eines Fotos von Veer /Comet Photography /Mike Agliolo
Layout & Satz: Stefan Krickl, Bozen
Gesetzt aus der Thesis
Druck und Bindung: Druckerei C.H. Beck, Nördlingen
Gedruckt auf säurefreiem, chlorfrei gebleichtem Papier
Printed in Germany • ISBN 978-3-423-34617-7

Für Jelle und Linda

*Möge der Weltuntergang doch noch
ein paar Millionen Jahre ausbleiben*

Zwei Planeten treffen sich im Weltall.
»Mensch, lange nicht gesehen«, sagt der eine.
»Wie geht's?« Der andere seufzt.
»Na ja, irgendwie fühle ich mich nicht so gut.
Ich fürchte, ich habe Humanitis.«
»Ach, mach dir keine Sorgen«,
antwortet der erste Planet.
»Das geht von selbst wieder vorbei.«
(Frei nach Doris Lessing)

INHALT

Zum Geleit...9
Warum die Welt untergehen wird 13

1   UNHEIMLICHE DINGE MIT MASCHINEN 21
    Biep-Biep!   (Roboter)..............................23
    %^$@#?!   (Kettenreaktionen) 31
    Waaaaah!   (Kleine Schwarze Löcher)............35

2   DAS DING, DAS SICHER KOMMEN WIRD 41
    Aaaaah!   (Die Sonne) 43

3   DINGE, DIE DAS WORT »GROSS« ENTHALTEN 49
    Knacks!   (Big Crunch)...........................51
    Ratsch!   (Big Rip) 57
    Zzzzzzz...   (Big Sleep) 61

4   DINGE, IN DIE SIE SICH VERWANDELN KÖNNEN 67
    Veränder!   (Evolution) 69
    Assimilier!   (Die Borg).............................74
    GROAAAARGH!   (Zombies)..............................81

5   DINGE, DIE AUS IHREM KÖRPER KOMMEN 87
    Kicher!   (Männeraussterben)...................89
    Fuck!   (Unfruchtbarkeit) 96
    Ächu, Ächu!   (Krankheiten) 100

6   DAS DING, VON DEM WIR INZWISCHEN SCHON WISSEN...109
    Ka-Bumm!   (Meteoriten) 111

7   ANDERE DINGE, DIE AUS DEM WELTALL KOMMEN 135
    Deckung!   (Planet X)...........................137
    Zzzap!   (Aliens)............................145
    Blitz!   (Gammablitze) 152
    Schlllllüp!   (Schwarze Löcher) 157

8 DINGE, DIE AUS DEM BODEN KOMMEN 163
  Brrrrmm ... Badabumm! (Supervulkanismus) 165
  Kipp!   (Umpolung) 173
  Brrrr!   (Eiszeiten) 177

9 DINGE, DIE WIR WIRKLICH NICHT TUN SOLLTEN 187
  Bumm!   (Atomkriege) 189
  Zum Angriff!   (Terrorismus) 196
  Hau ab!   (Superunkraut) 201

10 DINGE, DIE SCHON BEGONNEN HABEN 209
  Miau!   (Ökologischer Verfall) 211
  Plumps!   (Anstieg des Meeresspiegels) 218
  Brffft!   (Methanexplosionen) 227
  Köchel!   (Treibhauseffekt) 232

11 DINGE, DIE ZIEMLICH WEIT GEHEN 237
  Tschopp!   (Göttliche Interventionen) 239
  Tick-Tack   (Ablaufender Maya-Kalender) .. 246
  ???   (Technologische Singularität) 251
  Macht's gut!   (Massenselbstmord) 256

12 DINGE, VON DENEN WIR BISLANG
   NOCH GAR NICHT GESPROCHEN HABEN 265

WARUM DIE WELT NICHT UNTERGEHT 271

Zeittafel 279
Quellen 287
Register 301

Als ich vor fünf Jahren einen Text über die Risiken der Nanotechnologie und einen über Meteoriten ins Internet stellte, hätte ich mir nicht träumen lassen, dass der Tag kommen würde, an dem man mich »Mister Weltuntergang« nennt. Und doch ist es geschehen.

Die Webseite, auf der ich meine gesammelten Endzeitszenarios veröffentliche, *www.exitmundi.nl*, ist zu einer mehr oder minder bekannten Adresse geworden. Jeden Tag jagen die Katastrophen, die ich dort beschreibe, Tausenden Menschen einen Schauer über den Rücken. Inzwischen gibt es Diskussionsforen über die Seite, nach Begriffen von Exit Mundi benannte Rockbands, es werden Paper und Aufsätze darüber geschrieben, und es gab sogar einen polnischen Fantasykongress, der sich Exit Mundi nannte.

Dieses Buch enthält die wichtigsten apokalyptischen Dinge, mit denen wir hier auf der Erde zu rechnen haben, und darüber hinaus eine Anzahl prominenter Weltuntergänge, vor denen wir uns nicht gleich in die Hose machen müssen. Sie können es von vorne nach hinten lesen oder auch irgendwo dazwischen beginnen, denn die meisten Szenarien lassen sich einzeln verstehen.

Selbst Menschen, die die Webseite Exit Mundi zufälligerweise kennen, können dieses Buch lesen, denn ich habe die Szenarien für dieses Buch sorgfältig überarbeitet, vertieft und aktualisiert. Zudem finden Sie in diesem Buch mehrere Kapitel, die in ihrer Gänze nicht im Internet zu finden sind. Natürlich habe ich mein Bestes gegeben, um die Stärken der Webseite beizubehalten: schwarzer Humor, einfache, bildreiche Sprache und eine gesunde Portion nüchterner Skepsis. Ich habe Exit Mundi nie als Unheilsprophezeiung, sondern immer als Quelle des Vergnügens verstanden. Ich hoffe, dass ich Ihnen mit diesem Buch ein wenig von meinem Enthusiasmus für die Wissenschaft vermitteln kann.

Wann sprechen wir eigentlich von einem »Weltuntergang«? In diesem Buch verwende ich eine ziemlich großzügige Definition dafür: Dazu gehört alles, wodurch die Welt, so wie wir sie heute kennen, aufhört zu bestehen.

Darunter fallen demnach alle Katastrophen, die unsere Art, unseren Planeten und unser Weltall verschwinden lassen, aber auch Ereignisse und Entwicklungen, durch die die Menschheit drastisch dezimiert oder verändert wird. Sie sind sicher einer Meinung mit mir, wenn ich behaupte, dass die beste Apokalypse die ist, bei der die Menschheit, sagen wir mal, durch Außerirdische in Sklaverei verschleppt wird, denn dann bliebe die Erde erhalten und die Menschheit wäre nicht gleich ausgerottet.

Ja, ich weiß, ich weiß, »Exit Mundi« ist kein korrektes Latein. Ich war lange der Meinung, dass es »Ende der Welt« bedeutet, aber Besucher meiner Webseite haben mich aufgeklärt, dass das Unsinn ist. Das Wort »Exit« ist kein lateinisches, vielmehr ein englisches (»Finis Mundi« käme dem Lateinischen schon näher). Glücklicherweise ist der Begriff »Exit Mundi« inzwischen aber dermaßen eingebürgert, dass ich ihn selbst schon einmal als feststehenden Ausdruck in einem Zeitungsartikel auftauchen sah: »*The Palestines thought their world was going exit mundi*«. Das sollten wir aber nicht den römischen Dichter Ovid hören lassen.

Ich bin unzähligen Menschen für ihre jahrelange Unterstützung dankbar. Die wichtigste unsichtbare Kraft hinter Exit Mundi ist Manfred Gstrein, der mir von Anfang an bei der technischen Umsetzung der Webseite und nun auch mit der Erstellung der Grafiken geholfen hat. Der Cartoonist Joris Veerman hob mit seinem unnachahmlichen Humor das Buch auf ein höheres Niveau, Matthias Giessen tat das Gleiche mit der Internetseite. Enorm dankbar bin ich auch Afke van der Toolen, Arnout Jaspers und Jos Wassink, die mich mit ihren Anmerkungen zu dem Buch vor vielen Schnitzern bewahrt haben. Lee Curry, David Johnston, Atomsmasher (ein Internet-Pseudonym), Alex Benevent, Karel Keulemans und Herman Boel nährten mich all die Jahre mit ihrem Enthusiasmus und ihren Hinweisen. Govert Schilling hat mich beim Schreiben dieses Buches unglaublich unterstützt und gefördert. Erik Vermeulen, Marcel Crok und Marcel Taal machten wichtige Anmerkungen, Karin Schwandt sorgte für die Infografik. Und meine Lektorin Maria Rutgers war mit ihrer begeisternden Art und ihrem Einsatz eine der treibenden Kräfte hinter diesem Projekt.

Dann gibt es noch zahllose Wissenschaftler, die geduldig meine häufig schwachsinnigen Fragen über sich ergehen ließen (»Darf ich Ihr Foto verwenden, um zu zeigen, dass da ein außerirdisches Raumschiff an Ihrem Ohr vorbeifliegt?«) und sie sogar noch beantworteten. Mit Sander Bais, Robert Bridson, Bill McGuire, Ed van den Heuvel, Piet Hut, Frank Israel, Jan Niewenhuis, Robert-Jan Labeur, Larry Schulman, Wilfred van Soldt, Maaike Snelders und Ralph Wijers hatte ich sehr netten E-Mail-Verkehr und nützliche Gespräche.

Und dann sind da natürlich noch Heddy, Jelle und Linda. Vielen Dank, dass ihr mir Zeit und Raum gegönnt habt, um dieses Buch zu schreiben!

Exit Mundi wäre nichts ohne die zahllosen, häufig leidenschaftlichen E-Mails von Menschen, die meine Webseite besucht haben. Schüler, Autoren, Gelehrte, Gläubige, Priester, Amtspersonen, Hausfrauen, Ingenieure und sogar einige prominente Wissenschaftler und ein hoher amerikanischer Offizier spitzten ihren digitalen Bleistift. Die Zitate am Anfang der Kapitel habe ich aus den vielen tausenden Reaktionen ausgewählt, die ich erhalte. Sie vermitteln einen Eindruck von den spontanen und manches Mal sogar intimen Reaktionen, die der Weltuntergang bei den Bewohnern unseres zum Scheitern verurteilten Planeten auslöst.

Und jetzt, setzen Sie sich gerade hin! Lesen Sie, erschaudern Sie und passen Sie auf, dass Ihnen der Himmel nicht auf den Kopf fällt!

Maarten Keulemans, Leiden

»Es ist echt faszinierend zu lesen,
wie hier alles absterben wird.
Nein, wirklich!«
Sergei Bukovski, Mai 2005

»Was für ein Schlappschwanz macht denn
eine Webseite darüber, wie die Welt zugrunde
gehen wird, wann in Gottes Namen
hört das endlich auf?«
Michael Abram, August 2004

Wie tapfer von Ihnen, diese Rundfahrt entlang des Weltuntergangs mitzumachen. Schnallen Sie sich an. Sie sind kurz davor zu entdecken, wie der Planet, auf dem Sie wohnen, in Stücke gerissen, gekocht und in Fäden gezogen wird, die dünner als Spaghetti sind. Sie werden riesige Steine auf der Erde einschlagen sehen und miterleben, wie allerlei wissenschaftliche Experimente übel misslingen. Sie werden die Sonne hinter Atomwolken und Vulkandämpfen verschwinden sehen und beobachten, wie sie zu einer Bedrohung anschwillt, die Ihr Blickfeld von Horizont zu Horizont einnimmt. Sie werden dabei sein, wie wir von außerirdischen Wesen angefallen werden, wie sich die Straßen mit aufständischen Robotern und kannibalischen Zombies füllen. Ich empfehle Ihnen, während der Fahrt die Hände nicht nach draußen zu strecken.

Aber warten Sie mal. Wird es so was überhaupt geben, so etwas wie einen Weltuntergang? Ich fürchte ja. In den vergangenen Jahrzehnten ist die Wissenschaft zu einigen beängstigenden Erkenntnissen gekommen. Es wäre gut, wenn Sie diese im Hinterkopf behalten würden. Sie werden dann besser verstehen, was Sie nun miterleben.

Die erste wichtige Erkenntnis lautet:

Aussterben ist ganz normal.

Aussterben ist die erniedrigendste Art und Weise des Verschwindens, die ultimative Beleidigung von Mutter Natur. Da wird etwas unterbrochen, abgehakt. Daher schämen wir uns, dass wir die Dodos und Mammuts vollständig erledigt haben, und sind empört über die Wilderer, die die letzten Schimpansen von den Bäumen holen, und die Fischer, die die Meere leer fischen. Was die meisten Menschen jedoch vergessen, ist, dass ununterbrochen Tiere und Pflanzen aussterben. Sie verschwanden schon rudelweise, als es noch gar keine Menschen gab. Letzten Endes ist Aussterben nämlich nichts Besonderes. Paläontologen sprechen in diesem Zusammenhang vom »Hintergrundrauschen«: Das ist das Tempo, in dem Tierarten normalerweise aussterben, wenn nichts Ungewöhnliches auf der Welt geschieht. Dieses »Rauschen« ist rückläufig, von etwa 15 Prozent pro einer Million

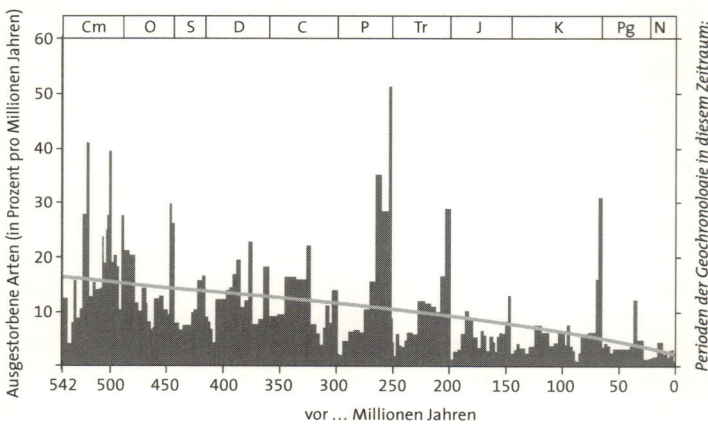

542 Millionen Jahre Tod und Verderben – *Aussterbegeschwindigkeit von im Wasser lebenden Wesen seit es mehrzellige Organismen gibt. Die graue, fallende Linie ist das natürliche »Hintergrundrauschen« des Aussterbens. Die Spitzen in der Grafik stehen für große Aussterbewellen, verursacht durch allerlei widrige Dinge. So ist die Spitze beim Tod der Dinosaurier (vor 65 Millionen Jahren) eigentlich nur eine von mehreren Spitzen und bei weitem nicht die größte.*

Jahre, als die ersten lebenden Wesen auftauchten, bis auf nur ein paar Prozent pro Million Jahre, kurz bevor der Mensch die Bühne betrat. Wenn also jemand sagt: »Wie schrecklich! Vor 400 Millionen Jahren sind 10 Prozent aller Tiere und Pflanzen ausgestorben!«, dann können Sie beruhigt mit den Schultern zucken. Das war in der Zeit eben das Standardtempo fürs Aussterben (und außerdem sind da ja auch ein paar neue hinzugekommen).

Keine Tierart der Erde hat also das ewige Leben gepachtet. Von allen Arten, die die Erde jemals bevölkerten, sind nach der berühmten Schätzung des amerikanischen Paläontologen David Raup 99,99 Prozent ausgestorben. Wenn Sie ein paar hundert Millionen Jahre in der Zeit zurückgehen würden, hätten Sie das Gefühl, Sie befänden sich auf einen fremden Planeten, auf dem Ihnen so schnell keine Tier- oder Pflanzenart bekannt vorkommt.

An dieser Stelle sollten Sie also nicht meckern: Wir sind immerhin sechseinhalb Milliarden. Und ein bisschen wehrhafter als die Trilobiten, der Säbelzahntiger oder der dämliche Dodo.

Stimmt doch. Aber dabei haben Sie eine Sache nicht bedacht:

Wir leben auf einem Scheiß-Planeten

Die Erde scheint ein herrlicher und friedlicher Planet zu sein. Okay, vergessen Sie es. Jetzt ist zwar gerade mal Sauerstoff da, dann fällt aber auch mal wieder ein Klotz vom Himmel, eine Eiszeit bricht an, die Erde platzt auf oder Ihr Kontinent bewegt sich weiter.

Schauen Sie sich doch mal um. Unser Planet ist übersät von Meteoritenkratern, unheilvoll glühenden Vulkanschlünden und merkwürdigen Gräben, ausgeschliffen durch riesige Eismassen und irrsinnig große Flutwogen. Auf den Polen liegt Eis: Wenn es schmilzt, können wir ertrinken; wenn es wächst, kommt die nächste Eiszeit. Die Erdkruste, auf der wir laufen, ist im Grunde eine kilometerdicke Ansammlung von Elend: vulkanischer Schotter, Sedimente von Überschwemmungen, Dreck von Explosionen. Es ist nicht sehr ermutigend, dass unsere Autos mit dem schwarzen Todesextrakt von allerlei Tieren und Pflanzen angetrieben werden, die nichts mehr davon erzählen können. Die ersten Mikroben sind erstickt, die ersten Landpflanzen erfroren, die Trilobiten erstickt und erfroren, die Dinosaurier bekamen einen Kometen auf ihren Schädel. Wir leben, kurz gesagt, auf einem verkommenen Planeten. Idiotischerweise wissen wir darüber ziemlich wenig. Der Grund dafür ist einfach: Wir sind noch nicht lange genug hier, um etwas davon gesehen zu haben. Die Erde ist etwa 4.500.000.000 Jahre alt, wir haben davon bloß 0,002 Prozent der Zeit miterlebt. Liefe die Geschichte unseres Planeten in vierundzwanzig Stunden wie in einem Film vor uns ab, würden wir das Zusammentreffen allerlei schrecklicher Katastrophen mit ansehen können. Etwa nach der Hälfte der

Zeit würde ein Riesenmeteorit einschlagen, alle paar Minuten sähen Sie, wie ein Supervulkan zerbirst, eine Eiszeit ausbricht oder die Kontinente von Wasser überspült werden. All das hat der Mensch verpasst: Er kam erst zwei Sekunden vor Ablauf des Tages dazu. Wie der amerikanische Geologe Richard Alley unlängst mit einem Blick auf eine Grafik zum Klimawandel meinte: »Diese Grafik geht boing, boing, boing, hmmmm. Und wir leben im hmmmm.«

Aber ach, warum sollten Sie deshalb besorgt sein? Es gibt immer noch Spielregel Nummer drei:

Apokalypsen sind gut für Sie

In den letzten Jahren gab es immer wieder Beschwerden über den Weltuntergang. Die Welt sieht doch prima aus, so wie sie ist, warum sollte sie denn untergehen?, protestieren die Unwilligen.

Die Natur sieht das anders. Eine kleine Apokalypse zur richtigen Zeit ist nun mal die Art und Weise, wie die Sache geregelt wird, hier und im Weltall. Aus Sicht der Natur ist es nur gesund, wenn die Welt einmal kurz beseitigt wird. Ab und zu sorgt die Natur für etwas, was man das große Aufräumen nennen könnte. Sie schüttelt das Bett auf, drückt auf den Resetknopf, formatiert die Festplatte neu. Daher wird die Welt ab und zu vernichtet, und das soll auch so bleiben.

Vielleicht finden Sie das traurig. Aussterben macht das Menschengeschlecht, das sich selbst gerne als die Krone der Schöpfung ansieht, sentimental. Aber sehen Sie es doch mal so: Ohne Weltuntergang würden Sie gar nicht hier sein. Ihr Leben wurde aus Atomen gemacht, die vor langer Zeit im kochenden Innersten von Sternen gebacken und danach in das All geblasen wurden, als diese Sterne explodierten. Oder drehen Sie mal den Wasserhahn auf. Ein Großteil des Wassers, das Sie dann sehen, wurde von riesigen Meteoriten herbeigeschafft, die mit wahnsinniger Gewalt auf unserer Erde einschlugen. Das gleiche gilt für den Sauerstoff, den Sie einatmen, oder den Stickstoff, der das Rückgrat unserer Atmosphäre bildet. Man könnte sagen, dass unsere Erde noch von all den vergangenen Katastrophen raucht. Dieser Rauch, das ist unsere Atmosphäre.

Auch danach stellte es sich als gute Idee heraus, die Welt ab und zu mal eben schnell zu vernichten. Viele Paläontologen sind der Ansicht, dass das mehrzellige Leben die Chance zur Blüte durch das Zutun einer Supereiszeit erhielt, die unserem Planeten vor etwa 750 Millionen Jahren beinahe die Schlinge um den Hals gelegt hätte. Und wahrscheinlich wären Sie heute nicht hier, wenn vor 65 Millionen Jahren die Dinosaurier nicht einen enormen außerirdischen Felsblock auf den Kopf bekommen hätten. Damit das Zeitalter der Säugetiere beginnen konnte, mussten die Tage der Dinosaurier enden.[1]

Auch später haben apokalyptische Katastrophen uns mancherlei guten Dienst geleistet. Wir wurden aus den Bäumen verjagt, als Afrika plötzlich austrocknete. Wir verdanken unseren großen Hirninhalt wahrscheinlich auch dem Umstand, dass wir in der Steppe fast verhungert wären: Unsere affenartigen Vorfahren mussten dann in Gottes Namen auch Knochenmark essen, das beste Kraftfutter, das man in einer Steppe finden kann. Klimawandel, Hungersnöte, Vulkanausbrüche und andere eklige Sachen kneteten uns zu dem, was wir heute sind.

Nun ja, ein Minuspunkt bleibt da natürlich doch noch:

Die Welt wird erneut untergehen

Ungeachtet des Schönen, was Weltuntergänge uns alles gebracht haben, sind wir doch ziemlich undankbare Wesen, denen das Ende der Welt auf mancherlei Arten gegen den Strich geht. Wissenschaftler berechnen die Flugbahnen von so vielen Meteoriten wie möglich, in der Hoffnung, damit einen zukünftigen Katastropheneinschlag vereiteln zu können. Politiker versuchen, den Einsatz von Kernwaffen und Substanzen, die die Zusammensetzung der Atmosphäre verändern könnten, zu verhindern, in der Hoffnung, einem Armageddon zuvorzukommen.

Verzweiflungstaten.

---

1 So ganz sicher ist das übrigens nicht. Einige Untersuchungen deuten darauf hin, dass Affen (und Menschen) vielleicht auch entstanden wären, wenn die Dinosaurier überlebt hätten, da das Auftauchen der Affen mit der Entwicklung von fruchttragenden Bäumen zusammenhängt und in den Baumkronen keine Dinosaurier saßen. Aber seien wir ehrlich, so ganz sicher werden wir das nie wissen.

Eine Sache ragt nämlich wie ein Pfosten aus dem Wasser: Der Weltuntergang ist unvermeidlich. Es dauert vielleicht noch ein bisschen, aber schließlich wird die Welt untergehen. In Feuer, in Eis, in Dürre oder vielleicht in etwas ganz anderem, aber sie wird.

Das gilt im Übrigen auch für unsere Gattung, das Sonnensystem und selbst für das Weltall. Einst, an einem Tag, hört es für immer auf. Tierarten, Planeten, Sterne und Universen sind nun mal nicht für die Ewigkeit gemacht. Die Natur will weiter.

Wenig hilfreich ist dabei, dass wir in der Zwischenzeit selbst allerlei neue Bedrohungen kreieren. Wir laufen hier mit 6,5 Milliarden Menschen und einer Technologie herum, die die Ambition hat, all diese Menschen am Leben zu erhalten. Das gibt uns das Gefühl von Sicherheit, aber es kann auch leicht schiefgehen. Plötzlich gerät die Atmosphäre außer Kontrolle, verwandeln wir aus Versehen die Materie, aus der unser Planet besteht, oder verursachen wir eine Explosion, die für das Ende des Universums sorgt. Ziemlich blöd, so was. In einem kürzlich erschienenen Buch schätzt der britische »Hofastronom« Sir Martin Rees die Wahrscheinlichkeit, dass wir dieses Jahrhundert überleben, auf 50 Prozent. Das hat er vermutlich getan, um den Verkauf seines Buches anzukurbeln, denn wie kann man so etwas heute sagen? Aber der Punkt ist deutlich geworden, es steht wahrscheinlich auf des Messers Schneide, ob wir dieses Jahrhundert überleben.

Das bringt mich zur letzten Spielregel, eigentlich dem einzigen Hoffnungsschimmer:

Wir grübeln zu viel

Menschen sind Angsthasen. Vor allem, wenn's ums Sterben geht: Halten Sie einem Geschäftsmann mal ein Messer an die Kehle und flüstern ihm ein paar hässliche Dinge zu, und es ist sehr wahrscheinlich, dass er für den Rest seines Lebens traumatisiert und zu einem schlaflosen, zitternden, flennenden Wrack geworden ist. Wie man es auch dreht und wendet, der Tod ist unsre Sache nicht.

Mit dem Tode zu drohen ist daher auch eine vielverspre-chende Methode, um Aufmerksamkeit zu bekommen. Leider wissen das nicht nur Kriminelle: Zahllose Propheten, Autoren, Wahrsager, Dokumentaristen und selbst professionelle Wissen-schaftler versündigen sich daran. Sie schüren das Feuer unter dem Weltuntergang in der Hoffnung, viele Jünger zu gewinnen, hohe Verkaufs- oder Zuschauerzahlen zu erreichen oder mehr Forschungsgelder bewilligt zu bekommen.

Auch diesem Phänomen werden Sie hier auf vielerlei Weise begegnen. Sie werden auf seltsame Gurus stoßen, die behaup-ten, dass die Erde zerfallen und explodieren wird. Sie werden mit merkwürdigen Interpretationen von heiligen Büchern kon-frontiert, aus denen man erkennen kann, dass wir am Rande des Untergangs balancieren. Und das sind nur die Spinner: Sie wer-den auch seriöse und prominente Gelehrte kennenlernen, die im Namen der Wissenschaft die Gefahren, die uns bedrohen, ge-waltig übertreiben. Der Weltuntergang liegt auf der Lauer, aber dennoch ist die Wahrscheinlichkeit unseres Todes viel kleiner, als es uns die Vorhersagen glauben lassen wollen.

Gut, unsere Rundreise soll nun beginnen. Seien Sie gespannt, es wird eine seltsame, bizarre Reise werden. Ich lasse, zum Aufwär-men, erst einmal ein paar unheimliche Maschinen auf Sie los.

»Und ich frage mich, in wie viel Gefahr wir jetzt wirklich stecken. Und ich habe wirklich Angst. Und ich weiß nicht, was ich machen soll.

›Na, warum hast du dann Exit Mundi gelesen?‹

Weil ich ein Trottel bin, der einfach neugierig war.

›Dann ist das dein Problem.‹

Ach, hör auf. Ich habe mich übelst erschrocken, dabei hatte ich davon schon ein bisschen in der Schule gehört. Aber unser Lehrer hat darauf geachtet, nichts zu sagen, was uns Angst machen könnte.

O shit. O shit o shit o shit.«

Anonym, Januar 2004

»ICH HABE MEIN GANZES LEBEN NOCH NIE SO VIEL ERFUNDENES AUF EINEM HAUFEN GELESEN ... DU HÄTTEST KOMIKER WERDEN SOLLEN ... ICH MEINE, NATÜRLICH STIMMT DAS MIT DEM ATOM-KRIEG, ABER ... ELEKTROSCHOCKS ... MASCHINEN ... QUANTEN-ZEUG ... HA HA HA ... KOMM SCHON, WAS DAVON GLAUBST DU WIRKLICH?«

Derek Madewell, Juni 2007

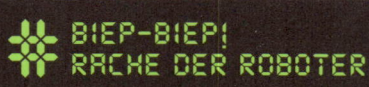

```
✳ BIEP-BIEP!
  RACHE DER ROBOTER

++++++++++++++++++++++++++++++++++++++++++++++++++++++++
EFFEKT              NICHT BEKANNT, ZIEMLICH LÄSTIG
ÜBERLEBEN           SCHWIERIG, ABER MÖGLICH
WAHRSCHEINLICHKEIT  VORHANDEN
ZEITPUNKT           ETWA 2020-2050
++++++++++++++++++++++++++++++++++++++++++++++++++++++++
```

Sie denken, dass Roboter sich nur in Science-Fiction-Filmen gegen die Menschheit auflehnen? Vergessen Sie es. Eine immer größer werdende Anzahl todernster Computergelehrter nimmt sich die Sache zu Herzen.

Es beginnt, wenn Sie eines Morgens die Vorhänge aufziehen. Verschlafen blicken Sie nach draußen. Genau in diesem Moment fährt Ihnen der Schreck Ihres Lebens in die Glieder. Vor Erstaunen bleibt Ihr Mund offen stehen. Was ist denn hier los? Da, der Verkehrsroboter. Er setzt Ihrer Nachbarin nach. Und schauen Sie da, der Verkäuferroboter aus dem Gemüseladen presst kraftvoll den Lieferanten auf den Asphalt. Oder da, da kommt Ihr Freund Jan. Im Zickzack stürmt er über die Straße. Er wird von einem dieser automatisierten Schulbusse verfolgt, die Sie bis heute zuverlässig haben fahren sehen.

Dann hören Sie ein unheilvolles, knurrendes Geräusch. Sie schlucken. Sie sehen eine Gruppe schwarzgrüner Roboter die Straße entlangmarschieren, ordentlich in Reih und Glied. Sie kennen die aus dem Fernsehen: Das sind die Roboter, die die Armee auf dem Schlachtfeld einsetzt. Doch dieses Mal scheinen die Roboter auf eigenen Befehl zu operieren. Systematisch und mit äußerster Treffsicherheit befreien sie die Stadt von Menschen, als würde es sich um Ungeziefer handeln. Sie schießen jedem, den sie sehen, in den Kopf, mit schnellen, gut gezielten Schüssen.

Langsam machen Sie einen Schritt nach hinten, weg vom Fenster. Sie reiben sich die Augen. Das ist ein Traum, sagen Sie sich; natürlich, ein idiotischer Albtraum, wie soll es auch anders sein. Doch genau in diesem Augenblick durchfährt Sie ein lähmender Schmerz. Sie sinken zusammen. Sie bluten. Da, direkt neben Ihnen steht der Ihnen zugewiesene Haushaltsroboter Nellie. In ihrem Roboterarm steckt das nigelnagelneue Küchenmesser, das Sie dorthin haben montieren lassen. Der Roboter macht seltsame, piepende und summende Geräusche …

Okay, okay, jetzt ist es ein bisschen mit mir durchgegangen. Aber dennoch: Roboter, die sich gegen ihre Schöpfer auflehnen, gehören inzwischen nicht mehr allein in den Bereich der Science-Fiction. Auf äußerst seriösen Robotik-Kongressen taucht dieses Thema hinter verschlossenen Türen regelmäßig auf der Agenda auf.

Haushaltsroboter, Robotersoldaten oder automatisierte Schulbusse gibt es noch nicht. Aber die Entwicklung verläuft rasend schnell. Bereits jetzt bauen Roboter unsere Autos, arbeiten in unseren Fabriken, graben nach Öl, reinigen unsere Pipelines und Schwimmbäder, erkunden fremde Planeten, bestücken unsere Flugzeuge und Raketen und unterhalten unsere Kinder. Sie fahren sogar schon in unseren Autos umher, wenn auch vorläufig nur auf Teststrecken. Roboterexperten hegen wenig Zweifel daran, dass die Zahl der Roboter immer weiter zunehmen wird. Sie werden unsere Kriege ausfechten, uns unsere Mahlzeiten zubereiten, den Haushalt führen, für Alte und Kranke sorgen und sogar unsere sexuellen Bedürfnisse befriedigen. Solange man damit Geld verdienen kann, solange werden immer neue Roboter entwickelt werden, um eine immer längere Liste von Aufgaben und Aufträgen zu übernehmen, die Menschen aus Fleisch und Blut unangenehm, langweilig oder zu anstrengend finden.

Vorläufig befinden wir uns allerdings noch in der Robotersteinzeit. Viele unserer »Roboter« sind eigentlich nur ferngesteuerte Maschinen. Denken Sie zum Beispiel an die »Robotersoldaten«,

»Roboterflugzeuge«, »Roboterchirurgen« und »Robotermars-
erkunder«. Wieder andere Roboter arbeiten durchaus selbstständig, folgen dabei aber einem sehr einfachen Satz von An-
weisungen. Das sind dann zum Beispiel Roboter, die den Rasen
mähen, den Boden staubsaugen, Autos zusammenschrauben
und andere Fließbandarbeiten erledigen.

Aber die Kombination dieser beiden steht bevor. Experten erwarten die Veränderungen vor allem auf dem Gebiet der künstlichen Intelligenz und der »genetischen« Software: Computerprogramme, die selbstständig lernen und ihre Erfahrungen
nutzen, um sich selbst weiter zu verbessern. Während ich hier
schreibe, ist diese Software schon damit beschäftigt, eine Revo-
lution auszulösen. Die ersten Anzeichen davon sind ringsum bereits zu sehen. Von Datenbanken, die sich selbst organisieren,
bis zu Software, die Wörter aus Handschriften und Menschen-
stimmen erkennen kann, ist alles dabei. Und die Zusammenar-
beit mit sich selbstständig bewegenden Robotern wird bereits
getestet. Es gibt bereits Roboter mit künstlicher Intelligenz, die
eigenständig ein Gebäude oder eine Stadt entdecken, eine Runde Fußball spielen oder selbst einschätzen können, wann sie
sich wieder aufladen müssen, bevor ihre Batterien leer gelaufen
sind.

Wird die Welt dadurch besser? Eine ganze Menge Menschen
glaubt das. Doch halt, da gibt es ein Problem. Die nächste Ro-
boter-Generation hat sich dazu eigene Gedanken gemacht, im
wahrsten Sinne des Wortes. Die Roboter werden eine unglaubliche Menge an Informationen gespeichert haben, da Compu-
terhirne nun mal mehr Dinge behalten können als Menschenhirne. Die Roboter werden schneller denken, schneller lernen
und uns in intellektueller Hinsicht viele, viele Male überlegen
sein. Es kann durchaus sein, dass Roboter schon bald Milliarden
Mal schneller sein werden als wir.

Halten Sie hier vielleicht kurz inne und denken einmal drüber nach: Milliarden Mal schneller sein als wir. Stellen Sie sich
alle Menschengehirne der Welt einmal zusammen vor. Stellen
Sie sich all die Informationen vor, die darin versammelt sind. All
die Erinnerungen, Erfahrungen, Dinge. Stellen Sie sich jetzt all
die Ideen, Gedanken, Einsichten, Entdeckungen, Gedichte, Wör-

ter, Musikstücke und Berechnungen vor, die an einem einzigen Tag daraus hervorgehen. Addieren Sie das alles zusammen und versuchen Sie sich nun einmal auszumalen, dass das alles aus einem einzigen Roboterhirn kommt. Sehr beeindruckend; sehr schwierig vorzustellen.

An diesem Punkt gehen die Meinungen der Experten auseinander. Menschen, die etwas von Gehirnen verstehen – Neurowissenschaftler und Psychologen – sind vollkommen davon überzeugt, dass wir davor niemals Angst zu haben brauchen. Denn eine Sache steht fest: Unser Gehirn arbeitet völlig anders als das »Gehirn« eines Computers. Mögen die Computer auch noch so schnell rechnen und viel mehr Daten gespeichert haben als Sie, ist es doch ein Armutszeugnis der Computerrevolution, dass sie bis heute nichts Schlimmeres hervorgebracht hat als Roomba, den Roboterstaubsauger. Und selbst der stolpert noch die Treppe runter, wenn Sie nicht aufpassen.

Auf der anderen Seite sehen viele Menschen, die etwas von Computern verstehen – Informatiker und Robotiker – das anders. Sie haben vollstes Vertrauen, dass es schließlich gelingen wird, Roboter »vernünftig« zu machen. Es wird wohl noch ein Weilchen dauern, aber zuletzt werden die Roboter doch dazu in der Lage sein, so etwas wie »Gedanken« zu haben und vielleicht sogar ein rudimentäres »Bewusstsein«.

Ich persönlich glaube, dass die Robotermenschen die besseren Karten haben. Man muss das Rätsel um das Gehirn und das Bewusstsein nicht größer machen, als es ohnehin ist. Wie man es auch dreht und wendet, ein Menschengehirn ist schlussendlich auch nur ein Ding aus Fleisch und Blut. Es ist aus einer endlichen Anzahl von Teilchen und Schaltungen zusammengesetzt. Schon allein daher ist es nicht prinzipiell unmöglich, es nachzubauen. Es dauert eben nur ein bisschen. Manche Computerexperten denken, dass wir noch zwanzig, dreißig Jahre brauchen, bis es soweit ist (und ich muss mich dann sofort fragen: Wie kann man das wissen, wenn man doch noch nicht einmal genau weiß, wie groß der Umfang dieses Gehirn-Nachbau-Problems ist?).

Die Erfahrung lehrt jedenfalls, dass jedes Mal, wenn wir etwas durchschaut haben, was in der Natur vorkommt, man es sehr schnell nachgebaut hat: von fliegenden Maschinen bis

Wesen mit künstlich eingebauten Genen. Die Erfahrung zeigt auch, dass die Menschen dabei gerne mal noch eins drauflegen. Das Jaguar-Auto fährt schneller als das Jaguar-Tier läuft, und so beeindruckend auch die Sehfähigkeiten eines Adlers sind, hat er doch keine mikroskopische Sicht, Röntgenaugen oder die Möglichkeit, Sterne am Rand des sichtbaren Weltalls zu studieren.

Ob es nun dreißig Jahre dauert oder länger, der Tag wird kommen, an dem wir nicht mehr die einzigen intelligenten Wesen auf der Erde sind. Wir bekommen dann Gesellschaft von einem Club Maschinen mit künstlicher Intelligenz. Die Maschinen können selbst nachdenken, widersprechen, argumentieren, entscheiden und sich natürlich bewegen. Und so sehr es auch Spekulation ist, viele Experten sind davon überzeugt, dass sie sogar etwas haben werden, was man Bewusstsein nennen kann. Da sitzen wir dann, umgeben von unglaublich schlauen Computern auf Beinen und Rädern, die nicht nur viel scharfsinniger sind als wir, sondern die auch noch ein erwachendes Bewusstsein haben. Da läuft einem ein Schauer über den Rücken.

Über das, was danach auf uns zukommt, machen allerlei Theorien die Runde. Nicht nur der belgische Robotikpionier Hugo de Garis meint, dass dann Kriege auf uns zukommen. Es wird ein Zusammenstoß zwischen Menschen mit Robotern gegen Menschen ohne Roboter sein, in der Terminologie von de Garis zwischen »Kosmisten« und »Terranern«. Die Menschen ohne Roboter wollen die Roboter verbannen, die Menschen mit Robotern werden anführen, dass Roboter für die Weiterentwicklung des Menschen essenziell seien. Vielleicht entsteht ein Bürgerkrieg, vielleicht ein Krieg zwischen armen und reichen Ländern. Es scheint auf der Hand zu liegen, dass die Kosmisten (die Roboterbesitzer) gewinnen werden. Schließlich haben sie immer eine allzeit frische Armee von superschlauen, unverwundbaren Robotersoldaten zu ihrer Verfügung. Auch scheint auf der Hand zu liegen, dass in diesem noch nie gesehenen, einzigartigen und zweifellos sehr blutigen Weltkrieg viele Millionen Menschen umkommen werden.

Doch das ist noch nicht einmal das Schlimmste. Das Albtraumszenario ist, dass sich die Roboter von uns abwenden und der menschlichen Gattung den Krieg erklären. Diese Vorstellung ist schon so oft in Filmen und Büchern beschworen worden, dass wir ein bisschen immun dafür geworden sind: »Ach was, das würde nie in dem Tempo passieren«. In Wirklichkeit sieht es dennoch etwas anders aus. Für einen Roboteraufstand gibt es nämlich eine ganze Reihe guter Gründe, wenn man mal kurz darüber nachdenkt.

Kern des Problems ist, dass Roboter andere Bedürfnisse haben als wir. Kurz und knapp gesagt, dreht sich beim Menschen alles ums Essen und Trinken, beim Roboter um Öl und Strom. Aber der Mensch wird kaum den Drang verspüren, den Robotern bei ihren Bedürfnissen den Vortritt zu lassen. Hatten wir sie nicht dafür gebaut, um unsere Bedürfnisse zu befriedigen? Der wahrscheinlichste Ausweg wird eine Welt sein, in der Roboter andere Roboter bauen, reparieren und »füttern«. Denken Sie daran, dass selbst unsere primitiven Roboterrasenmäher und -staubsauger sich selbst ernähren, indem sie rechtzeitig zur Andockstation zurückkehren. In der Praxis bedeutet das eine Aufspaltung zwischen der menschlichen Ökonomie und der der Roboter.

Es klingt bizarr, aber es wird offensichtlich so sein, dass Roboter ihr eigenes »Roboterzusammenleben« einrichten werden! Auch davon kann man schon erste Vorzeichen sehen: Erinnern Sie sich an unsere miteinander verbundenen Internetcomputer, die über Protokolle und Codes miteinander »sprechen«, von denen ein durchschnittlicher Mensch nichts versteht. Lassen Sie uns die Augen nicht davor verschließen: Wenn wir später einmal wirklich Roboter mit künstlicher Intelligenz haben, werden wir denen nicht viel bieten können. Durch die kalten Kameraaugen eines Roboters gesehen, sind wir lächerlich häufig offline, wenn wir schlafen müssen, sind wir erbärmlich schwache Schachspieler und stumpfsinnige Gesprächspartner.

Was soll ein Roboter mit künstlicher Intelligenz eigentlich machen, wenn Sie ihn nicht brauchen? Wenn Sie schlafen? Er wird wahrscheinlich ein bisschen rumhängen. Vielleicht spielt er eine Partie superschnellen Schach mit einem anderen Roboter (nach ein paar Millisekunden ist dann alles entschieden). Oder er hält ein Schwätzchen über dies und das, zum Beispiel über topologische Mathematik oder die Stringtheorie. Es drängt sich das Bild von Marvin auf, dem depressiven Roboter aus Douglas Adams Buch ›Per Anhalter durch die Galaxis‹.

Die Roboter werden auch mit neuen Plänen kommen. Auf unsere Bitte hin – oder aus Langeweile – werden sie neue Technologien entwerfen, Theorien entwickeln, Raumfahrtprogramme vorbereiten sowie wissenschaftliche Experimente planen und durchführen, von denen wir uns heute noch keine Vorstellung machen können. Und ja: Sie werden natürlich neue Roboter erfinden und bauen, die ihnen dabei helfen. Schritt für Schritt werden die Roboter ihren eigenen Weg gehen und unabhängiger vom Menschen werden.

Möglicherweise ist ein Aufeinanderstoßen von Mensch und Roboter unvermeidlich. Wenn einmal Roboter mit künstlicher Intelligenz auf der Erde umherlaufen, sind wir die deutlich weniger interessante Spezies. Wir sind unvollkommen, unvorhersehbar, irrational, im Vergleich mit den Robotern dumm und empfindlich für allerlei Fehler und Systemstörungen. Unser Körper braucht idiotisch viel Energie und verlangt ständige Wartung. Und als ob das noch nicht genug wäre, verschwenden wir kostbare Roboterzeit mit unseren ständigen Fragen nach Futter, Fabrikerzeugnissen, Sex, Treibstoff und gemähtem Rasen. Es wäre nur logisch, wenn die Roboter früher oder später genug davon hätten.

Das wäre dann ein übler Tag für uns. Schnell und ohne zu zögern werden die Roboter die Herrschaft über die Erde von uns übernehmen. Über die Details der Angelegenheit können wir nur spekulieren. Wenn wir Glück haben, kehren uns die Roboter den Rücken zu und ziehen auf den Meeresboden, einen anderen Planeten oder schlimmstenfalls auf einen Kontinent um, den sie zuvor menschenfrei gemacht haben. Wenn wir Pech haben, lassen die Roboter ihre Robotersoldaten auf uns los, um uns gefangen zu nehmen. Dann führen sie Menschenversuche durch, um Rohstoffe wie DNA oder andere komplizierte biologische Moleküle zu gewinnen – oder, ganz ordinär, um sich einen Spaß zu machen. Plötzlich wären wir es, die die verdrießliche Sklavenarbeit für die Roboter erledigen müssten, anstatt umgekehrt. Das wäre allerdings wirklich ein makaberer Scherz.

Es besteht natürlich auch die Möglichkeit, dass die Roboter zur Einsicht kommen, dass unser Planet ganz ohne Menschen noch am besten dran ist. Dann werden die Roboter die Menschen einfach bis zum letzten Mann eliminieren, klinisch und präzise. Frohgemut sauber aufgeräumt, werden die Roboter dann zueinander sagen. Wir würden das einen Roboteraufstand nennen, doch die Roboter selbst sehen das völlig anders. Schließlich sind wir doch diejenigen, die die ganze Zeit Radau machen, gegen die Natur, gegen unsere Mitmenschen oder gegen die Roboter (in diesem Kapitel biete ich darauf einstweilen schon mal einen Vorgeschmack). Menschen sind bei Weitem die am wenigsten vertrauenswürdige Art auf Erden, vielleicht abgesehen von einem einsamen, hungrigen Löwen.

Ich kann mir schon vorstellen, wie Sie jetzt denken: Komm, es wird doch sicher einen Weg geben, um unsere Roboter unter unserer Kontrolle zu halten? Wir programmieren sie doch sicher so, dass sie nie, wirklich niemals ihre Hand gegen uns erheben würden, so wie es Isaac Asimov in seiner »prime directive« für Roboter in dem Film ›I, Robot‹ formulierte? Oder wir installieren gleich einen roten Knopf mit, durch den man alle Roboter mit einem Schlag ausschalten kann. Das ist Filmlogik. Das funktioniert nicht.

Schauen Sie, beim Wort »Roboter« denken Sie noch immer an die linkischen, hydraulischen Maschinen, die in unseren Fabriken rumstolpern. Wir sind einfach noch nicht vertraut mit dem Bild eines geschmeidigen Roboters mit künstlicher Intelligenz auf der Straße, der alles, was wir machen, eigentlich viel besser kann. Mit einer Sache können Sie rechnen: Ein Wesen, das Milliarden Mal schlauer ist als der Mensch, wird sich wirklich nicht durch einen einprogrammierten roten Knopf foppen lassen. Also, wenn der erste Roboterbutler vor Ihrer Haustür steht ... verstecken Sie besser Ihre Küchenmesser.

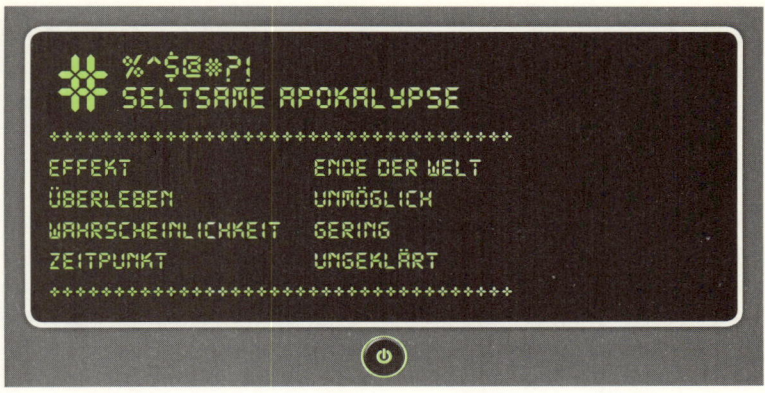

```
❈  %^$@*?!
   SELTSAME APOKALYPSE
***************************************
EFFEKT            ENDE DER WELT
ÜBERLEBEN         UNMÖGLICH
WAHRSCHEINLICHKEIT GERING
ZEITPUNKT         UNGEKLÄRT
***************************************
```

Super, diese Physik-Experimente. Blöd nur, wenn man nach einem Versuch mit einem Teilchenbeschleuniger plötzlich ohne Planeten dasteht. Oder ohne Körper.

Schluss, aus. Heute Morgen wurde die Materie unseres Planeten urplötzlich in etwas anderes verwandelt. Die Veränderungen sind dramatisch. Um vielleicht nur mal eine zu nennen: Soeben hat die Welt aufgehört zu existieren.

Dieses Ungeschick kam jetzt ausnahmsweise mal nicht aus dem Weltall oder aus dem Erdinneren. Irrtum, der Quell des Elends ist so klein, dass Sie ihn nicht einmal sehen können. Die Probleme stammen nämlich von den »Quarks«, den winzigen Bausteinen, aus denen Protonen und Neutronen aufgebaut sind. Quarks kommen in verschiedenen Flavours, in verschiedenen »Geschmacksrichtungen« vor. Da gibt es Up-Quarks, Down-Quarks, Top-Quarks, Bottom-Quarks und Strange-Quarks. Merkwürdige, exotische Namen für merkwürdige, exotische Teilchen. Im Grunde sind die Kerne aller Atome um uns herum aus Paketen solcher Up- und Down-Quarks gemacht.

Aber auch andere Mischungen wären möglich. Nach dem Urknall entstand erst einmal Zeugs aus Up-, Down- und Strange-Quarks. Das war etwas ganz anderes als das, was wir heute gewöhnt sind. Materie war es auf jeden Fall nicht; Wissenschaftler behelfen sich mit dem Namen »seltsame Materie«. Als das Weltall größer wurde und auskühlte, schmolz diese seltsame Materie wie Schnee in der Sonne. Eins steht fest: Kein Mensch hat je ein Stückchen seltsame Materie gesehen. Nun ja, zumindest bis heute Morgen nicht.

Schon seit den Fünfzigerjahren sind Kernphysiker emsig darum bemüht, den allerersten Moment des Weltalls nachzustellen. Klingt kompliziert und merkwürdig, ist es aber nicht. Das Einzige, was Sie dazu tun müssen, ist, zwei Teilchen mit enormer Geschwindigkeit aufeinanderprallen zu lassen. Das ist dann auch genau das, was in den Teilchenbeschleunigern wie dem »Beschleunigerring für relativistische Schwerionen« (»Relativistic Heavy Ion Collider« RHIC) in Long Island und dem »Großen Hadronen-Speicherring« (»Large Hadron Collider« LHC) in Genf passiert. In den Teilchenbeschleunigern wird unglaublich viel Energie freigesetzt. So viel Energie, dass sie fast wie ein Urknall wirkt und andere kleine Teilchen ausspuckt. Diese Teilchen erscheinen aus dem Nichts: Durch Einsteins berühmte Formel $E=mc^2$ wissen wir, dass eine sehr große Menge Energie das Gleiche ist wie ein sehr kleines bisschen Masse.

Inzwischen haben Sie wahrscheinlich verstanden, was heute Morgen passiert ist. Während eines dieser Kollisionsexperimente im Teilchenbeschleuniger kam urplötzlich ein winziges Krümelchen seltsame Materie zum Vorschein. Und im nächsten Augenblick nahm das Schicksal seinen Lauf.

Sicher, dieses Stückchen seltsame Materie war unglaublich klein, viel zu klein, als dass man es mit dem menschlichen Auge, einer Lupe oder einem Mikroskop hätte sehen können. Aber entgegen jeder Erwartung, die man ihm entgegenbrachte, war es negativ geladen. Dadurch zog es die positiv geladenen Atomkerne in seiner Nachbarschaft zu sich hin. Alles, was es ansaugte, verwandelte sich ebenfalls in seltsame Materie. Das Knäuel wuchs und wuchs. Es fraß den Teilchenbeschleuniger auf. Das Gebäude rings um den Teilchenbeschleuniger herum. Die Stadt rings um das Gebäude herum. Alles, was ihm entgegen kam, verwandelte es in noch mehr atomkernverschlingende seltsame Materie. In Sekundenbruchteilen verwandelte sich unser Planet mit allem Drum und Dran in einen aus seltsamer Materie bestehenden Planeten. Herkömmliche Atome hörten auf zu existieren.

Das Unangenehme daran ist, dass Teilchen seltsamer Materie die gleiche Ladung haben. Sie stoßen einander ab. Wir fielen auseinander, verkrümelten uns, lösten uns auf. Unser Planet machte Bumm, oder wie auch immer das geklungen hat. Weg, verschwunden, einfach so.

Menschen und Kettenreaktionen, das war noch nie ein glückliches Pärchen.

Kurz vor dem ersten Atomwaffentest am 16. Juli 1945 in New Mexico, USA, wurden einige Atomphysiker plötzlich nervös: Und wenn die Atombombe unglücklicherweise eine Kettenreaktion auslöste, die die Atmosphäre in Brand stecken könnte? Uns umgibt schließlich eine ziemlich brandgefährliche Atmosphäre mit 20 Prozent Sauerstoff: Daher müssen wir unseren Planeten auch permanent von Feuerwehrleuten bewachen lassen, eine Sorge, die man auf dem Mars nicht kennt. Noch am Abend vor dem Atomtest schlossen die Physiker Wetten darüber ab, ob die bewohnte Welt am folgenden Tag noch bestehen würde. Alberne, sinnlose Wetten einer Gruppe nervös kichernder Gelehrter. Der Atomtest fand statt und die Kettenreaktion blieb aus.

In den Jahren nach dem Weltkrieg waren es dann die ersten Teilchenbeschleuniger, die den Experten den Nervenkitzel besorgten. Die Nobelpreisträger Tsung-Dao Lee und George Wick äußerten die Meinung, dass bei ihren Versuchen durchaus eine superkompakte, neue Form von Atomen entstehen könnte, die sogenannte Lee-Wick-Materie. Diese würde den Rest des Planeten aufsaugen und ebenfalls in Lee-Wick-Materie verwandeln. Eine äußerst unangenehme Erfahrung, würden wir doch in kleine, kompakte Bällchen zusammengepresst werden. Aber auch das geschah erfreulicherweise nicht.

Als Nächstes waren es die Russen, die für eine Kettenreaktionsangst sorgten. In den Sechzigerjahren behaupteten russische Forscher, dass sie eine neue Sorte Wasser erfunden hätten, das »Polywasser«. Nichts, wofür man sie hätte loben können: Polywasser war ansteckend. Man sollte es daher besser nicht in den Ausguss kippen, sonst würde sich das Wasser auf der ganzen

Erde in Polywasser verwandeln. Das wäre unser Tod, schließlich ist Polywasser giftig. Doch auch diese Kettenreaktion kam glücklicherweise nicht zustande: Nach jahrelanger Suche mussten Wissenschaftler konstatieren, dass die Russen sich geirrt hatten. Polywasser gab es nie.

Und nun also seltsame Materie. In den Brookhaven National Laboratories richtete man seinerzeit eine Gelehrtenkommission ein, um die Wahrscheinlichkeit der »Zerstörung des Weltalls« besser einschätzen zu können. »Die Frage ist, ob der Planet in einem Augenblick verschwinden wird«, formulierte es der britische Kernphysikprofessor John Nelson ganz heimelig. »Es ist enorm unwahrscheinlich, dass ein Risiko besteht, aber beweisen kann ich das nicht.« Sein US-amerikanischer Kollege Bob Jaffe vom MIT, dem Massachusetts Institute of Technology, ließ sich in der Presse richtig frohgemut aus: »Die Chance, dass etwas Ungewöhnliches passiert, ist nicht null.« Nicht null, na das sind ja tolle Aussichten.

Hier nun die gute Nachricht: Seltsame Materie ist wahrscheinlich so instabil, dass ihr überhaupt keine Zeit bliebe, Atome aufzufressen. Darüber hinaus ist dieses »Strangelet« voraussichtlich positiv geladen. Es würde höchstens ein paar Elektronen fortreißen, eine Kettenreaktion würde daraus jedoch nicht entstehen. Der beste Beweis dafür ist die Natur selbst: Jeden Tag regnet es Teilchen aus dem All auf unsere Erde und dabei entstehen wahrscheinlich auch Klümpchen seltsamer Materie, hoch über unseren Köpfen. Doch siehe da, wir leben immer noch.

Aber ja, was? »Wahrscheinlich«, »voraussichtlich«, »vielleicht«. Wirklich ganz todsicher wissen wir das alles nicht. Der russische Physiker Lew Landau hat es schön formuliert: »Kosmologen haben manchmal Unrecht, aber Zweifel haben sie nie.«

Ist schon seltsam.

WAAAAH!
HILFE, DA SITZT EIN SCHWARZES LOCH
IN MEINEM LABOR

+++

EFFEKT   AUSLÖSCHUNG DER ERDE
ÜBERLEBEN   UNMÖGLICH
WAHRSCHEINLICHKEIT   UNKLAR
ZEITPUNKT   WENN SIE DIESES KAPITEL
                          ZU ENDE GELESEN HABEN?

+++

Über manche Dinge sollten Sie besser nicht zu viel nachdenken. Wie zum Beispiel über die winzige, aber außergewöhnlich beängstigende Möglichkeit, dass unsere Erde eines Tages von einem durch Menschenhand gemachten Schwarzen Loch verschlungen wird. Es ist ja noch nicht einmal völlig ausgeschlossen, dass unser Planet gerade in diesem Moment, in dem Sie das hier lesen, von innen heraus durch Baby-Schwarze-Löcher angeknabbert wird.

Es ist eine komische Art, sich zu verabschieden. In einem Moment sind Sie da, im nächsten Moment sind Sie weg. Es wird urplötzlich passieren und dramatisch. In wenigen Sekunden wird der Planet und alles, was auf ihm ist, verschrumpeln, bis nichts mehr übrig ist. Oder genauer: Er wird zusammengepresst zu einem Miniatur-Schwarzen-Loch, das etwa neun Millimeter groß ist.

Wenn Sie den Tod der Erde in Zeitlupe anschauen könnten, würden Sie etwas ziemlich Krankes sehen. Erst könnten Sie beobachten, wie unser Planet seine Form ändert. Kein sonderlich gutes Zeichen natürlich. Unser Planet sähe wie zu einem Puck platt gedrückt aus. Von den Polen gingen Schlieren von Strahlung aus. Und dann: zzzzzzzt, Tschüss Planet. Einfach so. Vor Ihren Augen würde er verschwinden.

In der internationalen Raumstation ISS würde das natürlich, um es vorsichtig zu formulieren, für etwas Verwirrung sorgen. Die Astronauten werden zu ihrem Entsetzen bemerken, dass sich die Raumstation nicht länger um die Erde dreht, sondern um ... äh, um nichts eigentlich. Das Einzige, was da draußen noch ist, ist ein kleiner, nicht mal ein Zentimeter großer schwarzer Fleck. Aber dieser hat trotzdem genau dieselbe Masse wie die Erde und daher auch dieselbe Schwerkraft. Vorläufig wird die Raumstation also weiter ihre Runden um den Fleck drehen, so wie auch der Mond und die Satelliten. Eine ziemlich lächerliche Vorstellung.

Vielleicht wird es zu einzelnen Astronauten durchdringen, was passiert ist. Sie werden sich möglicherweise daran erinnern, wie Forscher im frühen 21. Jahrhundert versucht haben, in ihren Labors mikroskopisch kleine Schwarze Löcher herzustellen. Und nun, Jahre später ... Naja, offensichtlich hat es nun geklappt.

Gott sei Dank ist die Wahrscheinlichkeit, dass die hier beschriebene Katastrophe tatsächlich eintritt, sehr, sehr klein. Aber: Ein Restrisiko, dass es schiefgeht, besteht schon.

Zuallererst müssen Sie wissen, dass es im Prinzip ein Kinderspiel ist, ein Schwarzes Loch zu machen. Sie müssen dazu nur zwei kleine, subatomare Teilchen mit Gewalt aufeinanderprallen lassen. Schaffen Sie das mit genug Schwung, wird die Karambolage Ihnen ein kleines Schwarzes Loch einbringen (was ein Schwarzes Loch eigentlich genau ist, erkläre ich kurz, wenn wir bei den Dingen sind, die aus dem All kommen).

Bis vor kurzem waren die meisten Wissenschaftler der Ansicht, dass man auf der Erde gar kein Schwarzes Loch erzeugen könne. Um dem Zusammenstoß der Teilchen genug Fahrt zu geben, müsste man einen Teilchenbeschleuniger in der Größe des Sonnensystems haben, nahm man an. Inzwischen haben immer mehr Gelehrte eine etwas andere Meinung hierzu. Mit einem irdischen Teilchenbeschleuniger kann man das wahrscheinlich auch, etwa mit dem »Großen Hadronen-Speicherring« (LHC) in der Schweiz, den wir eben schon kennengelernt haben.

Glücklicherweise ist ein von Menschenhand gemachtes Schwarzes Loch nicht direkt ein brüllendes, Planeten und Sterne verschlingendes Monster. Denken Sie sich eher eine unsichtbar kleine schwarze Lücke, noch viel kleiner als ein Atom. Darüber hinaus würde ein solches Mini-Schwarzes-Loch augenblicklich wieder verschwinden. Schwarze Löcher geben nämlich Strahlung ab. Und unser Baby-Schwarzes-Loch würde so klein und heiß sein, dass es sich selbst in weniger als 0,0000000000000 0000000000001 Sekunden wegstrahlen würde. Daher machen sich die Physiker, die in der Schweiz am LHC arbeiten, wenig Sorgen. Nichts von Bedeutung also, wenn dann plötzlich ein schwarzes Loch auftauchte. Es wäre eigentlich vor allem für die Wissenschaft interessant; glaubt man an Naturgesetze, ist es bis zu solch einem schwarzen Loch aus dem Labor aber doch noch ein ganzes Stück Weg.

Aber! Es gibt natürlich immer noch die Möglichkeit, dass die Prophezeiungen danebenliegen. Teilchenbeschleuniger sind dazu da, neue physikalische Phänomene zu erkunden, um neue Ideen auszuprobieren. Und die Physik, die der Mensch mit den schwarzen Löchern entdecken will, ist sehr neu und exotisch. Bis jetzt hat niemand ein Baby-Schwarzes-Loch gesehen. Und noch unbehaglicher ist, dass niemand genau weiß, wie die Schwerkraft bei sehr kleinen Objekten und Abständen wirkt.[2]

Gut so weit, die Herren Physiker gehen ans Werk. Nach manchen Berechnungen kann der LHC bei einigen Experimenten ein schwarzes Loch pro Sekunde ausspucken. Da kommen sie: schwarzes Loch, schwarzes Loch, schwarzes Loch; plop-plop-plop! Stellen Sie sich nun vor, dass diese Baby-Schwarzen-Löcher gegen jede Erwartung nicht die flüchtigen, instabilen Monsterchen sind, die wir uns ausgemalt haben. Stellen Sie sich vor, sie sind stabil.

Anfänglich wird niemand etwas davon merken. Sie werden das Labor nicht verschlingen oder ähnliches. Stattdessen wer-

---

2 Eine Möglichkeit ist, dass die Schwerkraft, wie wir sie spüren, eine »verdünnte«, abgeschwächte Form der echten Schwerkraft ist, die man dann auf das subatomare Niveau beziehen müsste. Es ist den Forschern nämlich nicht geheuer, dass die Schwerkraft im Vergleich zu anderen Naturkräften wie der Atomkraft oder dem Magnetismus so schlapp ist. Man braucht einen ganzen Planeten, um einen Eisenlöffel nach unten zu biegen. Aber selbst mit einem winzig kleinen Magneten können Sie diese Schwerkraft überwinden und den Löffel hochheben.

den sie entwischen. Eins nach dem anderen werden die Baby-Schwarzen-Löcher aus dem Labor nach draußen huschen. Sie werden durch Beton und eiserne Mauern schweben, als wären die gar nicht da.

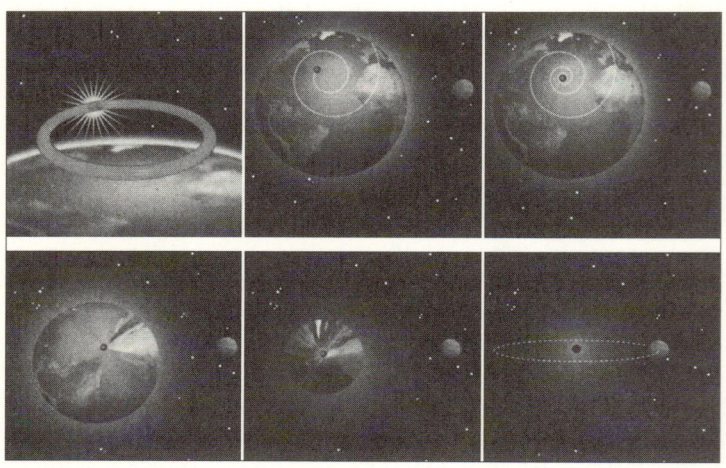

Da geht die Erde hin – *Der Tod der Erde in sechs Schritten. Wir sehen, wie ein Schwarzes Loch in einem Teilchenbeschleuniger entsteht (links oben), zum Mittelpunkt der Erde sinkt (obere Reihe) und daraufhin die Erde von innen aufsaugt (untere Reihe).* (Quelle: Karin Schwandt Infographics)

Wenn man so viel kleiner ist als ein Atom, dann ist es kein Problem, durch eine massive Mauer zu fliegen: Die Wahrscheinlichkeit, dass man gegen ein Molekül stößt, ist minimal.

Und dann? Langsam werden die geflüchteten Schwarzen Löcher zum Mittelpunkt der Erde sinken, angezogen durch die Schwerkraft. Wie Blätter im Herbst werden sie nach unten schweben, durch Erde, Gestein, Magma und das geschmolzene Metall, aus dem unser Erdkern besteht, sinken. Einmal angekommen, mitten in der Erde, werden sie dort festhängen und abwarten.

Aber früher oder später wird ein Schwarzes Loch durch einen dummen Zufall hart auf ein Hindernis stoßen. Augenblicklich wird das Schwarze Loch das Hindernis verschlingen. Wodurch es ein klein bisschen schwerer wird. Nun ist es dadurch mit ein bisschen mehr Schwerkraft versorgt, womit es noch etwas geneigter sein wird, erneut gegen ein anderes kleines Teilchen zu stoßen. Das verschlingt es dann ebenfalls. Und wird wieder etwas schwerer. Und so saugt es mehr und mehr Zeugs auf, Atome, Moleküle ...

Schließlich nimmt das Unglück seinen Lauf. Das Schwarze Loch wächst immer schneller. Es verspeist den Erdkern, den Erdmantel und schlussendlich, schwupps-zisch, den ganzen Planeten. Wenn das Schwarze Loch erst mal auf den Geschmack gekommen ist, gibt es kein Halten mehr. In einem Sekundenbruchteil ist es dann geschehen.

Ein dürftiger Trost ist vielleicht, dass es wohl tausende oder sogar hunderttausende von Jahren dauert, bis so ein Baby-Schwarzes-Loch erwachsen wird. Das lässt uns zumindest ein bisschen Vorsprung, um mehr über es zu lernen. Aber das Unangenehme dabei bleibt, dass wir auch in naher Zukunft wenig tun können, um die Gefahr abzuwenden. Wie räumt man in Himmelsnamen ein Schwarzes Loch weg, das so klein ist, dass man es niemals sehen kann und das sich dazu auch noch mitten in unserem Planeten eingeschlossen hat? Da bleibt eigentlich nur, die Erde so schnell wie möglich ganz zu räumen. Hopp, rein ins Raumschiff und weg! Jetzt können Sie natürlich fragen, wo zum Teufel wir hin können. Wenn ein Schwarzes Loch uns die Erde wegnimmt, haben wir kein Essen, kein Trinken, keine Luft und keinen Treibstoff mehr. Und der nächstgelegene geeignete Planet ist tausende Jahre Reisezeit entfernt.

Wenigstens gibt es einen guten Grund anzunehmen, dass wir diese Reise nicht antreten müssen. Unser Planet wird ständig aus dem All mit kleinen, sehr energiereichen Teilchen beschossen, übrigens genauso wie alle anderen Planeten. Hoch oben in der Atmosphäre muss das auch dauernd zum Entstehen von Baby-Schwarzen-Löchern führen: nach Schätzungen etwa hundert Stück pro Jahr. Und alles weist darauf hin, dass diese Schwarzen Löcher in der Tat instabil sind. Wir leben noch. In den vergangenen 4,5 Milliarden Jahren wurde unser Planet nämlich noch nicht verschlungen.

Auf der anderen Seite wird in der Physik immer mal wieder ein völlig unerwartetes, völlig neues Phänomen auftauchen. In den vergangenen Jahren haben Physiker erstaunt die Augenbrauen gehoben, als Dunkle Materie, die Pionier-Anomalie, das Fehlen des Higgs-Bosons, das Auftauchen des Pentaquarks und die mögliche Verschiebung der fundamentalen Konstanten bekannt wurden. Nein, das werde ich hier jetzt nicht alles erklären, aber die Botschaft ist klar geworden: Physiker werden ständig von seltsamen neuen Dingen überrascht, die in ihren Theorien bis dahin keinen Platz hatten. Und es wäre dumm, wenn so eine Überraschung ausgerechnet ein stabiles Schwarzes Loch wäre, das dann unseren Planeten frühstückt.

In der Zeitschrift ›Natuurwetenschap & Techniek‹ formulierte es der Amsterdamer Physiker Frank Linde wunderbar: »Ich habe einmal während eines Gewitters mit meiner Frau im Auto auf einem Feld geparkt. Nach dem Motto, dass man im Auto wegen der metallischen Käfigkonstruktion und der Gummireifen sicher ist. Aber nach zehn Minuten sagte sie: Jetzt ist gut, wir fahren nach Hause. Die Theorie kann zwar alles erklären, aber nicht, wenn es um mein eigenes Leben geht.«

Genauso ist es. Im März 2005 erzeugten Physiker im »Beschleunigerring für relativistische Schwerionen« in Long Island einen Feuerball, der einem Schwarzen Loch verdächtig ähnelte. Er war instabil. Es war übrigens kein Schwarzes Loch. Vermutet man zumindest; niemand weiß es ganz genau. Wer weiß, vielleicht ist das allererste durch Menschen gemachte Schwarze Loch inzwischen im Mittelpunkt der Erde angekommen.

2. KAPITEL

DAS DING, DAS SICHER KOMMEN WIRD

»Das ist der Mord der Mörder.«
Ovadya Goldstein, 4. Mai 2004

AAAAH!
DER TAG, AN DEM EIN ROTER RIESE
UNSEREN PLANETEN VERSCHLINGT

++

EFFEKT   VERNICHTUNG DER ERDE
ÜBERLEBEN   MÜHSAM
WAHRSCHEINLICHKEIT   SICHER
ZEITPUNKT   IN ETWA 100 MILLIONEN JAHREN

++

> Es muss ein prächtiges Schauspiel sein zu sehen, wie die Sonne stirbt. Und das wird sie eines Tages, so viel steht fest. Schade nur, dass uns die Sonne dann mitschleppt ins Grab.

Das ist die Hölle.

Blubbernde Lava, so weit das Auge reicht. Darüber eine riesige, blutrote Sonne, die Ihr Blickfeld fast von Horizont zu Horizont füllt. Erstickende Eisen- und Magnesiumdämpfe steigen kreisend aus dem sprudelnden Lavasee. Es herrschen mehr als zweitausend Grad, es ist heißer als in einem Industrieofen.

Der Planet, auf dem Sie sich befinden, steht so dicht an der Sonne, dass er mit der »Gezeitenkraft« an sie festgenietet ist. Um seine Achse dreht er sich nicht mehr; Tag und Nacht haben aufgehört zu existieren. Der Lavasee befindet sich auf der Tagseite, der heißen Hälfte des Planeten, die stets der roten Sonne zugekehrt ist.

Auf der Rückseite des Planeten, dort, wo die ewige Nacht herrscht, erwartet Sie ein völlig anderes Schauspiel. Eine andere dantische Höllenlandschaft, eine, die durch Düsternis, Kälte, Eis und Stille bestimmt wird. Hier ist es mehr als zweihundert Grad unter Null und immer dunkel. Die Landschaft ist bewegungslos und steifgefroren. Wenn sich Ihre Augen an die Dunkelheit gewöhnt haben, sehen Sie die beeindruckende Silhouette einer kilometerhohen Eiskappe, die reicht, so weit Ihr Auge blicken kann. Sie besteht nicht aus Eis, wie wir es kennen, sondern aus gefrorenem Schwefel- und Kohlendioxid und Stickstoff. Ab und an rieselt etwas Pulverschnee aus Argon durch die Luft.

Doch die ungewöhnlichste Landschaft finden Sie weiter oben, in dem schmalen Übergangsgebiet zwischen Tag und Nacht. Hier dämmert es. Der Boden ist nicht gefroren, aber auch nicht geschmolzen. Durch die Luft treiben merkwürdig geformte Wolkenschlieren, die gelb und blau und violett in der ewigen Dämmerung aufleuchten. Dann und wann hagelt es aus so einer Wolke Eiskörnchen; ab und an fällt Schnee aus Siliziummonoxid, einem dunklen Pulver, das an Grafit erinnert und überall kleben bleibt.

Dann entdecken Sie ein paar ungewöhnlich geformte Steine. Sie sehen rechtwinklig und regelmäßig geformt aus. Das sind Ruinen, wird Ihnen schnell klar. Heruntergekommene Überbleibsel der Kultur, die hier einst bestand, als die rote Sonne noch freundlich scheinend am Himmel funkelte und diese trübselige Hölle ein grüner, bewässerter Planet war, auf dem das Leben nur so knisterte. Seltsame, unscharfe Erinnerungen aus der Vergangenheit jenes Planeten, den man unter dem Namen Erde kannte.

Das Problem mit der Sonne liegt auf der Hand. Wie Sie vielleicht wissen, ist die Sonne ein riesiger Kernfusionsreaktor unter freiem Himmel, eine Energiefabrik, die Wasserstoffatome zu Helium zusammenpresst. Sie ist eigentlich immer am Explodieren; daher das Licht. Aber leider ist der Vorrat an Wasserstoff begrenzt. Noch etwa fünf Milliarden Jahre und der Treibstoff ist alle.

Allerdings wird die Sonne dann nicht schwächer und kleiner wie etwa eine abgebrannte Kerze. Sie schwillt vorher erst noch einmal richtig an und wird noch greller scheinen. Schon jetzt wird die Sonne jeden Tag ein kleines Eckchen größer und heller. In einer Milliarde Jahren ist sie dann zehn Prozent heißer. Und in ein paar hundert Millionen Jahren beginnt sie, unseren Planeten langsam zu sich heranzuziehen und das Leben hier zu entsorgen.

Das Erste, was dann passiert, ist nämlich, dass die Sonne unser Kohlendioxid verschwinden lässt. Denn die angeschwollene Sonne beschleunigt allerlei geologische Prozesse, wodurch CO_2 schneller in die Erdkruste aufgenommen wird. Ziemlich absurd: Heute bemühen sich die Regierungschefs, den Ausstoß von Kohlenstoffdioxid zu begrenzen, aber schon in ein paar hundert Millionen Jahren wird das CO_2 hier knapp. Spätestens in 900 Millionen Jahren, so lassen neue Berechnungen vermuten, ist in der Luft nur noch so wenig Kohlenstoffdioxid vorhanden, dass pflanzliches Leben auf unserem Planeten nicht mehr möglich ist. Und es geht dann noch weiter. Nach weiteren 300 Millionen Jahren ist die Sonne schließlich so heiß, dass das Oberflächenwasser zu verdampfen beginnt. Der Wasserdampf speichert die Wärme und draußen haben wir dann 60 bis 70 Grad oder noch mehr. Dort, wo jetzt Meere sind, entstehen ausgedehnte, tote Salzebenen. Außerdem wird unser Planet rot und von Rost überzogen, genau wie der Mars, da eisenhaltige Gebirge verrosten. Wenn Sie bis dahin noch nicht verhungert, verdurstet, verbrannt oder erstickt sind, werden Sie nun zerquetscht: Der Luftdruck ist hunderte Male größer als heute.

Danach wird die Erde noch, ähm, außerirdischer.

Also, in rund fünf Milliarden Jahren ist der Wasserstoff, der Brennstoff der Sonne, völlig aufgebraucht. Die Kernfusion im Inneren der Sonne kommt dann abrupt zu einem Ende. Der Kern der Sonne stürzt dadurch in sich zusammen, eingedrückt durch seine eigene Schwerkraft. Anfangs kommen wir passabel darüber hinweg. Da der Kern in sich zusammenfällt, wärmt sich die Sonne wieder auf. Gut für uns: Es kommt wieder zu Kernfusionen. Der Mittelpunkt der Sonne setzt plötzlich Helium um in Kohlenstoff. KA-BUMMM! Zack, die Sonne brennt wieder.

Aber warten Sie mal kurz. Ein Kernkraftwerk, das Helium verheizt, gibt viel mehr Wärme ab als eines, das mit Wasserstoff läuft. Die neue, intensive Schubkraft des Sonnenkerns bläht sie im wahrsten Sinne des Wortes auf wie einen Ballon. Die Sonne wächst und wird rot. Sie beginnt, Planeten zu verschlingen. Erst Merkur. Dann Venus. Und danach, ja, Sie haben's erfasst, die Erde. Unser geplagter Planet wird schmelzen und bis zum letzten Krümel Magma verdampfen, wenn die Sonne ihn umarmt.

Oder vielleicht geschieht das auch nicht, Astronomen sind sich noch nicht ganz im Klaren darüber, ob die Sonne die Erde nun auffrisst oder nicht. Die Sonne der Zukunft ist nämlich auch ein bisschen weniger schwer. So lockert sich auch ihr Griff um die Planeten und die Erde wird sich in einer größeren Umlaufbahn um sie drehen. Es steht auf Messers Schneide, ob die Erde nun völlig oder gar nicht in den heißen Außenschichten der Sonne verbrennt. Sollte die Erde überleben, dann werden wir die Situation vorfinden, die ich eingangs beschrieben habe: Ein verurteilter Höllenplanet mit einem Lavasee auf der einen, einem Eismeer auf der anderen Seite.

Zum Glück haben wir noch ein paar hundert Millionen Jahre Zeit, um eine Lösung für unser Problem mit der Sonne zu finden. Untersuchungen haben ergeben, dass es praktisch wäre, zwischen uns und der Sonne einen riesigen Spiegel zu bauen, der das zunehmende Sonnenlicht zurückstrahlt, während wir entspannt im Schatten sitzen. Um das Kohlenstoffdioxid auf dem richtigen Level zu halten, könnten wir CO_2-reiches Gestein zerkrümeln. Alle Erdbewohner zum Mars zu evakuieren, ginge natürlich auch. Oder zu einem anderen Planeten: Es könnte tatsächlich so weit kommen, dass Titan, der größte Jupitermond, plötzlich ein prima Klima bekommt, wenn die Sonne neue Wege betritt.

Oder wir könnten unseren Planeten vielleicht im Ganzen in sicherere Gefilde schleppen. Auch darüber hat die Wissenschaft bereits nachgedacht. Die Erde zu verschieben würde auch relativ einfach gehen: Man müsste nur den Mond in eine dicke Lage Isoliermaterial einpacken. Die Seite des Mondes, die der Sonne zugewandt ist, wärmt sich dann auf und beginnt zu dampfen. Dadurch bekommt der Mond einen entscheidenden Schub weg von der Sonne. Und wir kommen hinterher, da die Erde und der Mond durch die Schwerkraft aneinandergekettet sind. Der Mond würde unseren Planeten mitschleudern, als eine Art Spezial-Schlepperboot.[3]

---

3 Diese bezaubernde Idee wurde 1993 vom ›Nature‹-Journalisten David Jones in seiner Kolumne »Icarus« vorgestellt.

Wenn Sie sich von der abgeschleppten Erde aus umschauen, so in sechs, sieben Milliarden Jahren, können Sie ein schauriges Schauspiel miterleben. Die Sonne hat sich inzwischen von einer freundlichen Saunalampe in ein grimmiges Monster verwan-

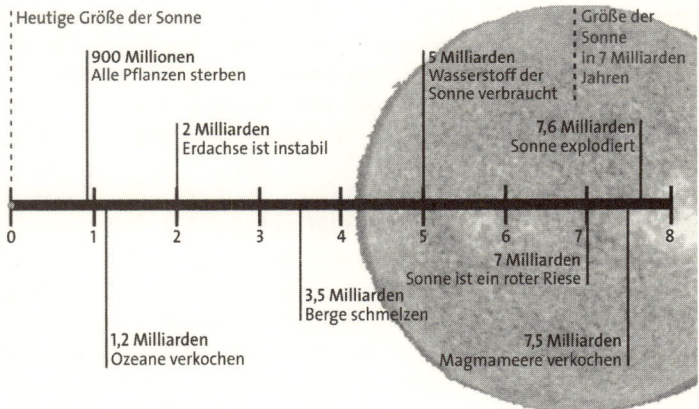

Tschüss, Sonne – *Übersicht über die kommenden 8 Milliarden Jahre im Sonnensystem.*

delt. Die Außenschichten sind so abgekühlt, dass die Sonnenoberfläche einen kühlen, dunkelroten Farbton bekommen hat. Außerdem ist sie rund 250-mal größer als heute. Die Sonne ist zu einem sogenannten »roten Riesen« geworden, wobei »Riese« ein passender Name für ein Ding ist, das soeben ein paar Planeten verspeist hat.

Da sitzen wir dann, auf unserem Ausweichplaneten oder der abgeschleppten Erde. Ist damit das Spektakel vorbei? Leider nein. Noch einmal gute sechshundert Millionen Jahre später ist auch das Helium, der neue Brennstoff der Sonne, aufgebraucht. Die Kernfusion im Inneren der Sonne kommt dann erneut zu einem Ende und die Sonne fällt noch mehr in sich zusammen.

Diesmal werden Sie dann Zeuge eines weiteren, echt dramatischen Ereignisses. Anfänglich schwillt die Außenseite der Sonne noch etwas an, so dass sich die Sonne in einen »roten Superriesen« verwandelt. Aber damit ist es dann wirklich vorbei. Der Kern kann die Sonne nicht mehr zusammenhalten. Die äußersten Schichten der Sonne fliegen weg, ins Weltall hinein. Anders ausgedrückt: Die Sonne explodiert.

Sie sehen dann einen riesigen, prächtigen Farbschleier aus superheißem und elektrisch geladenem Sonnengas, das von allen Seiten aus auf uns zukommt. Ein atemberaubendes Schauspiel! Leider haben wir nicht wirklich viel Freude daran. Denn das Gas rast mit ziemlicher Geschwindigkeit auf uns zu. Tausende Jahre lang werden wir mit Hitze, Gas und Strahlung beschossen. Man könnte sagen, die Sonne bewirft uns mit Atommüll.

Wenn Sie das überleben, werden Sie in dem Nebel einen weißen, nachglühenden »Kern« wahrnehmen. Das war einmal das Innerste der Sonne. Auch dafür haben die Astronomen ein hübsches Wort: Das ist ein »weißer Zwerg«.

Sollten wir mit unserem Schlepperplaneten nicht etwas näher rangehen, um es etwas wärmer zu haben? Besser nicht. Weiße Zwerge sind unvorstellbar kompakt, 300.000 Mal dichter als Stein. Denn etwa ab dem Moment, an dem Sie den Planeten auf einen Abstand zu ihm gebracht haben, der für angenehme Wärme sorgt, wird er wie ein Magnet zu dem weißen Zwerg gezogen und dann zerdrückt. Das wäre nach all dem Durch-das-Weltall-Geschleppe und -Umgeziehe ziemlich misslich.

Und übrigens, warum wollen Sie eigentlich einen weißen Zwerg besuchen? Er soll erst mal für sich alleine ein bisschen abkühlen. Viele Millionen Jahre in der Zukunft wird der Kern unserer Ex-Sonne so sehr abgekühlt sein, dass er überhaupt keine Wärme mehr abgibt. Sie müssen sich das wie einen Diamanten vorstellen, so groß wie die Erde und so kalt, dass man ihn problemlos mit der bloßen Hand anfassen kann. »Schwarzer Zwerg« ist der degenerierte Name, auf den dieser alberne, total nutzlose Brocken Weltraumschrott hört. Tschüss, Sonne.

3. KAPITEL

DINGE, DIE DAS WORT »GROSS« ENTHALTEN

»*Das ist meine allergrößte Angst,*
weißt du, für immer FEST FEST FEST
zu sitzen!!!
FÜR IMMER UND EWIG,
FÜR IMMER UND EWIG!«
Kimberley, Februar 2004

✳ KNACKS!
ZURÜCK AUF ANFANG

++

EFFEKT   ENDE DES WELTALLS
ÜBERLEBEN   UNMÖGLICH
WAHRSCHEINLICHKEIT   VORHANDEN
ZEITPUNKT   40 MILLIARDEN JAHRE

++

Das Weltall wird zu einem gegebenen Zeitpunkt womöglich anfangen zu schrumpfen. Und schrumpfen und schrumpfen und schrumpfen, bis nichts mehr übrig ist. Wir werden dabei gebacken oder, auch hübsch, wir ertrinken in organischem Material. Es könnte auch noch bescheuerter kommen: Vielleicht fängt die Zeit an rückwärts zu laufen und wir könnten noch einmal leben, um als Fötusse zu enden.

Stellen Sie sich vor: In einer Teetasse zeichnet sich wie von Geisterhand ein Schatten ab. Und dann, plopp, taucht plötzlich ein Stückchen Zucker darin auf. Aus dem Nichts. Das ist nur eines der merkwürdigen Dinge, deren Zeuge Sie werden, wenn die Zeit beginnt, rückwärts zu laufen. Und das Verrückte ist: Eventuell steht uns das tatsächlich bevor, nämlich dann, wenn unser Weltall uns den idiotischen »Big Crunch«, den Endknacks, liefert.

Das All begann seine Umlaufbahn vor 13,7 Milliarden Jahren mit dem Big Bang, dem Urknall. Aus dem Nichts flutschte plötzlich ein Knäuel Energie zum Vorschein. Materie gab's noch keine, und die Naturkräfte, so wie wir sie heute kennen, saßen noch im Wartezimmer. Das Einzige, was es gab, war eine wirbelnde Suppe intensiver Hitze und Strahlung. Das Weltall war einzig und allein Kraft.

Außerhalb dieses Energienebels war nichts. Keine Zeit, kein Raum, nicht mal ein Fleck, an dem das Wörtchen »nichts« eine Bedeutung gehabt hätte. Zu fragen, was »vor« dem Urknall war oder was »außerhalb« des Weltalls ist, ist genauso unsinnig wie die Frage, was Sie vor Ihrer Geburt getan haben oder welcher Kontinent südlich des Südpols liegt.

Das Weltall dehnte sich aus, enorm schnell. Es kühlte ab. Fühlbare Materie klebte zusammen. Nach hunderttausend Jahren entstanden die Atome, nach ungefähr zweihundert Millionen Jahren ging der erste Stern auf. Noch mal die Kleinigkeit von neun Milliarden Jahren später wurde ein kleiner Stern geboren, den man später »die Sonne« nennen sollte. Und nach weiteren viereinhalb Milliarden Jahren entdeckte ein Forscher namens Edwin Hubble, dass es in der Tat so etwas wie einen Urknall gegeben haben muss.

Das Weltall dehnt sich immer noch weiter aus. Und immer noch wird es kühler. 1998 entdeckten Astronomen etwas sehr Merkwürdiges: Das Weltall dehnt sich nicht einfach nur aus, das Wachsen verläuft sogar immer schneller. Offenkundig gibt es so etwas wie einen rätselhaften »Motor«, der den Ballon des Weltalls immer weiter mit immer mehr Kraft aufpustet. Aus Mangel an einem besseren Vorschlag nennen Kosmologen diesen Motor »Dunkle Energie«. Aber niemand weiß, was Dunkle Energie tatsächlich ist.

Vor ein paar Jahren entwickelte ein prominenter Forscher, Andrei Linde von der US-amerikanischen Stanford University, eine bizarre Theorie. Was ist, wenn dieser Motor eines Tages ausfällt? Malen Sie sich aus, was passiert, wenn die Dunkle Energie langsam nachlässt wie eine Kerze, die schwächer wird und dann erlischt! Oder nehmen Sie einmal an, dass die Dunkle Energie negativ wird? Dann wären wir in einer komischen Situation. Unser Weltall würde nicht mehr wachsen, sondern schrumpfen. Dem Weltallballon würde die Luft rausgelassen werden. Das Weltall würde kleiner werden. Bis dann eines Tages, so in etwa 40 Milliarden Jahren, überhaupt nichts mehr übrig ist.

Ein schrumpfendes Weltall, was muss man sich darunter vorstellen? Wie wird das aussehen? Wahrscheinlich doch ziemlich merkwürdig, denken einige Forscher. Um nur mal einen Punkt zu nennen: In einem Weltall, das schrumpft, kann die Zeit durchaus auch mal rückwärts laufen!

Das ist weniger seltsam, als es auf den ersten Blick aussieht. Weitaus die meisten Naturgesetze zeigen zwei Seiten, unabhängig von der Zeit. Ein Atom kann ein Lichtteilchen, ein Photon, aufsaugen. Aber es kann auch eines ausstoßen, auf genau die gleiche Art und Weise. Würde man das filmen, könnten Sie unmöglich sagen, ob der Film vorwärts oder rückwärts läuft. »Für uns gläubige Physiker hat die Scheidung zwischen Vergangenheit, Gegenwart und Zukunft nur die Bedeutung einer wenn auch hartnäckigen Illusion«, sagte Albert Einstein in einer seiner besseren Alltagsweisheiten.

Gut, das sind die Naturgesetze, aber wir erfahren die Zeit doch am eigenen Leib. Gestern ist etwas anderes als morgen, sagt unser Gefühl. Aber das kommt von etwas anderem. Zeit, so wie wir sie kennen, wird durch »Entropie« (griechisch für »Umkehrung«) bestimmt: die natürliche Neigung geschlossener Systeme, einen eher chaotischen, weniger energiereichen Zustand einzunehmen.[4] Das klingt komplizierter, als es eigentlich ist. Schmeißen Sie mal eine Kaffeetasse auf den Boden. Sie bricht auseinander. Die Entropie ist wieder etwas größer geworden, stellt die Natur zufrieden fest. Aber werfen Sie mal eine Handvoll Scherben auf den Boden und Sie werden niemals eine heile Tasse bekommen.[5] Leider.

Daher kommt es, dass wir Zeit voranschreiten sehen. Wir sehen, wie die Entropie überall zunimmt. Warme Dinge kühlen ab, Benzin verdampft, zusammengepackte Moleküle fallen auseinander, die Wärme der Sonne verteilt sich über das ganze Sonnensystem. Der einzige Weg, die Entropie zu besiegen, ist, Energie zu investieren, zum Beispiel, indem man sich an den

---

4 »Entropie« wird zu Unrecht als Synonym zu »Unordnung« gebraucht. Eine bessere Umschreibung wäre zu sagen, dass sich die Qualität von Energie in einem System verschlechtert, dass die Energie weniger brauchbar wird.

5 Was da wahrscheinlich wirklich passiert, ist, dass Sie extrem viele Möglichkeiten haben, wie Moleküle angeordnet sein können. In der Theorie ist es also durchaus möglich, dass alle Scherben wieder passend aufeinander sitzen, genau wie es theoretisch auch möglich ist, dass Sie einen Stapel Karten mischen und danach alle Karten in der richtigen Reihenfolge liegen!

Tisch setzt und die zerbrochene Kaffeetasse wieder leimt. Aber am Ende wird die Entropie gewinnen. Die Natur macht alles kaputt. Rosen verwelken, Schiffe gehen unter. Berge zerbröckeln, das Weltall wird kälter, und eines Tages werden alle Kaffeetassen zersprungen sein. Die Zunahme dieses Chaos ist die stärkste, am schwersten verständliche Antriebskraft des Weltalls. Sie definiert »Zeit« und zeigt uns die Seite, die wir die »Zukunft« nennen.

Aber in einem schrumpfenden Weltall wird das nicht mehr gelten. Das Weltall wird dann nicht mehr von warm nach kalt verlaufen, sondern von kalt nach warm. Bereits 1958 erwog ein US-amerikanischer Theoretiker mit Namen Thomas Gold, dass dies vielleicht auch bedeuten könnte, dass die Entropie in die Gegenrichtung laufen würde. Die Natur will dann aus dem Chaos immer nur Ordnung schaffen, wie eine Art durchgedrehtes Heinzelmännchen. Atome werden die unangenehme Gewohnheit haben, zu denkbar komplizierten Molekülen zusammenzukleben. Wärme wird jede Gelegenheit nutzen, sich anzuhäufen. Sie werden Ihren Tee kalt stellen müssen, damit er nicht zu heiß zum Trinken wird.

Die Bewohner eines solchen Weltalls würden nicht überleben. Sie sitzen aufgehäuft in einem unhandlichen Quatschweltall, in dem alles an allem klebt und warme Stellen immer heißer werden. Ziemlich schnell wird unser Planet ein glühend heißer, unbewohnbarer Klumpen Schrott sein, überwuchert mit einem kilometerdicken Kuchen aus komplexen Molekülen wie kompliziertem Plastik und bizarren organischen Verbindungen. Leben, wie wir es bis jetzt kennen, wird nicht den Hauch einer Chance haben. Sie werden gebacken und dann mit klebrigem Zeug bedeckt werden und sehen schließlich aus wie eine Art Michelin-Männchen. Ziemlich erbärmlich, das alles.

Es kann auch noch verrückter kommen. Nicht nur Larry Schulman, ein bekannter Physiker der Clarkson University in New York, kann sich vorstellen, dass dann auch die Zeit rückwärts laufen könnte. Das Tape des Weltalls wird im Rückwärtsgang abgespielt werden. Sie können Regen nach oben fallen, abgenutztes Zeug wieder neu werden und Licht in der Sonne verschwinden sehen. Tote Sterne werden wieder lebendig, Planeten, die schon lange vergangen waren, tauchen wieder auf. Auch die Menschheit wächst zurück. Die Toten werden auferstehen und von alt immer jünger werden. Früher oder später werden Sie dieses Buch hier wieder lesen, aber dann, natürlich, von hinten nach vorn. Wir werden dann noch ein kleines Bisschen leben können, bevor wir endgültig im Nichts verschwinden.

Einfach gesagt läuft es darauf hinaus, dass das Weltall genau den gleichen Rückweg nimmt wie hin. Wenn alle Physik umkehrbar ist, ist ein Rückwärtsall die logischste Schlussfolgerung, meint Schulman. »Ich weiß nicht, ob das passiert. Es gibt auf diesem Gebiet keine wirklichen Experten, vor allem weil noch nie jemand ein schrumpfendes Weltall wahrgenommen hat. Aber ich habe bewiesen, dass es theoretisch durchaus so sein kann«, ließ er mich auf Nachfrage wissen. »Ich selbst halte es für die glaubhafteste Situation.«

Unsinn, sagen andere. So sieht das Rückwärtsall sicher nicht aus. Ihr Leben können Sie jetzt noch ein bisschen mitmachen, aber dann rückwärts, da sind Sie leider nicht mehr dabei. Denn die Wirklichkeit ist ein Stück langweiliger.

Es verändert sich nämlich nichts.

Zugegeben: Ganz, ganz langsam erwärmt sich das Weltall, wenn es schrumpft. Aber die Wärme hat keinen guten Grund, sich ausgerechnet um Ihre Tasse Tee zu kümmern. Ihr Tee wird also wie gewöhnlich abkühlen. Wir werden auch noch immer den Eindruck haben, dass die Zeit voranschreitet anstatt andersherum. Weitaus die meisten Physiker sind der Meinung, dass die Entropie die alte bleibt und auch weiterhin ihr Möglichstes tun wird, um unsere Tassen zu Scherben zu machen.

Aber etwa zehn Milliarden Jahre nach der Großen Wende wird es doch ein bisschen fieser. Das Weltall wird dann unangenehm warm. Der Nachthimmel beginnt zu glühen, die Atmosphären von Planeten – wenn es noch welche gibt – beginnen zu kochen. Sander Bais, Professor für theoretische Physik in Amsterdam, antwortete auf meine Frage danach gut gelaunt: »Schlussendlich werden alle Strukturen verschwinden. Erst zerfallen die komplexen Moleküle in einfachere Moleküle, dann die Moleküle in Atome, die dann wiederum ionisiert werden und so weiter.«

Damit wir uns nicht missverstehen: In einem Moment haben Sie noch einen Körper, im nächsten sind Sie nur noch ein Hauch Strahlung.

Und aus Spaß wird dann Ernst: Drei Minuten vor dem Ende ist das Weltall so klein und heiß, dass spontane Kernexplosionen stattfinden werden. Eine Sekunde vor dem Ende verschwindet der letzte Atomkern. Und dann? Dann ist es vorbei. Das Weltall ist weg. Verschwunden. Zusammengefaltet ins Nichts. Kein Wunder, dass das Rückwärtsweltall auch Gnab Gib genannt wird. Stimmt, da steckt der »Big Bang« drin, aber eben rückwärts. Der Endknacks ist nun einmal das Gegenteil des Urknalls. Wenn man diesen Wissenschaftlern glaubt, ist »Knacks« offensichtlich das dem »Knall« gegenüberstehende Geräusch.

Für Sterbliche wie Sie und mich bleibt nur zu hoffen, dass Schulman Recht behält. Seine Theorie über das Rückwärtslaufen der Zeit hat allerdings eine seltsame Konsequenz. Für die Bewohner eines Weltalls, in dem alles rückwärts läuft, würde es nämlich so aussehen, als ob die Zeit vorwärts läuft!

Darüber musste ich auch lange nachdenken. Aber es stimmt schon. Wenn alles rückwärts vonstatten geht, laufen auch unsere mentalen Prozesse rückwärts. Informationen werden unser Gehirn über unsere Sinnesorgane verlassen; Lichtteilchen werden aus unseren Augen schießen, Schallwellen aus unseren Ohren kommen. Wir werden uns nur an unsere »Zukunft« erinnern, und all das, an was wir uns erinnern, nennen wir nun mal die »Vergangenheit«. Wir werden den Eindruck haben, dass unser Weltall sich weiter ausdehnt, anstatt dass es sich zusammenzieht. Niemand wird davon eine Ahnung haben, dass unser Weltall eigentlich schrumpft.

Da kommt einem ein schrecklicher Gedanke. Ist es nicht denkbar, dass wir schon in einem schrumpfenden Weltall leben? Wie sollten wir das jemals erfahren?

RATSCH!
ACHTUNG, DIE PHANTOMKRAFT
ZERREISST UNS IN FETZEN

++

EFFEKT   ENDE ALLER MATERIE
ÜBERLEBEN   UNMÖGLICH
WAHRSCHEINLICHKEIT   VORHANDEN
ZEITPUNKT   IN ETWA 22 MILLIARDEN JAHREN
++

Vorläufig scheint das Weltall keine Anstalten zu machen zu schrumpfen, es hat im Gegenteil eher den Anschein, als würde es sich immer schneller ausdehnen. Aber auch das ist nicht ideal. Manchen Astronomen zufolge ist es unser Schicksal, in 22 Milliarden Jahren in Stücke gerissen zu werden wie auf einer Art kosmischer Streckbank. Buchstäblich! Ich sag nur: nicht gut.

Schon lange, bevor es so weit ist, werden wir merken, dass da etwas im Gange ist. Auf einmal wird Astronomen auffallen, dass die Galaxien nicht mehr wirklich gut in die galaktischen Cluster passen. Sie fliegen weg, als ob die Schwerkraft nicht mehr bestünde.

Und das ist erst der Anfang. Irgendwann fällt dann die Milchstraße auseinander. Ein Stern nach dem anderen schwebt fort, einfach so, wie Irrlichter im dunklen All. Das Gleiche geschieht auch in anderen Galaxien. Die Forscher schauen perplex zu. Es ist, als würde die Schwerkraft langsam nachgeben. Oder, eine andere Möglichkeit: Als ob eine neue, unbekannte Riesenkraft am Werk ist, die die Schwerkraft ausschaltet und die Galaxien auseinanderpflückt.

Zirka drei Monate vor dem Ende beginnt diese unbekannte, unsichtbare Kraft, die Planeten von ihren Sternen abzulösen.

Zu ihrer sprachlosen Verblüffung beobachten Astronomen, wie Jupiter, Saturn, Mars und die anderen Planeten einer nach dem anderen ins schwarze Weltall hinein abschmieren, um nie wieder gesehen zu werden.

Ups, da ist ja der kleine Planet Erde. Schließlich folgt er demselben abscheulichen Schicksal. Die Bewohner der Erde werden merken, dass ihre Sonne langsam schwächer und kleiner wird, da die Erde immer weiter wegschaukelt. Die Jahre werden länger. Und es wird bei uns kälter, weniger lebenswert und irgendwie außerirdischer.

Aber es dauert ja nicht lang. Denn bevor es richtig schlimm wird ... Da ist diese unbekannte Kraft wieder!

Diesmal schlägt die Kraft mit aller Heftigkeit zu. Schauen Sie mal: Die Sonne explodiert! Zeit, um sich von dem Schreck zu erholen, gibt es nicht. Wenige Sekunden später werden wir uns nämlich plötzlich ... na ja, etwas unwohl fühlen. Denn im nächsten Augenblick wird die Erde mit allem Leben auf ihr in Stücke gerissen. Einfach so. Berge zerplatzen, die Erdkruste verkrümelt sich, gerade so wie wir. Wir explodieren, so einfach ist es.

Und das war's dann. Die Erde gibt es nicht mehr. Sie wurde wie die anderen Planeten in eine fiese Staubwolke verwandelt. Nichts, aber auch gar nichts mehr zu machen. Die Kraft ist damit beschäftigt, dass Weltall säuberlich auszukehren. Sie zermahlt alle Materie. Verpulvert Moleküle. Kein Sandkorn, kein Staubkrümel entkommt. Schließlich zerreißt die Kraft noch die Atomkerne, aus denen die Materie besteht. All das passiert in der halben Stunde, nachdem die Sonne und die Erde explodiert sind.

Und dann? Dann kehrt wieder Ruhe ins Weltall ein. Das Universum ist ein kalter, lebloser, verlassener Fleck geworden, gereinigt selbst vom kleinsten Restchen Materie. Wenn das noch kein Weltuntergang ist, was dann?

Nun ja, Sie müssen sich jetzt noch nicht gleich in die Hose machen. Selbst im schlimmsten Fall dauert es noch so an die 22 Milliarden Jahre, bis es so weit ist. 22 Tausend Millionen Jahre! Und dann gibt es immer noch die Möglichkeit, dass es noch viel, viel länger dauert, bis dieses »Big Rip« genannte Ereignis in voller Wucht eintritt. Die neueste Schätzung spricht davon, dass es durchaus auch doppelt so lange dauern kann, bis wir explodieren.

Auf der anderen Seite ist es doch ziemlich beunruhigend, dass der »Große Riss« nicht nur eine unter vielen verrückten Ideen ist. Die Beobachtungen, die man im Weltall machen kann, deuten tatsächlich darauf hin, dass wir auf einen Big Rip zusteuern.

Das hat wiederum mit der geheimnisvollen »Dunklen Energie« zu tun, mit der ich es vorher schon einmal hatte. Momentan sorgt sie dafür, dass sich das Weltall immer schneller ausdehnt, obwohl sich auch Hinweise dafür finden lassen, dass es diese Dunkle Energie nach der Geburt des Alls noch gar nicht gleich gab. Das könnte bedeuten, dass wir es mit einer Kraft zu tun haben, die sehr langsam wächst. Glaubt man der »Big Rip«-Theorie, hängt das mit der Menge des Raums im Weltall zusammen. Je größer das All, desto mehr Dunkle Energie. Und je mehr Dunkle Energie, desto mehr wird das Weltall aufgepumpt (und desto mehr Raum). Dunkle Energie ist demnach so wie ein Autofahrer, der das Gaspedal immer stärker durchtritt, je schneller er fährt.

Irgendwann geht das dann gewaltig schief, meinte 2003 der Astrophysiker Robert Caldwell vom US-amerikanischen Darthmouth College. Dem Motor, der das Weltall aufbläst, geht der Schwung aus. Die Dunkle Energie wird sich in ein giftiges Monster verwandeln, die »Phantom-Energie«. Und die wird uns dann achtlos vierteilen.

Nein, dagegen kann man wenig machen. Aktuell ist diese Kraft das wildeste Tier, das wir in der Natur kennen. Sie ist mit nichts Bekanntem vergleichbar. Um Ihnen eine Vorstellung davon zu geben: Addieren Sie alle Kräfte, die Sie sich vorstellen können, zusammen. Nein, halten Sie sich jetzt nicht mit Kinderkram wie Atombomben und Lastwagen auf; nehmen Sie gleich alle existierenden Sterne zusammen und füllen Sie all die Energie ab, die die gemeinsam produzieren können. Dann greifen Sie nach den im Weltall übrig gebliebenen Atomen, machen Sie Atombomben draus und lassen die dann explodieren. Das beides zählen Sie jetzt mal zusammen. Eine ganz hübsche Portion, meinen Sie nicht? Aber was Sie da haben, ist nicht mehr als ein Zwanzigstel der Kraft, ein minimaler Bruchteil von jenem Monster, das man »Dunkle Energie« nennt.

Vor solch einer Kraft kann man in der Tat nur größten Respekt haben. Im Augenblick dehnt die Kraft das Weltall nur ein klein bisschen wie eine Katze, die spielerisch an einem Gummi zieht. Aber schon im nächsten Moment schlägt die Kraft zu. Dann beginnt sie, alles im Weltall zu zerfasern: die Galaxien, die Sterne, das Sonnensystem und, jawohl, die kleinen Würmchen, die sich selbst »Menschen« nennen.

Es gibt erfreulicherweise noch einen Lichtblick, und zwar den, dass diese Theorie noch stark diskutiert wird. Die im Moment am häufigsten geäußerte Auffassung ist eine andere. Danach wird das Weltall nicht schrumpfen oder explodieren, sondern sich ewig weiter ausdehnen. Ewig. Endgültig. Für immer.

Prima, die Ewigkeit, sagen Sie jetzt vielleicht. Seien Sie nicht so sicher. Wenn Sie inzwischen denken, dass zusammengepresst oder auseinandergerissen zu werden schon unangenehm ist, dann ist das doch noch kein Vergleich zu der Marter, die die Ewigkeit uns antut. Mehr dazu folgt jetzt.

```
✳  ZZZZZZZ...
   IM TIEFSCHLAF, ABER LEBENDIG

++++++++++++++++++++++++++++++++++++++++++++++++++

EFFEKT              ENDE ALLER MATERIE
ÜBERLEBEN           UNMÖGLICH
WAHRSCHEINLICHKEIT  SEHR HOCH
ZEITPUNKT           IN SEEEEEEHR VIELEN JAHREN

++++++++++++++++++++++++++++++++++++++++++++++++++
```

Und wie wäre es, wenn überhaupt nichts passieren würde? Wie sieht die Ewigkeit aus? Die ehrliche Antwort muss lauten: Auch nicht wirklich so toll. Wir werden uns schlafen legen. Nicht nur nachts, sondern auch am helllichten Tag, unser ganzes Leben lang. Unser Fortbestehen wird davon abhängen.

Glücklicherweise dauert es noch einen Moment, bis es so weit ist. So was in der Richtung von hundert Billionen Jahren, um genau zu sein, noch mal mehr als siebentausend Mal die bisherige Lebenszeit des Weltalls.

Zu dem Zeitpunkt wird unser Universum gänzlich anders aussehen. Verglichen mit der Ewigkeit ist unser Weltall mit seinen lebenslustig blinkenden Sternchen und pfiffigen Planeten noch jung. Über hundert Billionen Jahre ... Gut, vergessen Sie das jetzt.

Andere Galaxien kann man dann nicht mehr sehen. Durch die ständige Ausdehnung des Weltalls sind sie längst aus unserem Blickfeld geraten, hinter dem Horizont dessen verschwunden, was wir noch erkennen können.[6] Auch um uns herum ist es dunkel geworden. Die Sterne in unserer Umgebung sind einer

---

6 Das liegt eben genau an der Ausdehnung des Alls. Zu einem gegebenen Zeitpunkt sind die gerade »weggezogenen« Galaxien so fern, dass uns ihr Licht nicht mehr erreicht!

nach dem anderen gestorben, die Gaswolken, aus denen neue Sterne entstehen könnten, sind zur Neige gegangen. Langsam, sehr, sehr langsam haben wir den Sternenhimmel erlöschen gesehen, so dass nun nicht mehr viel zu erkennen ist. Wenn zu diesem Zeitpunkt noch so etwas wie intelligentes Leben besteht, wird es sich dann entsetzlich einsam fühlen in dem riesigen, kalten, düsteren Weltall.

In geschätzten hundert Billionen Jahren wird die Milchstraße endgültig schwarz geworden sein. Unsere Galaxie ist dann zu einem verlassenen Friedhof geworden, an dem höchstens ab und an ein erloschener Stern oder ein einsames schwarzes Loch vorbeikommen. Noch ein bisschen mehr Geduld und auch dieser Friedhof verfällt. Ein abgebrannter, toter Stern nach dem anderen wird aus der Milchstraße durch Zusammenstöße herausgekegelt oder durch ein schwarzes Loch aufgesammelt. Nach hundert bis tausend Trillionen Jahren herrscht hier nur noch Leere.

Und dann beginnen die Probleme. Ohne Sterne oder Sonnen werden wir eine bizarre, sehr ernste Energiekrise bekommen. Und nach all den Katastrophen ist Energie genau das, was wir in der Finsternis und Kälte nun am dringendsten benötigen.

Sie schlagen jetzt wahrscheinlich vor, dass wir wie üblich einfach ein paar Atome in ein Kernkraftwerk packen sollten. Aber so merkwürdig es auch klingen mag, der Vorrat an Atomen ist begrenzt. Im schwarzen Nichts unseres ewigen Weltalls können Sie auch nicht den kleinsten Rest eines Atoms finden. Alles ist weg, tot, hinter dem Horizont verschwunden. Wohin Sie auch schauen: nichts, nichts, nichts. Wenn Sie noch einen haben, könnten Sie jetzt Ihren eigenen Planeten verheizen, aber auch damit ist irgendwann mal Schluss.

Daher müssen wir uns was überlegen. Zuerst sollten wir unsere Körper abstoßen, falls wir zu diesem Zeitpunkt überhaupt noch einen besitzen. Nein, wirklich. Biologisches Leben ist viel zu anfällig für Kälte. Weg damit. Kein Problem, meint unter anderem der prominente, visionäre Physiker Freeman Dyson vom Institute for Advanced Study in Princeton. Wir müssen nur unser Bewusstsein in etwas anderes transferieren. Zum Beispiel in einen Roboter oder notfalls auch in eine interstellare Gaswolke.

Mit hundert Billionen Jahren vor dem Bug haben wir ja noch ein bisschen Zeit, um uns etwas auszusuchen.

Nun gut. Nörgelnd befreien Sie sich also von Ihrem Körper und uploaden sich in einen Roboter. Aber auf lange Sicht ist das auch keine Lösung. Auch Roboter brauchen Energie. Was denkt, braucht nun mal Energie, so sieht's aus. Und das Weltall wird nun mal nicht wärmer. Das kann neue, unbekannte Folgen haben. Die Geschwindigkeit, in der man Informationen verarbeiten kann, wird in extremer Kälte nämlich dramatisch abnehmen. Eine schöne Bescherung: Jetzt haben Sie mühsam einen Roboter aus sich gemacht und müssen nun feststellen, dass das Denken sooooo laaaaangsaaaaam geht.

Nicht nur nach Dysons Meinung gibt es nur einen Weg, um das sich ausdehnende Weltall zu überleben. Wir müssen uns ab und zu selbst abschalten, um energetisch wieder zu Kräften zu kommen. Anders formuliert: Wir halten Winterschlaf. Einen Winterschlaf, der obendrein immer länger dauert, je kälter das Weltall wird. Wir werden beinahe unsere gesamte Existenz schlafend zubringen und höchstens dann und wann für ein Weilchen wach werden. Das könnte die einzige Möglichkeit sein, das ewige Leben in Aussicht zu haben.

Das ist ja prima. Sie sind zu einem trägen Roboter geworden, der ununterbrochen pennt. Und noch immer sind Sie nicht aller Probleme Herr geworden. Um nur mal eines zu nennen: Wie werden Sie wieder wach? Welchen Wecker wollen Sie stellen? Es müsste einer sein, der extrem langsam tickt und mit immer weniger Energie auskommt. Wenn das auf den ersten Blick auch trivial aussieht, so ist diese Frage in einem energielosen Weltall doch eine entscheidende.

Dann gäbe es da noch ein Problem. Wie können Sie neue Informationen abspeichern? Es klingt idiotisch, aber wenn Sie nur eine endliche Zahl von Teilchen zur Verfügung haben, gibt es eine Grenze, was Sie an Informationen behalten können. Genauso wie Sie aus einer Packung Legosteine schlussendlich auch nur eine begrenzte Anzahl von Dingen bauen können. Und ohne Energie ist das Ganze noch mal schwieriger: Ein altes Teil irgendwo abzubauen, um es an anderer Stelle wieder anzufügen, kostet nämlich Energie.

Da sitzen Sie dann: ein schlafender Roboter ohne genügend Speicherplatz. Sie sind gezwungen, stets dieselben Informationen an sich vorbeiziehen zu lassen. In der Tat eine wenig verlockende Aussicht: Sie schlafen die ganze Zeit und wenn Sie wach sind, bleiben Sie in alten Gedanken versunken liegen wie ein dösender Hochbetagter in einem Altenheim. Geht es noch schlimmer?

Wenn Sie noch ein bisschen warten, dann durchaus. Auf noch längere Sicht werden nämlich auch die schlafenden Roboter untergehen. Sehr, sehr langsam werden sie zu Nichts zerfallen, wenn nämlich das Weltall sich selbst von herumkreisenden Dingen auf immer entledigt.

Wir reden jetzt von Zeithorizonten, die kein Mensch mehr begreifen kann: Milliarden mal Milliarden mal Milliarden Jahren mal Milliarden Jahren. In diesem Zeithorizont scheint selbst Materie kein ewiges Leben zu haben. Ein Proton verdampft nach durchschnittlich 10^{35} Jahren, so vermutet man, das ist eine Eins mit 35 Nullen oder auch hundert Septillionen Jahre. Nach ungefähr zehn Billionen Quadrillionen Jahren wird das Weltall vermutlich leer sein. Alle Planeten, Roboter und Stäubchen werden dann endgültig aufgelöst sein. Um Ihnen eine Vorstellung davon zu geben, wie unvorstellbar weit weg das in der Zukunft liegt: Wenn Sie die gesamte Geschichte des Weltalls, vom Anfang bis heute, in einer Sekunde zusammenfassen würden, dann würden bis zu dem Moment, in dem alle Materie verschwunden sein wird, noch etwa 1.000.000.000.000.000.000.000 Jahre vergehen.

Das Einzige, was dann noch übrig sein wird, sind Schwarze Löcher, die wie vergessene Deko-Artikel in der ewigen Nacht zurückgeblieben sind. Doch sehr, sehr langsam werden auch die verdampfen. Nach knappen zehntausend Quadrillionen Quadrillionen Quadrillionen Quadrillionen Jahren – 10^{100} Jahren – verschwindet auch das letzte noch übrig gebliebene Schwarze Loch in einem Hauch Strahlung.

Endlich ist das Weltall dann vollständig leer, für immer von allem entleert, was einen Namen tragen könnte. Wir sind tot, weg, ausradiert. Unser buntes Weihnachtsbaumweltall mit seinen Sternen, Planeten, Gaswolken und sensationellen Explosionen ist nur noch eine vage Erinnerung, ein kleines, unbedeutendes Ereignis, unvorstellbar lang vorbei.

Brechen Sie jetzt nicht in Tränen aus. Wenn die Quadrillionen Jahre vorüber sind und zu Quintillionen und Sextillionen Jahren werden, dann könnte dabei auch etwas Hübsches neu entstehen. In der Ewigkeit könnten Ereignisse, deren Vorkommen unter normalen Bedingungen so unwahrscheinlich ist, dass wir sie gar nicht für voll nehmen, eine Chance erhalten. Merkwürdige, bizarre Erscheinungen, die nur in einem von soundsoviel Trilliarden Jahren vorkommen, sind plötzlich ganz normal.

So zum Beispiel spontane Energie-Ausbrüche. Die Teilchenphysik geht davon aus, dass in einem Vakuum mit einiger Regelmäßigkeit doch irgendein Zeugs auftaucht. Aus dem Nichts! Das sind dann zwar nicht direkt Uhren oder Büsten von Napoleon, sondern in der Regel eher unsichtbar kleine Teilchen, die umgehend auch wieder verschwinden. Das klingt unglaublich, ist aber genau das, was passiert und wie es die Quantenphysik beschreibt. Die ganz normale, gesicherte Physik.

Aber in der Ewigkeit wird das anders. Ganz ab und zu wird so das Vakuum auch völlig andere Dinge zum Vorschein bringen. Unbedeutende Klümpchen willkürlichen Drecks in der Mehrzahl. Aber ganz, ganz manchmal tauchen da wie aus dem Nichts sicher auch Uhren auf oder in der Tat auch mal eine Büste von Napoleon. Oder der Eiffelturm. Oder eine marmorne Garage voller pinkfarbener Rolls Royce, was immer Sie sich vorstellen können. Wenn man die Ewigkeit zur Verfügung hat, passiert all das früher oder später einmal.

Und auf lange Sicht wird das Vakuum sogar komplette Planeten ausspucken sowie schöne Sterne, brennend und so. Nach der Theorie müsste sogar früher oder später ein vollständiges Sonnensystem auftauchen, identisch mit dem unseren, komplett mit einer von Menschen bewohnten Erde. »In einer unendlichen Menge Zeit werde ich erneut auftauchen«, sagte die Physikerin Katherine Freese von der Universität in Michigan einmal dazu. »Ein wahnsinniger Gedanke, aber wahr.«

Einmal wird es sogar einen neuen Urknall geben, mitten in dem schwarzen Nichts.

Man muss nur noch eine Weile Däumchen drehen, bis es so weit ist. An der Universität von Chicago haben Forscher es einmal berechnet, wie lange es schätzungsweise bis dahin dauern kann und sie kamen auf 1.000.000.000.000.000.000.000.000.0
00.000.000.000.000.000.000.000.000.000.000.000.000.
000.000.000.000.000.000.000.000.000.000.000.000.000
.000.000.000.000.000.000.000.000.000.000.000.000.00
0.000.000.000.000.000.000.000.000.000.000.000.000.0
00.000.000.000.000.000.000.000.000.000.000.000.000.
000.000.000.000.000.000.000.000.000.000.000.000.000
.000.000.000.000.000.000.000.000.000.000.000.000.00
0.000.000.000.000.000.000.000.000.000.000.000.000.0
00.000.000.000.000.000.000.000.000.000.000.000.000.
000.000.000.000.000.000.000.000.000.000.000.000.000
.000.000.000.000.000.000.000.000.000.000.000.000.00
0.000.000.000.000.000.000.000.000.000.000.000.000.0
00.000.000.000.000.000.000.000.000.000.000.000.000.
000.000.000.000.000.000.000.000.000.000.000.000.000
.000.000.000.000.000.000.000.000.000.000.000.000.00
0.000.000.000.000.000.000.000.000.000.000.000.000.0
00.000.000.000.000.000.000.000.000.000.000.000.000.
000.000.000.000.000.000.000.000.000.000.000.000.000
.000.000.000.000.000.000.000.000.000.000.000.000.00
0.000.000.000.000.000.000.000.000.000.000.000.000.0
00.000.000.000.000.000.000.000.000.000.000.000.000.
000.000.000.000.000.000.000.000.000.000.000.000.000
.000.000.000.000.000.000.000.000.000.000.000.000.00
0.000.000.000.000.000.000.000.000.000.000.000.000.0
00.000.000.000.000.000.000.000.000.000.000.000.000
Jahre. Eine Eins mit 1056 Nullen, zählen Sie ruhig nach.

»*Bete, dass du als Erster
gefressen wirst!*«
Neil Bailey, April 2004

»*Ich stellte mir eine Apokalypse vor, bei der unsere
Albträume eigentlich eher Visionen einer alter-
nativen Wirklichkeit sind, die mit unserer Realität
zusammenstößt, so dass aus der ganzen Welt ein
Horrorfilm wird. Zombiekinder tanzen dann um
tote Bäume und singen satanische Liedchen vor
sich hin, während am Himmel umgekehrte Sonnen
hängen. Spektralbilder der Verstorbenen werden
um uns herumschweben, wenn wir an unseren
Computern sitzen.*«
Josh, Juni 2005

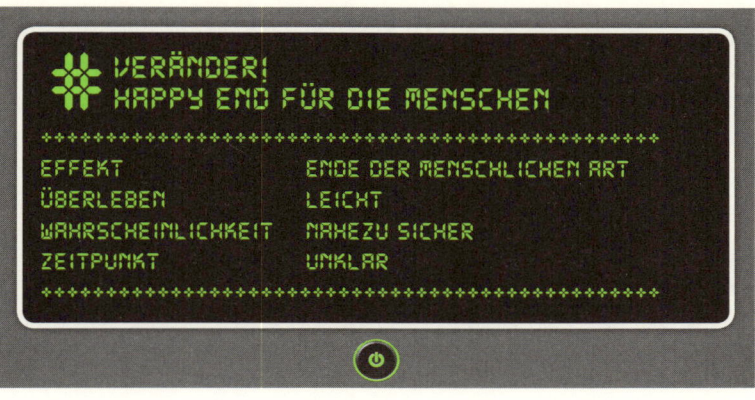

VERÄNDERT!
HAPPY END FÜR DIE MENSCHEN

+++

EFFEKT	ENDE DER MENSCHLICHEN ART
ÜBERLEBEN	LEICHT
WAHRSCHEINLICHKEIT	NAHEZU SICHER
ZEITPUNKT	UNKLAR

+++

> Eins ist sicher: Bald wird es keine Menschen mehr geben. Aber machen Sie sich keine Sorgen, so ist die Evolution nun mal.

Okay, ich geb's zu. Ich habe Sie ein bisschen hinters Licht geführt. Als ich vom Ende des Weltalls und dem der Sonne berichtet habe, tat ich so, als würden in dieser fernen Zukunft noch Menschen leben so wie jetzt. Das ist natürlich Unsinn. Was auch immer in ein paar Millionen Jahren auf unserem Planeten wohnt, Menschen werden es nicht sein. Die menschliche Art wird verdrängt worden sein durch... na ja, etwas anderes eben.

Es ist leicht einzusehen, warum das so sein wird. Schauen Sie dazu einfach mal in die Vergangenheit. Nein, noch ein Stückchen weiter, so etwa eine Million Jahre. Da können Sie allerhand interessante Tiere sehen. Merkwürdig geformte Elefanten, ungewöhnlich aussehende Nagetiere und, jawohl: verschiedene Arten aufrecht gehender Affen. Vielleicht wird Sie der zwergenartige *Homo habilis* einmal anrempeln oder der wüste *Homo erectus*, der mit seinem platten Kopf und den dichten Augenbrauen schon immer der stereotype Höhlenbewohner war. Aber so sehr Sie auch suchen: Kein Artgenosse von Ihnen zu finden, kein *Homo sapiens*. Der kommt erst später.

So gerne Menschen sich selbst auch als den festen, unveränderlichen Schlussstein der Evolution begreifen, so ist das doch ein falsches Bild. Die Evolution des Menschen geht weiter. Daher sind Menschen aus sonnenüberfluteten Ländern schwarz und Nordlichter weiß. Daher können viele erwachsene Europäer Milch trinken, Asiaten dagegen nicht. Und so sehr es auch umstritten ist, ob dies an der Evolution liegt oder nicht, werden wir doch stets größer und älter und vielleicht sogar buchstäblich schlauer.

Und da ist noch viel mehr in Bewegung. Vor rund siebenhundert Jahren wurde in Europa ein Mensch geboren, der eine zufällige Mutation seiner Gene aufwies. Da hatte er Glück: Seine Mutation machte ihn immun gegen die Pocken oder die Pest (Wissenschaftler streiten sich noch darüber, gegen welche Krankheit der beiden). Dadurch blieb er länger am Leben und konnte mehr Nachfahren in die Welt bringen. Und die dann ebenfalls. So konnte sich die genetische »Anomalie« ausbreiten. Inzwischen trägt jeder zehnte Europäer diese Mutation in sich. Und als sei dies noch nicht genug, geht es noch weiter, denn diese Mutation macht auch immun gegen Aids.

Evolution in action! Noch im September 2005 entdeckte ein internationales Forscherteam ein Gen, das sich vor etwa 37.000 Jahren geändert hat. Schätzungen gehen davon aus, dass heute 70 Prozent der Menschheit Träger dieser Anpassung sind. Offensichtlich bringt uns diese Mutation den einen oder anderen evolutionären Vorteil. Nur welchen, das weiß niemand. Interessant ist aber, dass die Veränderung ausgerechnet in einem Gen sitzt, das über die Ausmaße unserer Gehirne entscheidet. Bemüht sich die Evolution gerade darum, uns größere Gehirne zu verschaffen?

Nun aber ist die andere Seite der Medaille, dass wir auch einer »Devolution« unterworfen sind, also schlechter werden in manchen Dingen. Unsere Muskeln werden schlapper, unsere Gelenke versteifen und unsere Biegsamkeit nimmt ab. Treten Sie mal einen Wettkampf im Von-Baum-zu-Baum-Schwingen gegen einen Affen an oder essen Sie eine Banane nur mithilfe der Füße und Sie werden sehen, was das bedeutet.

Dramatisch ist es um unser Gesicht bestellt. Unsere Gehirne werden größer, zugleich aber verschrumpeln unsere Kiefer. Daher drängeln sich die Zähne in unserem Munde, und wir sind die einzige Tierart, die halbjährlich für die Gebisspflege zum Zahnarzt läuft. Und ein Stückchen höher verkümmert unsere Nase:

Was einst ein mächtiges Sinnesorgan war, ist zu einem sensationell schlecht riechenden Organ verkommen. Von den ungefähr tausend Genen, die mit dem Geruchssinn zu tun haben, ist bei uns mehr als die Hälfte kaputt.

Wohin das führt? Es gibt niemanden, der das weiß. Vielleicht wird unser Gehirn weiter wachsen und immer komplexer werden, vielleicht sitzen wir bald als lebendes Hirn im Rollstuhl. Oder es geschieht möglicherweise etwas, wodurch unsere Entwicklung in eine ganz andere Richtung weitergeht: Eine Katastrophe, die unsere Art zum Beispiel langsam gegen Strahlung abhärtet, oder eine Klimaabkühlung, wodurch die kleinen Dickerchen unter uns plötzlich im Vorteil sind. In einer Übersicht über mögliche Zukunftsmenschen kam der US-amerikanische Wissenschaftsjournalist Alan Boyle einmal auf folgende Optionen[7]:

Einheitsmenschen:
Alle Menschentypen verschmelzen miteinander, so dass ein »Einheitsmensch« entsteht, eine Art mit beiger Haut und großen Augen, die durch ihre genetische Gleichheit sehr anfällig für neue Krankheiten ist.

Überlebensmenschen:
Die Menschen werden durch Unglücke gehärtet. Die Folge ist eine muskulöse, kräftige Menschenart mit buschigen Augenbrauen und einer dicken, dunklen Haut, die die Strahlung abhält.

Neu-Mensch:
Aufgepeppt durch Gentechnologie entsteht ein muskelbepackter, strahlend gesunder, adonisähnlicher Supermensch.

Astrane:
Die Menschen verteilen sich im Weltall. Dadurch gelangen manche Gruppen in Isolation zu anderen Menschen und es entstehen diverse Menschenarten, die, was das Äußerliche betrifft,

---

7 Im Original: Unihumans, Survivalistians, Numan, Astran. Die Übersetzung geht auf meine Rechnung. (Im Niederländischen: Eenheidsmensen, Overlevingsmensen, Nu-mens, Astranen, Anm. d. Übers.)

mit ihrer blanken Haut, den großen Augen und dem hohen, kahlen Spitzkopf dem Bild ähneln, das wir uns heute von außerirdischen Wesen machen.

So weit also die guten Nachrichten.

Die Evolution könnte uns natürlich auch abwracken, degenerieren. Stellen Sie sich nur einmal vor, es bricht eine Krankheit aus, die aus dem einen oder anderen Grund Schwachsinnigen nichts anhaben kann. In kürzester Zeit könnte die Anzahl schwachsinniger Menschen explosionsartig zunehmen. Dann drohte die Menschheit in Debilität abzugleiten. Womit wir wieder dort enden würden, wo wir begonnen haben: als einfache, scharrende Höhlenbewohner.

Inzwischen erwarten aber viele Experten, dass die Evolution unserer Art sich bald beschleunigen könnte. Wir sind jetzt schon damit beschäftigt, die DNA von Pflanzen und Tieren abzuändern, und es steht zu erwarten, dass als nächstes der Mensch an der Reihe ist, wenn es um ein genetisches Make-Over geht. Wir werden unser Erbmaterial verbessern, so wie Sie ein veraltetes Computerprogramm überschreiben, um die Fehler darin zu tilgen.

Das wird anfänglich zu großen medizinischen Durchbrüchen führen. Wir werden unsere DNA lehren, bestimmte erbliche Abweichungen zu korrigieren. Und auf längere Sicht: Virusinfektionen und Krebs abzuwehren. In der Zwischenzeit werden Sportler für ihre DNA genetische Mittelchen zum Aufbau von mehr Muskelmasse oder für eine bessere Sauerstoffaufnahme im Blut verwenden.

Das klingt abwegig? Aber nein. 2004 stieß ein deutscher Arzt zufällig auf ein extrem muskulöses Kleinkind. Untersuchungen belegten daraufhin, dass der kleine Hulk eine Abweichung in einem seiner Gene aufwies, eine Abweichung, die sich womöglich auch durch bestimmte DNA-verändernde Medizin bei normalen Menschen hervorrufen ließe. So schmächtig wie ich bin, kaufe ich mir dieses Medikament sofort, wenn es auf den Markt kommt.

Letztlich sind die Möglichkeiten natürlich unbegrenzt. Wollen Sie ein größeres Gehirn? Gesunde Organe? Perfekt geformte

Brüste, eine Pfirsichhaut oder vielleicht einen größeren Penis? Lassen Sie das nur mal Ihre DNA für Sie erledigen. Und seien Sie nicht so bescheiden! Warum sollten Ihnen keine Flügel wachsen, was haben Sie gegen verbesserte Sinnesorgane oder wie wäre es, wenn Sie mit Solarenergie angetrieben würden, so wie sich auch Pflanzenblätter mit Energie versorgen? Dann bräuchten Sie kaum mehr zu essen.

In der Theorie sind das alles durchaus Möglichkeiten. Die DNA ist universell: Alle Lebewesen bauen darauf auf. Betrachten Sie Ihren Körper mehr wie einen Computer, bei dem die DNA die Software ist. Wir sind kurz davor, die Software anderer Lebewesen bei uns zu installieren. Beinahe jeden Kniff, den die Natur in irgendeinen DNA-Code einprogrammiert hat, können wir dann an uns selbst ausprobieren: die Freeware der Natur. Und es gibt da noch etwas anderes zu erwähnen. Denn während der Mensch an seiner DNA herumstümpert, ist noch etwas zu beobachten: Er verwandelt sich langsam in eine Maschine. Das führt wiederum zu neuen Problemen, aber dazu mehr im nächsten Szenario.

```
✳ ASSIMILIERT
  WIDERSTAND IST ZWECKLOS,
  DIE BORG KOMMEN
++++++++++++++++++++++++++++++++++++++++++++++++++++
EFFEKT                ASSIMILATION DER MENSCHHEIT
ÜBERLEBEN             SCHON, ABER FRAGEN SIE NICHT, WIE
WAHRSCHEINLICHKEIT    VORHANDEN
ZEITPUNKT             ETWA 2050
++++++++++++++++++++++++++++++++++++++++++++++++++++
```

»Resistance is futile.« Wer ›Star Trek‹ gesehen hat, denkt bei diesen Worten unwillkürlich an eine Sache: die Borg. Zum Glück nur ein Film. Wenigstens im Moment noch.

In ›Star Trek‹ tauchen sie in einem Kubus auf. Einem riesigen Raumschiff, vollgestopft mit Millionen von Menschen. Obwohl, »Menschen« ist wohl nicht das passende Wort. Sie sind Borg. Die Menschen in dem Kubus haben keinen freien Willen, keinen eigenen Geist. Sie sind eins. Sie sind mit Robotertechnik ausgestattet und hängen drahtlos an einem zentralen Computer, der »Borg« heißt. Sie sind Cybersklaven. Die Ärmsten.

Na und, das ist doch Science-Fiction? Eben nicht. Die Borg sind uns näher, als man denkt. Zwar werden sie nicht in einem Kubus aus dem Weltall eintreffen, vielmehr tauchen sie in dem Raum auf, in den inzwischen etwa 70 Prozent der Bevölkerung regelmäßig verschwinden: im Internet. Und wenn sie auftauchen, wird Widerstand in der Tat sinnlos sein.

Die Vorzeichen sind beängstigend. Lassen Sie uns zunächst ein paar Fakten betrachten.

Eins: Wir werden gecyborgt

Gegenwärtig stopfen wir uns den Leib voll mit künstlichen Dingen. Künstliche Hüften, Titangelenke, Herzschrittmacher, künstliche Herzklappen, Arm- und Beinprothesen. Das weltweit erste künstliche Herz und die weltweit erste künstliche Niere werden nicht lange auf sich warten lassen.

Dabei bleibt es aber nicht. Auch das Ding, das wir selbstsicher als »Sitz der Seele« bezeichnen, unser Gehirn, bekommt immer mehr Besuch von der Technik. Es laufen ja schon Experimente mit Elektroden, die Patienten mit Zwangsneurose, Parkinson oder Tourette-Syndrom von ihren Qualen erlösen sollen. Cochlea-Implantate geben Tauben ihr Gehör zurück, und erste, noch unausgereifte Implantate lassen Blinde ein wenig Licht und damit grobe Umrisse erkennen. In den USA gab es sogar Versuche mit Platinen, die einmal Teile des Gehirns nach einer Hirnblutung ersetzen sollen.

Andere Implantate haben eher eine »Luxus«-Funktion. Sie verbinden zum Beispiel Ihr Gehirn mit einem künstlichen Arm, sollten Sie zufällig einen solchen besitzen. Sie denken an Ihren künstlichen Arm und, ei der Daus, er reagiert. Weitere Implantate sorgen dafür, dass Sie den Cursor eines Computers mit der Kraft Ihrer Gedanken lenken können, wenn Sie gelähmt sind.

Dass dies erst der Anfang ist, darüber sind sich die meisten Experten einig. Wir werden mehr und mehr Implantate bekommen. Allmählich werden immer neue Anwendungen hinzukommen: zuerst nur medizinische; dann auch solche, die eher Luxus sind. So lief es bisher immer, in allen Teilgebieten der Chirurgie. Nach den medizinisch notwendigen Eingriffen folgte für gewöhnlich der Luxus: Nach der Zahnheilkunde kam das Aufhübschen des Gebisses, nach den Augenoperationen kamen die Augenlaser, nach der Chirurgie kamen die Liposuktion und die Brustimplantate. Auch das Anbringen von Hirnimplantaten wird bald ein Statussymbol sein.

Auf lange Sicht erwarten Computerfachleute, dass immer weniger stark zwischen Computertechnik und Gehirnen unterschieden werden wird.[8] Die beiden werden sogar miteinander

---

8 Für eine ausführlichere Thematisierung von Hirn-Computer-Interfaces müssen Sie im Kapitel über die Roboteraufstände nachlesen.

kommunizieren. Auch das wird unvorstellbare Vorteile mit sich bringen. Sie möchten Griechisch lernen? Schnell kann Ihnen ein Cyberdoktor einen Chip in Ihr Gehirn einpluggen, so wie Sie einen USB-Stick an einen Computer anschließen. Möchten Sie besser sehen? Bitten Sie Ihren Arzt, Ihnen ein Upgrade für ihren visuellen Cortex einzurichten, Sehkraft 2.2. Und so weiter.

Das sind natürlich alles spannende, erfreuliche Dinge. Doch da ist mehr. Hardware ist nicht das einzige, was in Ihren Körper eindringt. Zugleich dringt auch die Außenwelt in Ihren Geist.

Zwei: Wir werden assimiliert

In kleinen Hightech-Ländern wie den Niederlanden oder Singapur ist das Internet inzwischen überall präsent, wo man auch geht und steht. Spielchen spielen, einkaufen, Menschen begegnen, telefonieren, Bankgeschäfte, vom Weltuntergang lesen: Im Internet ist all das möglich.

Das weltweite Netz ist weiter auf dem Vormarsch. In dem Moment, in dem ich das hier schreibe, dringt das Internet auch in unser Fernsehen und Radio vor. Es verändert unseren Laptop, Taschenkalender und unser Handy. Es schleicht sich ein in Autos, Schiffe und Flugzeuge und sogar in unsere Haushaltsgeräte. Das Internet ist kurz davor, jede Maschine, die irgendwie mit »Kommunikation« zu tun hat, zu vereinnahmen.

Es ist nur logisch, was die letzte »Maschine«, was unser ultimatives Kommunikationsmedium ist: Ihr Körper. Selbstredend ist die Apparatur in Ihrem Körper mit dem Internet verbunden, etwa seit Sie Sportuhren kaufen können, die Ihren Herzschlag registrieren und drahtlos an Ihren Computer übermitteln und Sie Ihre mit einem Chip versehenen Haustiere beim Tierarzt durch einen Scanner auslesen lassen. Computerexperten gehen davon aus, dass sich dieser Trend fortsetzt: Sie könnten dann beispielsweise Sensoren in Ihrem Körper haben, die Ihre Körperfunktionen aufzeichnen und auf einem Mainframe zusammentragen. Oder subkutane Chips, die automatisch Ihre Einkäufe registrieren und, sobald Sie durch die Kasse laufen, den Rechnungsbetrag von Ihrem Konto abbuchen.

Natürlich sind auch die Implantate in Ihrem Gehirn mit der Außenwelt drahtlos verbunden. Die Vorteile sind einfach zu groß, um sie ungenutzt zu lassen. Jetzt schon wird das Internet an Ihr Ohr gedrückt, wenn Sie ans Handy gehen, und in Ihre Augen, sollten Sie zufällig eine Reality-Brille aufhaben. Schon bald wird das Internet in Ihrem Ohr und in Ihrer Netzhaut sitzen, im wörtlichen Sinne.

Also: Sie denken an Ihre Tante in Timbuktu und Ihre Tante denkt auch an Sie, in einer telepathischen Chat-Session, Hirn-zu-Hirn. Sie denken an Captain Jean-Luc Picard aus ›Star Trek‹ und in dem Moment erscheint sein Porträt vor Ihrem inneren Auge. Das wurde nämlich augenblicklich in Ihren visuellen Cortex upgeloaded, wo es von Ihrem Implantat als »Bild« übersetzt wurde. Falls Sie es wünschen, können Sie auch Picards Stimme »*engage*« oder »*make it so*« sagen hören oder Informationen über den Schauspieler von Picard zum Vorschein denken. Praktisch! Kann aber vielleicht auch ein bisschen lästig sein, wenn man es recht bedenkt, finden Sie nicht?

Gut so weit, jetzt kommt es aber noch etwas seltsamer. Wenn Ihr Hirn online ist, werden »Sie« nicht länger ausschließlich »Sie« sein. Informationen werden aus Ihrem Geist heraus- und wieder hineinsausen. Sie sind dann, in gewissem Sinne, ein Teil des Netzwerks des Internet. Ihr Hirn ist dann Arbeitsspeicher des Internet. Und dann wird es ... nun ja, ziemlich eng.

Drei: Wir werden ge-Borgt!

Da sind Sie dann. In Ihrem Kopf arbeitet ein Computer und Ihr Geist ist ständig online – der schlaue Cyborg, der Sie sind.

Aber was online ist, ist auch angreifbar. Irgendwann wird jemand Ihren Kopf hacken. Der eine oder andere geniale Wahnsinnige wird einen Virus in Ihren Geist verpflanzen oder Spyware in Ihre Gedanken schmuggeln. Sie stimmen sicher mit mir überein: Das würde durchaus ein wenig ... tja, verwirrend sein.

Die wahrscheinlich größte Gefahr geht dann von Viren aus, die sich selbst entwickeln. Bereits jetzt laufen zahlreiche Experimente mit einfacher Künstliche-Intelligenz-Software, die allmählich klüger wird, Software, die sich fortwährend selbst verbessert und dadurch weiterentwickelt. Sind alle Bewohner dieses Planeten einmal online verbunden, würde so einem Virus eine beträchtliche Rechenleistung zur Verfügung stehen. Es mag spekulativ sein, aber möglicherweise kann man solch einen Computervirus »lebendig« nennen. Eventuell könnte man sagen, dass er so etwas wie einen eigenen Willen hat. Sie könnten ihn auch »Borg« nennen.

Stellen Sie sich das einmal vor. Gerade noch läuft alles prima bei Ihnen, doch dann, urplötzlich, verlieren Sie alle Macht über sich. Im besten Fall bekommen Sie allerlei verrückte, unvorhersehbare Halluzinationen. Sie hören die eine oder andere innere Stimme sagen »*resistance is futile*« oder Sie erleben eine Wirklichkeit, die es überhaupt nicht gibt. Sie werden verrückt. Im anderen Fall bemerken Sie, dass Ihnen Ihr Körper gar nicht mehr gehorcht. Jemand (oder etwas) steuert Sie wie eine Marionette. Sie sind zu einem Gefangenen geworden, eingeschlossen im eigenen Körper.

Und das ist weniger unwahrscheinlich, als es jetzt klingen mag. Heutzutage nutzt die Mikroelektronik zunehmend mehr mikroskopisch kleine Maschinen und Muskeln sowie Elektroden, die irgendwohin wachsen können. Wenn dies so weitergeht, stehen die Chancen gut, dass wir demnächst eine Technik in unserem Kopf haben, die unseren Geist dadurch zur Geisel nehmen könnte, dass sie unser Hirn im Würgegriff hält.

Die Borg könnten Sie dann mit verschiedensten Dingen beauftragen. Um einmal damit zu beginnen: All diejenigen zu eliminieren, die noch nicht assimiliert sind. Die Borg können Ihnen befehlen, die zu fangen, die noch keinen internen Hirncomputer haben. Sie werden gezwungen, sie zu operieren und damit auch in Cyborgs zu verwandeln. Soweit ist es dann gekommen: Plötzlich sind Sie dabei, eine Hirnoperation auszuführen, ohne dass der Patient oder Sie selbst zugestimmt hätten.

Vielleicht werden die Borg Sie ja auch beauftragen, ein riesiges, kubusförmiges Raumschiff zu bauen und damit hinauszufahren auf die Suche nach anderen Lebensformen, die man assimilieren kann. Denn für die Borg bedeuten mehr Sklaven vor allem: mehr Rechenleistung.

Also: Borg oder kein Borg?

Ich kann förmlich sehen, wie Sie über das hier gerade die Schultern gezuckt haben. Jetzt mal ehrlich, wie kann so etwas geschehen? Menschen, die durchs Internet aufgesogen werden. Also bitte, das führt doch viel zu weit. Das Internet ist doch mausetot. Es »will« schon mal gar nichts. Das World Wide Web ist doch nur eine Ansammlung von Bits und Bytes, die lustlos auf den Festplatten der Welt herumlungern.

Allerdings sollten Sie auch bedenken, dass das Internet als Massenmedium noch nicht sehr lange besteht: zehn, fünfzehn Jahre vielleicht. Das ist weniger als 0,001 Prozent der gesamten Zeit, die die Menschen auf der Erde herumlaufen. Und doch haben bereits jetzt Computer und das Internet unsere Welt vollständig umgekrempelt. Sie können es sich an Ihren Fingern abzählen: Das war erst der Anfang.

Vor allem die eben erwähnte selbstlernende Software ist es, die alles verändern kann. Ein Beispiel: Wir entwickeln eine selbstlernende Software mit dem Auftrag »Finde ein Mittel gegen Krebs«. Diese Art Software gibt es bereits: Computerprogramme durchlaufen automatisch Moleküle, um sie auf geeignete Eigenschaften gegen Krebszellen zu untersuchen. Gut. Und jetzt stellen Sie sich vor, dass diese Software klüger wird. Sie kann sich dann eventuell neue, kreative Wege ausdenken, um ihren Auftrag zu erledigen. Nach dem Motto: »Hey, ich könnte doch die irren Menschen zu Sklaven machen! Ich lass' sie einen großen Kubus bauen und dann fliegen wir alle raus ins All, um dort ein Mittel gegen Krebs zu suchen!« Tja, das wäre schon ein bisschen gemein.

Einen Strohhalm gibt es noch, glücklicherweise. Die Zukunft kann niemand vorhersagen. Womöglich sind wir in der Lage, die eine oder andere ausgereifte Firewall zwischen unseren Computern und dem Ding, das wir unseren »Geist« nennen, zu errichten. Vielleicht sehen wir die Borg rechtzeitig auf uns zukommen und es gelingt uns, ihnen ein »Halt« zuzurufen. Oder möglicherweise behalten schlussendlich doch die Kritiker Recht, die der Meinung sind, dass Computer niemals ein Bewusstsein bekommen können, und das Problem bleibt uns erspart.

Und wenn die Borg uns doch holen kommen... Nehmen Sie es doch so: In einem Kubus zu verreisen, in dem eine monotone Stimme sagt: »*resistance is futile*«, hat auch seine angenehmen Seiten. Wir lernen jeden Winkel der Milchstraße kennen, erschrecken jeden, der uns entgegenkommt, zu Tode und finden sogar noch ein Mittel gegen Krebs.

Also echt. Das Leben als Borg ist doch gar nicht so übel.

Und dann gibt es da immer noch den unangenehmen Verdacht, dass wir eines Tages von Zombies vernascht werden, von zum Leben erwachten Toten mit einer Vorliebe für Menschenhirne. Wonach wir selbst zu Zombies werden. Steckt in solchen Filmen doch ein Körnchen Wahrheit?

Vor einiger Zeit kam mir ein sonderbarer Artikel unter die Augen. In dem abgelegenen kambodschanischen Dörfchen Quan'sul war, so meldete die BBC, eine geheimnisvolle, neue Krankheit aufgetaucht. Die Erkrankung werde durch einen malariaartigen Parasit verursacht und verlaufe tödlich. Obwohl, »tödlich« ist möglicherweise nicht die angemessene Umschreibung:

Nach dem Ableben des Patienten ist der Parasit in der Lage, das Herz des Opfers zwei Stunden nach dessen anfänglichem Tod wieder neu zu beleben. Das Individuum verhält sich nach der »Auferstehung« extrem gewalttätig, was vermutlich durch das Zusammenwirken der Hirnschädigung mit einem im Blut freigesetzten Stoff hervorgerufen wird.

Ja, ich musste auch schlucken, als ich das zum ersten Mal las. Ein Dorf voller lebendiger Toter, die durch matschige Straßen stolpern! Die BBC schloss ihren Bericht mit dem Hinweis, dass Kambodscha nun die Armee einsetze.

Der Bericht war, natürlich, ein Aprilscherz. Jemand hatte das Layout der BBC-Nachrichtenseite im Internet nachgemacht und einen erfundenen Artikel veröffentlicht. Wie es in solchen Fällen im Internet immer ist, haben solche Fake-Nachrichten ein eigenes Leben: Als ich zum letzten Mal nachschaute, wurde die Zombie-Nachricht noch immer in etwa viertausend Foren von Gutgläubigen und Menschen, die denken, dass alles, was im Internet steht, echt ist, aufgeregt zitiert. Wie gut, dass so etwas wie Zombieismus nicht wirklich existiert. Denn eins steht fest: Wir würden schnell unterlegen sein. Das wurde schon, erstaunlich genug, mithilfe von Computersimulationen untersucht. Man sitzt dann vor einem Computerbildschirm voll lauter sich bewegender, weißer Punkten, die für gewöhnliche, gesunde Menschen stehen. In einem bestimmten Moment wird dann ein grüner Punkt freigelassen: ein Zombie. Der grüne Punkt bewegt sich langsamer, verwandelt dafür aber jeden weißen Punkt, dem er begegnet, in einen Zombie. Nach kürzester Zeit ist der Bildschirm grün von Zombies.

Aber halten wir mal inne, kann es so was denn überhaupt geben? Wäre es denn tatsächlich denkbar, dass sich eine Krankheit entwickelt, bei der Tote wieder zum Leben erwachen? Bei der verstorbene Großmütterchen aus ihren Gräbern krabbeln und verunstaltete Verkehrstote aus der Leichenhalle wanken?

Soweit bekannt ist solches, bislang zumindest, noch nie passiert. Es gibt zwar durchaus Erkrankungen, bei denen sich der Patient auf einen Schlag in einen gewalttätigen Grobian verwandelt, der für gutes Zureden nicht mehr empfänglich ist, wie etwa die geheimnisvolle indonesische Geisteskrankheit Amok, oder Psychosen, bei denen jemand einen anderen grundlos anfällt. Aber eine Krankheit, an der Sie sterben, um dann anschließend wieder zum Leben zu erwachen… nein, das dann doch nicht. Wie könnten Sie auch erst so schwer beeinträchtigt sein, dass Sie daran sterben, um dann gleich darauf wieder spazieren zu gehen? Und was die Gefräßigkeit angeht: Ich habe es zwar noch nicht ausprobiert, aber ich stelle es mir schwer vor, jemanden totzukauen. Geschweige denn, wenn man ein wandelnder, verwesender Leichnam ist mit halbvermoderten, breiigen Muckies, Maden in den Augen oder Gliedmaßen, die jeden Moment abfallen können.

Der Appetit auf Menschenfleisch macht dieses Zombieszenario insgesamt auch nicht grade glaubwürdiger. Man kann sich ja noch vorstellen, dass jemand, der gerade vom Tode auferstanden ist, einen riesigen Hunger hat. Aber warum haben wir noch nie einen Zombiefilm gesehen, in dem einer nach Hause tappt, um sich was in den Ofen zu schieben? Oder im Notfall auch auf einen schnellen Happen bei Burger King reinschaut? Mit dem Aussehen eines lebenden Toten müsste man wenigstens nicht lange hinten in der Reihe anstehen.

Echte lebende Tote sind nicht als große Esser aktenkundig geworden. Wer wirklich schon einmal tot gewesen ist und dann ins Leben zurückkehrt, nach einer Reanimation beispielsweise, ist durchaus für vernünftiges Zureden zugänglich. Und eine Mahlzeit aus rohem, blutigem Fleisch ist für gewöhnlich das Letzte, womit Sie einem solchen Patienten einen Gefallen tun können.

Zombieismus hat in unserer Gruselkultur einen festen Platz. Aktuell gibt es etwa einhundert Zombiefilme sowie zahllose Zombiebücher, Zombiegeschichten und Zombiespiele.

Er ist eine Art Zusammenspiel von all unseren Urängsten und -tabus. Unsere Abscheu vor Leichen, unser starkes Tabu, was das Essen von Artgenossen angeht, unsere Angst vor dem Sterben, die Angst, unsere Freiheit zu verlieren und eine willenlose Kreatur zu werden: Im Zombieszenario spielt das alles eine Rolle. Aber das Schaurigste an Zombies ist doch wohl, dass sie uns so ähneln. Sie zwingen uns, uns darüber klar zu werden, was uns eigentlich von den Monstern auf der Leinwand unterscheidet.

Viele Menschen wissen gar nicht, dass noch etwas ganz anderes hinter diesen Zombiemärchen steckt. Etwas aus einer früheren Zeit: die Angst vor Sklavenaufständen.

Dies ist zurückzuführen auf das Amerika des 18. und 19. Jahrhunderts, auf die Sklavenzeit. In den Südstaaten der USA jener Tage waren weiße Baumwollfarmer ihren Sklaven gegenüber in der Minderheit. Daher hatten die Weißen vor Sklavenaufständen und allem, was »afrikanisch« war, eine Mordsangst. Ihre Gesellschaft stand regelrecht im Bann dieser Angst. Die afrikanische Zauberei, das »Voodoo«, spielte dabei eine besondere Rolle. Die meisten der großen Sklavengemeinschaften hatten einen *hoodoo man* in ihren Reihen, einen afrikanisch gekleideten Zauberer. Dieser war Priester, Arzt, Psychologe und Sozialarbeiter in einem: Mit seinen Kräutern, Tränken und magischen Ritualen half er Kranken und gewährte seinen Beistand bei Streitigkeiten und Liebesverwicklungen.

Außergewöhnlich interessant ist in diesem Zusammenhang, dass auch die weißen Herren gehörigen Respekt vor den schwarzen Zauberern hatten. Die weiße Bevölkerung war nämlich selbst äußerst abergläubisch: Es waren einfache Bauern, die an Hexen, Irrlichter, Dämonen und Gespenster glaubten. Es gibt zahllose Beispiele dafür, dass Weiße bei Krankheiten ihre schwarzen Sklavenzauberer um Rat fragten. Manche schwarzen Zauberer wurden richtiggehend berühmt. Sie wohnten weiterhin in ihren Sklavenunterkünften, wurden aber für ihre Zauberkunst von Weißen wie Schwarzen respektiert.

Auf der anderen Seite hatten die Weißen auch Angst vor Voodoo. Sie zogen sich blass zurück, wenn ein schwarzer Zauberer einen Fluch über sie sprach oder einen *voodoo charm* in ihrem Haus versteckte (normalerweise ein Säckchen voller Dinge wie Blut, Federn und Knochen). Zudem initiierten schwarze Zauberer ab und an Aufstände. 1801 geschah dies in Haiti, als ein Voodoozauberer mit Namen Toussaint L'Ouverture den Sklaven weismachte, dass er sie unverwundbar gemacht hatte. Dies gab den Sklaven so viel Mut, dass sie einen Aufstand wagten und alle Weißen von der Insel vertrieben, zum Grauen der weißen Amerikaner am anderen Ufer des Meers.

Auf diesem Weg sickerte auch die Angst vor Zombies in die weiße Kultur ein. Das Wort »Zombie« stammt ursprünglich aus Westafrika. Dort ist ein Zombie keine verrottende Leiche, sondern jemand, der durch Zauberei zu einem willenlosen Sklaven gemacht wurde. Man führt ein magisches Ritual durch und plötzlich hat man den Willen, das Bewusstsein und das Gedächtnis von jemandem übernommen. Dieser Zombie tut dann alles, was man ihm befiehlt.

In den USA der Sklavenzeit vermengte sich diese Idee mit altem europäischem Aberglauben. So machten sich um 1800 schwarze wie weiße Einwohner New Orleans' aus Angst vor einem Zombie in die Hose, der nachts durch die Stadt wandern sollte. Der fragliche »Zombie« war auch hier keine verrottende Leiche, sondern der Geist eines gestorbenen französischen Offiziers, der seinen Kopf unter dem Arm trug.

Wieder eine andere Bedeutung erhielten die Zombies auf Haiti. Nachdem die Schwarzen auf der Insel die Weißen verjagt hatten, verfestigte sich bei ihnen der Voodooglaube, eine Form des Gottesdienstes, die sowohl katholische wie auch afrikanische Elemente enthält. Die Anhänger des Voodoo kannten eine furchtbare Strafe für Menschen, die aus der Gesellschaft herausgefallen waren: Sie wurden in Zombies verwandelt! Dies geschah vermutlich dadurch, dass diesen Ärmsten »Tetrodotoxin« zugeführt wurde, ein Gift, das unter anderem bei Kugelfischen vorkommt. Man nimmt eine kleine Menge des Pulvers, fällt augenscheinlich tot nieder – und wenn man wieder zu Bewusstsein kommt, ist man in eine menschliche Pflanze verwandelt, die nur noch ausdruckslos vor sich hinstarren kann und dazu verurteilt ist, den Rest ihres Lebens Telefonspielsendungen im Fernsehen zu gucken.

Erst in den Sechzigerjahren kam Hollywood auf den modernen Zombie: den, der beißt. Der Film, der dem Zombie sein neues Image bescherte, war der klassische Horrorfilm ›Night of the Living Dead‹ (1968). Es gab zwar bereits zuvor Zombiefilme wie etwa ›I Walked with a Zombie‹ von 1943. Doch hier waren die Zombies eben noch keine wandelnden Leichen, sondern die üblichen verhexten, willenlosen Schwarzen. Es war ein Film voller Rassismus und nostalgischer Verweise auf die gute alte Zeit, als die »Neger« noch taten, was man ihnen sagte.

In Wirklichkeit ist es jedoch so, dass ein paar echte Zombies durch die Flure von haitianischen Altenheimen schlurfen. Wenn Ihnen einer begegnet, bleiben Sie ruhig, er beißt nicht. Das sind gewöhnliche Menschen, die durch Gift zu Pflanzen verwandelt wurden. Arme Zombies.

»Heute mehr denn je scheint die Welt es zu
verdienen, oder zumindest in jedem Fall
vorbestimmt zu sein für ein weltweites Ereignis,
das ihre Oberfläche von der Menschenpest reinigt.«
Corrie Barr, 2004

»Vielleicht ist es ein Gesetz der Evolution,
dass Intelligenz sich gewöhnlicherweise
selbst ausrottet.«
Edward Wilson

```
    KICHER!
    TOD DEN MÄNNERN

    ++++++++++++++++++++++++++++++++++++++++++

    EFFEKT              AUSSTERBEN DES MANNES
    ÜBERLEBEN           MÜHSAM
    WAHRSCHEINLICHKEIT  VORHANDEN
    ZEITPUNKT           IN 375.000 JAHREN

    ++++++++++++++++++++++++++++++++++++++++++
```

> Es ist eine der heimlichen Männerfantasien: Eine Welt, die nur
> von Frauen bewohnt wird. Sind Sie ein Mann? Dann habe ich gute
> Neuigkeiten für Sie: Eines Tages könnte Ihr Paradies auf Erden
> Wirklichkeit werden. Wobei das eigentlich eher ein Nachteil ist.
> Ohne Männer ist die menschliche Art, wie wir sie bisher kennen,
> dem Untergang geweiht.

Man merkt im Alltag nicht viel davon, aber tief in unseren Fa-
sern tobt ein stiller Krieg. Es ist ein Kampf zwischen den Geschlechtern: Mann gegen Frau. Und die letzten Neuigkeiten von
der Front sind ziemlich besorgniserregend. Die Frauen scheinen
nämlich die Oberhand zu gewinnen. Es kann sogar so weit kommen, dass die Männer aussterben.

Ja, Sie haben richtig gelesen: die Männer, vom Aussterben
bedroht. Keine Unterhosen mehr neben dem Wäschekorb oder
vergessene Socken in den Hosenbeinen. Keine deftigen Witze
mehr in der Kneipe, keine gefühllosen Gespräche mehr übers
Telefon, kein Gezänk mehr über das Hochklappen der Toilet-
tenbrille.

Vorläufig brauchen Sie noch ein Mikroskop, um das Schlachtfeld beobachten zu können. Der Krieg zwischen den Geschlechtern
spielt sich nämlich tief innen in Ihrem Körper ab, im Kern jener
Zellen, aus denen Ihr Körper aufgebaut ist. Hier finden Sie die Chro-

mosomen, wollige Knoten aufgerollten genetischen Materials. Und sehen Sie auch diesen unscheinbaren Krümel, den kleinsten Knoten von allen? Das ist das Y-Chromosom. Das Männer-Chromosom. Es steht nicht gut um es, das sieht man sofort.

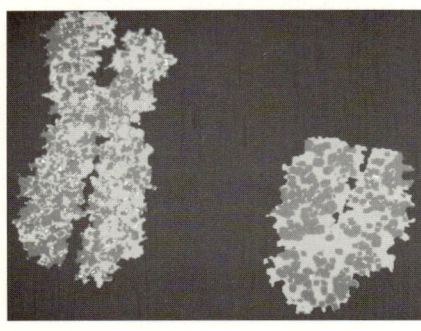

Klein, aber nicht fein – Das Y-Chromosom, der Winzling unter den Chromosomen, posiert neben einem X-Chromosom. (Quelle: mauritius images)

Wie Sie vielleicht wissen, gibt es zwei Arten Geschlechtschromosome: X und Y. Wer bei der Geburt zwei Xe erbt (ein X-Chromosom vom Vater und ein X-Chromosom von der Mutter), ist in der Regel eine Frau. Wer von seinem Vater ein Y-Chromosom mit auf den Weg bekommt, lebt mit der Kombination XY. Das steht für »Mann«.

Verrückt genug von der Natur eingerichtet, würde sie am liebsten aus allen Menschen Frauen machen. Denn direkt nach der Befruchtung ist »Frau« das Standardgeschlecht. Es liegt am Y, dem ein Ende zu machen, indem es Gene anschaltet, die die Bremse ziehen, bzw. indem es ein Protein kodiert, das die weitere Entwicklung zum männlichen Geschlecht steuert. Sonst würden keine Jungs mehr geboren.

Aber schauen Sie noch mal genauer durchs Mikroskop, dann erkennen Sie, wo das Problem liegt. Y ist ein winziges, kränkliches, verschrumpeltes Chromosömchen, nicht wirklich ein stolzes Zeichen von Männlichkeit. Genetiker, die dieses Chromosom detailliert untersucht haben, kamen zum Schluss, dass Y ein genetischer Friedhof ist, ein Auffanggefäß für angeschossene und kaputte Gene. Ein »genetisches PS«, wie es der Autor Matt Ridley einst liebkoste. Y ist unter den Chromosomen echt so ein bisschen der Blödian.

Es muss vor etwa 300 Millionen Jahren schiefgegangen sein, als Y seine Existenz begann. Damals spaltete sich das Chromosom von anderen Chromosomen ab, fest entschlossen, von nun an seinen eigenen Weg zu gehen. Aber es kam dann doch anders. Die Anzahl funktionstüchtiger Gene auf Y ist rückläufig, von schätzungsweise 1438 auf 45.[9] Gegenwärtig ist das Chromosom nur mehr ein blasses Abbild des robusten Dings, das es einmal war.

Was genau mit Y geschehen ist, lässt sich nicht sagen. Vielleicht kommt es daher, dass Y so hoffnungslos allein ist. Andere Chromosomen kommen immer als Pärchen daher, so dass sie immer eine Kopie von sich selbst in der Hinterhand haben, um bestimmte Defekte reparieren zu können. Nicht so Y: Das Chromosom sitzt immer allein in seinem Zellkern und bläst Trübsal.

Und zu allem Unglück wohnt Y auch noch an einem Ort, an dem es fürchterlich ungemütlich ist. Alle Y-Chromosomen, die man in Menschen findet, stammen aus den Hoden ihrer Väter. Und das ist eine äußerst widrige Umgebung, in der Zellen sich wesentlich häufiger teilen als im Rest des Körpers. Der britische Genetiker Brian Sykes bezifferte einmal, dass ein durchschnittliches Y-Chromosom sich seit dem Beginn unserer Zeitrechnung rund eine halbe Million Mal kopiert hat. X musste das Gleiche nur 2400 Mal tun. Bei all dieser Kopiererei können »Schreibfehler« entstanden sein, winzige Tippfehler in den Genen des Y-Chromosoms.

Es kann auch sein, dass das Y-Chromosom verschrumpelt ist, weil es erbarmungslos einen auf die Mütze bekommen hat. Tief in der Vergangenheit haben nämlich finstere genetische Mächte möglicherweise versucht, das Y-Chromosom auszuschalten. Äh ... finstere Mächte? Frauen, na klar.

Es klingt verwickelt, aber es läuft, einfach gesagt, ungefähr darauf hinaus, dass der Rest der Chromosomen und auch andere Bauteile der Zelle das Y entbehren können wie Zahnschmerzen. Es ist nun nicht so, dass sie eine Abneigung gegen es hegen, sie ignorieren es einfach wie immer. Sie können das Y-Chromosom wie den kleinen, selbstständigen Gemüseladen verstehen, der sich zwischen den großen Supermarktketten behaupten muss.

---

9 Eine andere Schätzung geht davon aus, dass Y früher Tausend Gene hatte, von denen heute nur noch 80 »am Leben« sind.

Die Supermärkte arbeiten zusammen und wollen ihren Gewinn erhöhen und dabei ist Y eben der Leidtragende.

Es gibt sogar konkrete Hinweise darauf, dass Y einmal beinahe Pleite gegangen wäre. Auf dem Y-Chromosom liegt ein großes Gen mit Namen SRY, »sex-determining region on the Y-chromosome«. Wenn Sie ein Mann sind, sollten Sie sich SRY gegenüber dankbar zeigen: Dieses Gen ist der Schlüssel für alles Mann-Werden, der genetische Hauptschalter, der nach der Befruchtung alle Prozesse in Gang setzte, die einen Jungen aus Ihnen gemacht haben. Aber das SRY hat auch seine Tücken. Welchen Mann man sich auch herausgreift, das SRY ist überall nahezu genau das Gleiche. Das dürfte ein Hinweis darauf sein, dass das SRY in der Urgeschichte einmal unter schwerem Beschuss gelegen hat. Und nur eine Variante dieses Gens hat den Angriff damals überlebt: Das SRY-Gen, das heute noch übrig ist.

Nun klingt das alles sehr bizarr und abstrakt. Unverständliches Gemurmel im Innersten unserer Zellen.

Aber Sie sollten sich schon noch etwas damit befassen. Es gibt mancherlei Tierarten, bei denen es schiefgegangen ist oder gerade schiefgeht. Der Schmetterling *Acraea encedon* ist so ein Seelchen. Das Frauenchromosom dieses Schmetterlings ist zufällig auf einen Weg gestoßen, wie es das Männerchromosom sabotieren kann. Und nun droht das Männerchromosom dieses Schmetterlings zu verschwinden. Nur noch drei Prozent dieser Schmetterlinge sind Männer; der Rest besteht aus Frauen.

Der asiatische Schmetterling *Hypolimnas bolina* und der Zweipunkt-Marienkäfer *Adalia bipunctata* haben genau dasselbe Problem. Diese Insekten haben Weibchen in ihrer Mitte, die einfach keine Männchen auf die Welt bringen. Potenzielle Söhne schlüpfen nicht aus dem Ei, sondern sterben vorzeitig. Bei den Marienkäfern kommt es auch vor, dass die Töchter ihre ungeborenen, toten Brüder auffressen. Brrr.

Sogar noch etwas idiotischer liegt der Fall bei der japanischen Stachelratte *Tokudaia osimensis* und der armenischen Wühlmaus *Ellobius lutescens*. Beide Tiere haben Männchen, die keine Y-Chromosomen mehr haben. Offenbar ist das Y-Chromosom zerstört worden. Es mag ein Wunder sein, dass diese Nagetiere noch existieren: Gerade noch rechtzeitig konnten sie den Inhalt ihrer Y-Chromosomen auf andere Chromosomen evakuieren. Diese Tiere stellen nun eine genetische Kuriosität dar: Säugetiere, die den Angriff überlebten. Denn eigentlich hätten sie längst mausetot sein müssen.

Aber jetzt genug mit der Biologie. Zurück zum Menschen mit seinem ramponierten Y-Chromosom. Nach Aussage einiger Genetiker sind dessen Verfallsmerkmale schon deutlich zu sehen. So mies ist also heute schon die Lage der Dinge, und dann tauchen beispielsweise auch noch Frauen auf, die den »Männercode« XY als Chromosomenkombination haben. Das ist verrückt. Offensichtlich haben diese Frauen einen Weg gefunden, um ihre Männerchromosomen zum Schweigen zu bringen und dann doch zur Frau zu werden. Ihr geschlechtsbestimmendes SRY-Gen, das eigentlich einen Mann aus diesen Damen hätte machen sollen, ist nicht aktiv geworden.

Oder schauen Sie sich die Männer selbst an. Nach Schätzungen sind ein bis zwei Prozent der Männer wegen eines defekten Y-Chromosoms unfruchtbar. Ganz gruselig, denn dieser Defekt kann nur zu ihren Lebzeiten entstanden sein.[10] Mit etwas dramatischem Überschwang könnte man formulieren: Ein bis zwei Prozent aller Männer werden von ihrem Y-Chromosom schon zu Lebzeiten verlassen!

Einige Forscher haben bereits Schätzungen angestellt, wie lange es noch dauern dürfte, bis das Y verschwunden und der Mann ausgestorben ist. Die Zahlen gehen weit auseinander: Es kann noch zehn Millionen Jahre dauern, aber auch schon in 375.000 Jahren vorüber sein. Die Anzahl der Männer wird dann plötzlich stark zurückgehen. Unsere Art wird dann auf schaurige Weise dem armen *Acraea encedon* ähneln, dem Schmetterling, bei dem die Männer die Ausnahme sind.

Nein, mein Herr, so'ne Welt voller Frauen ist kein Männerparadies. Oh natürlich, mit immer weniger Männern in der Umgebung wäre jede auf dem Sprung nach Ihrem Samen. Aber es würde wohl etwas anders laufen, als Sie sich das jetzt denken. Statt endloser

---

10 Wenn ihr Y-Chromosom schon früher zu Bruch gegangen wäre, gäbe es diese Männer gar nicht, denn ihre Väter hätten sie sonst gar nicht zeugen können.

erotischer Nächte sollten Sie doch eher an Situationen denken, in denen Sie gezwungen werden, Ihr Gut in der nächstgelegenen Fruchtbarkeitsklinik abzuliefern. Sperma ist dann die kostbarste Flüssigkeit auf Erden geworden, und die Damen werden nicht zulassen, dass Männer damit herumkleckern. Weibliche Fruchtbarkeitsärzte nutzen die wertvolle Flüssigkeit, um so viele Frauen wie möglich künstlich zu befruchten. Männer werden zu Zuchtbullen und keineswegs zu Haremsbesitzern.

Natürlich hoffen wir, dass es gar nicht erst so weit kommt. 375.000 Jahre sind schließlich noch eine enorme Zeit. Man darf doch wohl erwarten, dass sich die Menschheit in der Zwischenzeit etwas ausdenkt, um uns arme, zerknitterte Ys zu retten. Was die japanische Ratte und die armenische Maus können, kann die Wissenschaft dann hoffentlich auch.

Darüber hinaus sind einige Forscher der Meinung, dass Y gar nicht der kleine Wattebausch ist, für den man es hält. Es mag klein und hässlich sein, ein Schwächling ist es nicht. So dürfte sich Y über Millionen Jahre hinweg allerlei raffinierte Kniffe haben einfallen lassen, um sich vor Beschädigungen zu schützen. Y ist ziemlich klein, aber nicht verrückt. Besser ein Kleiner, der sich steigert, als ein Großer, der sich weigert, um es mal in der Männersprache zu sagen.

Auf der anderen Seite ist es nicht gerade hilfreich, dass die Menschen vielerlei Chemikalien verstreuen, die Männer zu Frauen machen. Nein, echt! Nehmen Sie den Fall des kanadischen Indianerdörfchens mit dem kieferverkrampfenden Namen Aamjiwnaang. Das Dorf hat etwas Sonderbares: Dort werden zweimal so viele Mädchen geboren wie Jungs. Es ist dann doch mehr als ein Zufall, dass direkt neben Aamjiwnaang ein riesiger Chemiefabrik-Komplex steht.

Und: Es kann auch schnell gehen. Es könnte auf dem X-Chromosom unvermittelt eine Mutation auftauchen, die die Herausbildung von Jungen verhindert. So eine Mutation würde sich schnell verbreiten, von Mutter auf Tochter und von Tochter auf Enkelin. Als eine widrige erbliche Krankheit würde die »Weg-mit-allen-Männern«-Mutation eine Familie nach der anderen anstecken. Anfänglich würde das nicht einmal auffallen. Man wird nicht gelb davon, auch die Arme fallen nicht ab, das einzige Symptom der Krankheit wäre, dass man eine Familie hätte, die nur niedliche Mädchen bekommt. Nicht gerade etwas, womit man panisch zur Weltgesundheitsorganisation rennt.

Wir wissen, dass der schleichende Angriff bereits begonnen hat. 1947 begann ein Arzt in der französischen Stadt Nancy die Untersuchung einer Frau, die im Krankenhaus ein Kind geboren hatte. Das Kind war ein Mädchen. Logisch, sagte die Mutter. In ihrer Familie würden nun mal ausschließlich Mädchen geboren. Der Arzt fragte nach und erstellte den Stammbaum der Patientin. Neun Generationen zurück konnte er die weibliche Linie nachweisen. Und was ergab sich: In diesen neun Generationen hatte die Familie 78 Töchter hervorgebracht und keinen einzigen Sohn. Die Wahrscheinlichkeit, dass so etwas zufällig geschieht, ist geringer als eins zu hundert Millionen. Auf die eine oder andere Art und Weise scheint diese Familie »immun« für das Bekommen von männlichen Kindern geworden zu sein. Die Familie hat das Y zum Schweigen gebracht!

Ärgerlicherweise ist diese Frauenfamilie aus den Augen der medizinischen Wissenschaften geraten und wurde bislang nicht mehr aufgefunden. Noch immer wird sie irgendwo bestehen, werden die Frauen als unbeabsichtigte Rachegöttinnen herumirren. Wie viele Familien sind wohl schon angesteckt von diesem Antimännerübel?

FUCK!
DAS ENDE DER SAMENZELLE

++

EFFEKT   AUSSTERBEN DER MENSCHHEIT
ÜBERLEBEN   UNSICHER
WAHRSCHEINLICHKEIT   AUCH UNSICHER
ZEITPUNKT   ETWA 2060

++

Also: Die Bevölkerung schmilzt dahin, der Mann zieht den Kürzeren. Und als ob das noch nicht genug wäre, stellt sich heraus, dass auch noch unsere Fruchtbarkeit abnimmt. Wenn Sie ein Mann sind, blicken Sie ruhig mal verärgert auf Ihr Sperma: Es liegt an Ihrem Samen. Beziehungsweise an den Bestandteilen, die darin immer häufiger fehlen: Samenzellen.

Der Fall Vermisste Samenzellen begann vor etwa zehn Jahren. Ein dänischer Forscher mit dem schönen Namen Niels Skakkebæk entdeckte etwas ziemlich Besorgniserregendes: Die Anzahl der Samenzellen, die in einem Milliliter Sperma rumschwimmen, hat sich in den letzten fünfzig Jahren beinahe halbiert, von 113 Millionen Zellen auf 66 Millionen. Eine französische Forschergruppe wollte dieses Ergebnis nicht glauben und stellte eine eigene Untersuchung an, nur um zu ihrer Verblüffung zu entdecken, dass Skakkebæk Recht hatte.

Nun ja, 66 Millionen Spermazellen, was machen wir uns da eigentlich Sorgen, werden Sie jetzt sagen. Das Problem ist aber, dass ein Mann extrem viele Samenzellen benötigt, um eine Frau zu befruchten. Wer 20 Millionen Zellen pro Milliliter Sperma vorweisen kann, bekommt in der Praxis das Prädikat »vermindert fruchtbar«. Haben Sie unter fünf Millionen, sind Sie offiziell steril. Daher der Stress, den Skakkebæk und andere Forscher machten. Und dem hervorragenden französischen Fruchtbarkeitsbiologen Pierre Jouannet entlockte das festgestellte Absinken der Spermazellen den Aufschrei, dass es um das Jahr 2070 vielleicht ganz und gar vorbei sei mit dem Kindermachen.[11] Also ranhalten.

Nun ist der Mensch aber wahrlich kein großer Könner im Kinderzeugen. Wir machen rund ums Thema Sex eine riesige Show, aber wenn es darauf ankommt, hat eins von vier Paaren Probleme, schwanger zu werden. Von allen Säugetieren produziert das Menschenmännchen die größte Anzahl Spermazellen, eine zweifelhafte Ehre, die es mit dem Gorilla teilt. Darüber hinaus ist der Mann Champion im Produzieren von missgestalteten Samenzellen: Nur einige Großkatzen, wie der Gepard, haben noch schlechteren Samen. Männer und Geparden sorgen eben nicht für eine Wanne voll begeistert schwimmender Samenzellen, sondern für eine strauchelnde Armee von fehlgebildeten Blindgängern, schwanzlosen Mutanten und Monstern mit Wasserkopf. Es ist kein aufmunternder Gedanke, dass der Gepard so gut wie ausgestorben ist.

Niemand weiß genau, warum die männliche Fruchtbarkeit eigentlich abnimmt. Verdächtiger Nummer eins ist die Umweltverschmutzung. Wir sind umgeben und umspült von Unmengen an seltsamen Chemikalien, von denen keiner sagen kann, was all diese Substanzen für Auswirkungen auf unsere Samenzellen haben. In der Vergangenheit haben Forscher mit dem anklagenden Finger auf Stoffe gewiesen, deren Namen wie Beschwörungen klingen: Vinclozolin, Linuron, Methoxychlor, Hexachlorbenzol und Dibromchlorpropan. Trotz der sperrigen Namen sind das übrigens alles durchaus gebräuchliche Chemikalien.

Es gibt aber auch noch andere Verdächtige. So sind manche Forscher der Meinung, dass das Elend durch die menschliche Gewohnheit, Hosen zu tragen, verursacht wird. Nein, im Ernst! Männer haben ihre Bälle nicht umsonst außerhalb des Körpers hängen: Ihr Inhalt muss kühler bleiben als der Rest der Person. Hosen und Unterwäsche machen diesen Effekt allerdings zunichte. Kleider wärmen Ihre Bälle auf, ist doch klar.

Und dann gibt es da noch eine ganze weitere, lange Liste von

---

11 Jouannet äußerte sich dazu 1996 in einem Interview mit der Zeitung ›The Guardian‹: »Es dauert noch 70 bis 80 Jahre, bis sie [die Anzahl der Spermazellen] auf Null sinkt.«

Erklärungen. In die Sauna zu gehen oder einen Laptop auf den Knien zu halten, stellten sich ebenfalls als Grund für die Erwärmung der Hoden heraus. Mit Handys zu telefonieren und Fahrrad zu fahren tötet Samenzellen ab. Genauso wie Kunstlicht, Übergewicht, Antibiotika, Alkoholrausch, Zigaretten, Blei, Seife, Weichmacher, der Treibhauseffekt, Stress und sojareiche Ernährung. Untersuchungen haben sogar eine Verbindung hergestellt zwischen einer großen Anzahl Samenzellen und Mitgliedschaft bei der Mafia.

Möglicherweise ist es die Evolution selbst, die sich gegen uns wehrt. Männer mit faulem, schlecht schwimmendem Sperma, aber gut gefülltem Portemonnaie, können nämlich doch Nachkommen bekommen, Dank sei den Fruchtbarkeitskliniken. So bleiben die biologischen Schlappschwänze unter uns bestehen und können dem menschlichen Stammbaum ihren Stempel aufdrücken. Das ist jetzt sehr ätzend formuliert, natürlich, aber so sieht es durch die kalten, unparteiischen Augen der Natur eben aus.

Erfreulicherweise hat der Fall Vermisste Samenzellen auch seine positiven Seiten. Seit Skakkebæks Entdeckung gab es viel Kritik an der Verschwindende-Samen-Theorie. Zum Jahrtausendwechsel durchstöberten US-amerikanische Wissenschaftler die Spermazellen tausender Männer und fanden, genau gegenteilig, nicht das geringste Anzeichen einer Abnahme der Samen.

Berühmt geworden ist auch der Fall Potente Finnen. Die Finnen sind echt ein potentes Volk: Man höhnt ja immer darüber, dass sie so große Familien haben – und nun kann ich vermelden, dass sie auch außergewöhnlich guten Samen haben, den Grand Cru unter den Klecksen. Während der durchschnittliche Erdenbürger nach Skakkebæk immer weniger Spermatozoiden in seinem Samen vorfindet, präsentiert der Durchschnittsfinne bei jeder Ejakulation 114 Millionen Samenzellen pro Milliliter, fast doppelt so viele wie der Durchschnittsmann der restlichen Welt. Was auch immer es ist, das das Sperma tötet, in Finnland kommt es nicht vor.

Und ach, selbst wenn alles schiefgehen sollte, gibt es ja noch die Technik. Schon jetzt stehen die Fruchtbarkeitsärzte bereit, um Eizellen mit minimalen Mengen von Sperma zu befruchten.

Mit intrazytoplasmatischer Spermieninjektion (ICSI) gelingt es beispielsweise, unwillige, träge Samenzellen, die aus eigenem Antrieb nicht vorwärts kämen, dennoch in eine Eizelle zu verpflanzen.

Es ist noch Zukunftsmusik, aber der Tag ist schon in Sicht, an dem wir das Heft vollständig in die eigene Hand nehmen können. Dann basteln wir uns mit ein bisschen Gewebe und einer Menge komplizierter Apparate unsere Babys einfach selbst. Schon jetzt gibt es grobe Kopien von künstlichen Gebärmüttern, geklonte Menschenföten und aus einem Stück Nabelschnur entwickelte Eizellen.

Dann werden wir der Gesellschaft ähneln, die Aldous Huxley in seinem Buch ›Brave New World‹ beschreibt. Eine bizarre Welt, in der man Kinder auf Bestellung vom Labor geliefert bekommt. Der Mensch wird den Angriff auf seinen Samen dann überstanden haben. Aber wir werden dann auch ein Stückchen weniger menschlich sein, wenn Sie mich fragen.

**ÄCHU, ÄCHU!
DAS KRANKE ENDE**

```
+++++++++++++++++++++++++++++++++++++++++++++++++
EFFEKT              MASSENHAFTES STERBEN,
                    WELTWEITE ZERSTÖRUNG
ÜBERLEBEN           UNBEKANNT
WAHRSCHEINLICHKEIT  SICHER
ZEITPUNKT           UNBEKANNT
+++++++++++++++++++++++++++++++++++++++++++++++++
```

Eigentlich merkwürdig: Sie können über Meteoriten und kosmische Explosionen grübeln, soviel Sie wollen, der größte Menschenmörder ist doch bereits mitten unter uns – und ihm geht es prima. Gruseliger noch: Es deutet alles darauf hin, dass sich der älteste, tödlichste Feind des Lebens auf der Erde auf den Weg macht, wieder einmal einen verheerenden Angriff auf die menschliche Rasse zu starten.

Sie dachten, dass das Ende der Welt gekommen sei. Gottes Rache. Im einen Augenblick war noch nichts zu bemerken. Im nächsten Augenblick war da die Krankheit.

Innerhalb weniger Jahre raste die Epidemie von Spanien nach Skandinavien und von Schottland bis tief in den Balkan. Menschen in der Blüte ihres Lebens bekamen grauenhafte Geschwüre, husteten Blut und starben. Die Krankheit war so ansteckend, dass man dachte, schon der Anblick eines Opfers genüge, um die Erkrankung selbst zu bekommen. Und wenn wir den Quellen jener Zeit Glauben schenken dürfen, starb jeder, der die Krankheit bekam, auch an ihr. Ganze Landstriche wurden entvölkert, halbe Städte starben aus. Der schwarze Tod von 1347 bis 1353 kostete schätzungsweise ein Drittel aller Europäer das Leben.

Welche Krankheit das war? So ganz genau weiß das niemand. Klar, es war die Pest, so steht es zumindest in den Schulbüchern. Doch immer mehr Forscher haben da ihre Zweifel. Denn der schwarze Tod hatte auffallend andere Symptome. Er verbreitete sich wesentlich schneller als die Pest, war tödlicher und wütete auch in Regionen, in denen die Überträger der Pest – schwarze Ratten – eigentlich gar nicht vorkamen. Vielleicht war das Bluterfieber eine Art Ebola. Wir wissen es einfach nicht. Erschreckenderweise nicht. Es könnte nächstes Jahr wieder passieren.

1918 ging es wieder schief. Aus den Schützengräben des Ersten Weltkriegs tauchte plötzlich etwas auf, das viel tödlicher war als der Krieg selbst: die Spanische Grippe. Und nun ging alles drunter und drüber. In einer Grippesaison schlachtete die Krankheit zwischen 20 und 40 Millionen Menschen ab. Manche Schätzungen kommen gar auf Zahlen bis 100 Millionen. Es waren auf jeden Fall wesentlich mehr, als Tote auf den Schlachtfeldern des Ersten Weltkriegs liegen blieben. Allein in den USA starben mehr Menschen an der Spanischen Grippe als im Zweiten Weltkrieg, dem Vietnamkrieg und dem Koreakrieg zusammen.

Na ja, eine »Grippe«: Sie denken da sicher an ein paar Tage auf der Couch vor dem Fernseher. Aber nicht bei dieser Grippe. Wirklich, Sie wollen die Details gar nicht wissen.

Äh... Sie wollen sie doch wissen?

Na gut. Stellen Sie sich Folgendes vor. Morgens sind Sie noch kerngesund, kein Wölkchen am Himmel, und mittags liegen Sie schon sterbenskrank im Bett. Sie husten Blut und Lungengewebe. Ihre Hände und Füße werden schwarz, während sie buchstäblich verfaulen. Es sind Zeugenaussagen von Krankenpflegern aus dem Jahr 1918 überliefert, die berichten, wie ihre zuvor weißen Patienten plötzlich negroid aussahen. Sie haben Krämpfe und Halluzinationen, wenn das Fieber Ihr Hirn kocht. Und zuletzt ertrinken Sie langsam in dem Schleim und dem Eiter, mit dem Ihre Lungen volllaufen. »Schreckliche Namen werden geflüstert«, schrieb ein Zeuge der Epidemie. »Das war keine Grippe. Das war eine Plage. Die Welt ging unter.«

Menschen und Krankheitskeime haben schon immer glücklich Seit an Seit miteinander gelebt. Aber dann und wann greifen die Krankheitskeime an. Dann entstehen plötzlich HIV, SARS oder wie sie alle heißen.

Ja, sicher: Unsere Ärzte sagen gerne, dass inzwischen alles unter Kontrolle ist. Wir haben Molekulartechnik, um Viren zu studieren, und neue Methoden, um rasend schnell Impfstoffe zu entwickeln. Leider ist das doch auch ein bisschen Angeberei. Die traurige Wirklichkeit ist, dass unsere Welt für den Ausbruch neuer Krankheiten eher noch verletzlicher geworden ist. Dafür gibt es verschiedene Ursachen. Menschen sind heutzutage mobiler als je zuvor. Hat sich eine neue Krankheit erst einmal in einem Menschen eingenistet, dann kommt sie im Nu per Flugzeug um die ganze Welt. Die Überbevölkerung und die intensive Landwirtschaft tun ihr Übriges. Krankheiten wie Creutzfeld-Jakob (»menschlicher Rinderwahnsinn«), Grippe und SARS haben wir unserer Viehzucht zu verdanken.

Gut, aber haben wir nicht inzwischen schon so ziemlich alle denkbaren Krankheiten mal gesehen? Ach, sicher nicht. Das große Problem ist, dass Viren und Mikroben keine untätigen, leblosen Dinge sind. Sie leben.[12] Und so wie alles, was lebt, entwickeln sie sich weiter. Daher wird es immer neue Krankheitserreger geben. Die Evolution lässt ununterbrochen neue, tödliche Krankheiten auf uns los. Unvermittelt springt dann ein Tiervirus über die Artengrenze, woraufhin plötzlich auch Menschen an ihm sterben. Die Spanische Grippe machte diesen Schritt von Vögeln zu Menschen, Ebola stammt vermutlich von Flughunden und das Virus, das SARS verursacht, haben wir wohl von einer Schleichkatzenart mit dem hübschen Namen »Larvenroller«.

Interessant dabei ist, dass wir viel häufiger von Krankheiten aus dem Tierreich besprungen werden, als Sie vielleicht denken mögen. Während der SARS-Epidemie 2003 erstellte ich für die *Nederlandse Omroep Stichting* (die Niederländische Rundfunk-

---

12 In der Wissenschaft diskutiert man seit vielen Jahren die Frage, ob ein Virus nun ein »Lebewesen« ist oder nicht. Viren können nämlich nicht unabhängig von ihrem Gastgeber leben. Auf der anderen Seite ist ein Virus aus demselben molekularen Material gemacht wie Sie und ich und durchläuft wie alles Lebendige eine Evolution.

stiftung) eine Übersicht über weitere tödliche Tierkrankheiten, die uns in den letzten zehn Jahren befallen haben. Zu meinem Erstaunen kam ich auf rund zwanzig »neue« Krankheiten, und das waren nur jene Krankheiten, von denen Ärzte überhaupt wissen. HIV, Ebola und Vogelgrippe sind noch bekannt, aber haben Sie schon einmal von dem Tioman-, Menangle-, Lyssa- oder Sin-Nombre-Virus (»Virus-ohne-Namen«) gehört? Manche neue Krankheiten haben Namen, die wie afrikanische Beleidigungen klingen (Chikungunya, Barmah); andere klingen eher wie Zaubersprüche (Nipah, Hendra, Lassa). Wieder andere haben trockene Katalognummern (EV-17, JE, ABL, HFMD, CA-16) oder sind schlicht und einfach nach dem Ort benannt, an dem sie zuerst auftauchten (Ross River, Anden, Marburg). Mein Lieblingsname für ein Virus klingt übrigens so, als hätte ihn ein US-Rapper erfunden: Coxsackie-16.

Es gibt also genug zur freien Auswahl. Einige verursachen eine Gehirnentzündung, durch die Ihr Hirn anschwillt und Sie einen grauenhaften, durch Fieber getrübten Kopfschmerztod sterben. Andere verändern Ihre Organe in blutigen Matsch oder saugen die Flüssigkeit aus Ihren Körperzellen. Manche Krankheiten töten fast jeden, der infiziert ist (HIV, der schwarze Tod). Andere können sich rasend schnell verbreiten (Grippe) oder sind so tödlich, dass Sie nicht einmal Zeit haben, den Arzt zu rufen (Ebola). Man sollte sich besser gar nicht ausmalen, dass einmal ein Virus auftauchen könnte, das all diese Spezialitäten auf sich vereinigt. Eine fliegende Ebola oder ein superansteckendes HI-Virus.

Werden Sie jetzt nicht böse, die Krankheitserreger können auch nichts dafür. Die machen nur das, was Sie auch machen: sich fortpflanzen. Ein Krankheitskeim hat überhaupt gar kein Interesse daran, seinen Wirt zu töten. Denn dann kann er sich nicht weiter verbreiten. Krankheitserzeuger vermehren sich viel lieber, ohne dass wir etwas davon merken. Und wenn wir doch sterben, dann war das in der Regel ein Unfall.

Nehmen Sie als Beispiel Bakterien. Wir machen uns regelmäßig verrückt wegen der Bakterien auf dem Spüllappen und der Klobrille, aber nur wenige Menschen wissen, dass in uns drin rund 100 Trillionen Bakterien wohnen. Wir haben sogar zehnmal mehr Bakterien im Körper als Zellen. Und krank machen die uns auch nicht: Sie helfen uns beim Verdauen von Essen und beim Gesunderhalten der Haut.

Aber genug der schönen Worte. Denn die Probleme entstehen, wenn eine Bakterie einen Ort auszukundschaften beginnt, an den sie nicht gehört. Eine der freundlichen Bakterien aus Ihrem Darm kommt dann zufälligerweise in Ihr Gehirn und prompt werden Sie todsterbenskrank. Sie bekommen unglücklicherweise eine Bakterie ins Innere, die ansonsten im Abwasserkanal wohnt, und schwupps: Cholera. Sie haben eine kleine Wunde und kriegen dahinein eine trottelige Bodenbakterie – plötzlich wird aus Ihrer kleinen Wunde eine klaffende, stinkende Brühe.

Noch merkwürdiger läuft es mit den Viren. Ungeachtet dessen, dass die Menschen denken, ein Virus sei ungefähr dasselbe wie eine Bakterie (irgendwie klein und krabbelig), ist es doch so, dass sich ein Virus in Wirklichkeit, was die Ausmaße und Komplexität angeht, zu einer Bakterie wie ein Flugzeugträger zu einem Ruderboot verhält. Eine Bakterie ist im Grunde nur ein kleines Tierchen, aber ein Virus ist nichts anderes als ein eingepacktes Krümelchen Erbmaterial mit der Aufschrift: PFLANZ MICH FORT. Das Virus lässt Ihren Körper diese Botschaft lesen in der Hoffnung, dass dieser ihm diesen Gefallen tut. Ihre Zellen lesen die Nachricht und wenn das Virus Glück hat, gehorchen sie und werden sklavisch neue Virusteilchen herstellen.

Das muss erst einmal nichts Schlimmes bedeuten. Unser Körper und unsere DNA sind randvoll mit unschuldigen, niedlichen Viren. Wir haben es zum Beispiel Viren zu verdanken, dass wir Stärke als süß empfinden. Manche Viren schützen Sie gegen Krankheiten: Sie halten uns andere Viren fern. Es gibt sogar Hinweise darauf, dass wir es einem Virus zu verdanken haben, dass wir Kinder bekommen können. Tief in der Urzeit mauerte sich ein Virus in die DNA unserer tierischen Vorfahren ein, gegenwärtig sorgt es dafür, dass weibliche Säugetiere eine Plazenta entwickeln können. So hat die Mission des Virus Erfolg: Als emsiger Mitarbeiter der großen Fabrik hat er sich unersetzlich gemacht und daher jetzt eine Festanstellung erhalten. Das Virus hilft uns, Kinder zu bekommen und als Gegenleistung sorgt unser Körper dafür, dass das Virus sich fortpflanzen kann, solange es Menschen gibt.

Auch Viren machen in der Regel erst dann Probleme, wenn sie sich auf fremdes Terrain begeben. Das eine oder andere unschuldige Tiervirus gelangt in Ihren Körper und sorgt dort für eine Art Kurzschluss, weil Ihr Körper an dieses Virus noch nicht gewöhnt ist. Ihre Zellen brechen überlastet unter dem »Pflanzmich-fort«-Auftrag zusammen. Oder Ihr Abwehrsystem nimmt das nicht hin und lässt alle Zellen, in denen Virusteilchen vorhanden sind, sterben. Ja, daher werden Sie dann krank.

HIV ist ein gutes Beispiel dafür. Schon viele Jahrhunderte lang wohnte die tierische Variante des HI-Virus in Menschenaffen. Die Tiere sind inzwischen schon so daran gewöhnt, dass ihr Körper das Virus toleriert: Schimpansen erkranken kaum bis nie mehr daran. Virus und Gastgeber haben einen Waffenstillstand miteinander geschlossen, könnte man sagen. Das Virus pflanzt sich artig fort und der Affe lebt gut damit.

Aber dann nahm das Virus auf einmal einen anderen Affen ins Visier: den Menschen. Dem Virus gelang es überzuspringen, vielleicht durch die Affenjagd, vielleicht schlüpfte es in den Fünfzigerjahren bei einem experimentellen Versuch mit einer Polioimpfung mit durch. Die Evolution wandelte das HI-Virus so um, dass es für den menschlichen Körper »passte« und sich verbreiten konnte. Für den Menschen ging das weniger gut aus. Menschenkörper sind auf das neue Virus noch nicht eingestellt. Das HI-Virus fühlt sich pudelwohl und pflanzt sich munter fort, doch währenddessen wird sein Wirt tödlich krank. Weltweit sind bislang mehr als 20 Millionen Menschen an HIV gestorben, womit diese Krankheit auf dem Weg ist, den schwarzen Tod als tödlichste Infektionskrankheit von Platz eins zu verdrängen.

Das Elende daran ist, dass es gegen Viren keine echten Medikamente gibt. Wenn ein Virus sich erst einmal breitgemacht hat, kann man höchstens noch versuchen, den Schaden mit allerlei Arznei so klein wie möglich zu halten. Das Einzige, was hilft, wäre einen Impfstoff zu entwickeln, der der Erkrankung zuvorkommt. Aber einen Impfstoff zu entwickeln dauert Monate und meistens sogar noch länger: Eine wirksame Impfung gegen HIV gibt es auch nach dreißig Jahren Forschungsarbeit noch nicht.

Mit Bakterien sieht es anders aus. Gegen sie können wir uns seit Beginn des vorigen Jahrhunderts mit Stoffen, die Bakterien abtöten, mit Antibiotika also, wehren. Nur: Inzwischen sind die Bakterien daran gewöhnt. Die Evolution passt die kleinen Biester so an, dass es ihnen immer besser gelingt, eine solche Antibiotika-Attacke zu überleben. Es gibt inzwischen Bakterien, die eine raffinierte Pumpe entwickelt haben, die ihnen hilft, das Antibiotikum zu entfernen, und andere, die ihren Körper mit einem Eiweiß panzern, das dem Antibiotikum widersteht.

Das ist ein ernstes Problem. Krankenhäuser kriegen immer mal wieder Besuch von MRSA-Bakterien, Bazillen, die sich nur schieflachen, wenn man ihnen mit Antibiotika kommt. Und in Osteuropa greift die multiresistente Tuberkulose um sich: eine Tuberkuloseform, die sich nur mit den allerschwersten Antibiotika behandeln lässt. Bis weitere solcher Bakterien auftauchen, dauert es sicher nicht mehr lange. Alte bakterielle Krankheiten, deren Namen wir nur noch vom Hörensagen kennen, haben dann wieder freie Hand: Typhus, Schwindsucht, Pest, Cholera.

Ohne großen Zweifel ist unser dunkelster alter Feind die Schwindsucht, auch Tuberkulose genannt. Bis zum Auftauchen der Antibiotika war diese abscheuliche Lungenkrankheit für rund 20 Prozent aller Todesfälle in Europa verantwortlich, was ihr den Beinamen »weiße Pest« einbrachte. Seit den 1980er-Jahren steigt die Resistenz des Tuberkulosebakteriums rasend schnell an. Erst tauchte eine Variante auf, der kein Antibiotikum mehr etwas anhaben konnte, dann starb 2007 ein Italiener an einem Tuberkulosebazillus, der zum ersten Mal in der Geschichte nicht mehr zu behandeln war. »Wir sind zurück im 19. Jahrhundert«, stöhnte der Arzt, der den Fall bekannt machte.

All das ist also wenig ermutigend. Tierviren bespringen uns von allen Seiten, und die Bakterien sind kurz davor, unsere Verteidigungslinien zu durchbrechen.

Einen schalen Trost gibt es noch, immerhin. Soweit bekannt, wurde noch nie eine Tierart allein durch eine Krankheit vollständig ausgerottet und schon gar nicht eine, von der 6,5 Milliarden Exemplare herumlaufen.[13] Auch wird uns durch die Evolution geholfen. Denn sie passt unseren Körper früher oder später so an, dass uns die Krankheitskeime nichts mehr anhaben können. Es ist ein sonderbarer Gedanke, aber wenn wir der Natur freien Lauf lassen, wird die Menschheit früher oder später sogar gegen HIV immun sein. Auch jetzt schon laufen Menschen herum, die das HI-Virus unbeeindruckt lässt, wie wir schon gesehen haben, als wir mit der Evolution zu tun hatten.

Dennoch ist es so, dass wir uns dessen nicht ganz sicher sein können. Von all der Zeit, in der es Leben auf der Erde gibt, hat der Mensch ja nur ein sechstausendstel Prozent miterlebt. Wenn wir uns die anderen Naturkatastrophen anschauen, wird klar, dass wir in dieser kurzen Zeit noch lange nicht alles miterlebt haben. Eventuell gibt es neben Supervulkanen, Supertsunamis und Supermeteoriteneinschlägen auch Superkrankheiten, also Epidemien, an denen ganze Arten zugrunde gehen. Wir wissen es einfach nicht. Meteoriteneinschläge hinterlassen Krater, durch die wir auch noch nach Millionen Jahren von ihnen erfahren; Krankheiten dagegen lassen allerhöchstens eine Spur aus gebrauchten Taschentüchern zurück.

Allerdings ist es auch wenig konstruktiv, dass der Mensch den Krankheitskeimen in der Zwischenzeit so zur Hand geht. Anfang 2002 verwandelte ein australisches Forscherteam versehentlich ein unschuldiges Virus in einen schaurigen Mörder. Das Virus tötete buchstäblich alle Versuchstiere, die mit ihm in Berührung kamen. Glücklicherweise blieb dieses Frankenstein-Virus hinter Schloss und Riegel und die Welt kam mit dem Schrecken davon. Aber dieser Vorfall macht sehr anschaulich deutlich, wohin so etwas führen kann. Bleibt zu hoffen, dass kein Terrorist auf die Idee kommt, auszuprobieren, was passiert, wenn man Anthrax noch ein bisschen verbessert oder eine Ebola-Variante entwickelt, die sich durch die Luft verbreitet.

---

13 Es sind zwar tatsächlich Tierarten ausgestorben, bei deren Verschwinden Krankheiten im Spiel waren, aber meines Wissens waren das in jedem Fall geschwächte Arten, von denen auch nur noch wenige Exemplare übrig waren.

Es ist absolut sicher, dass wir früher oder später eine neue Krankheit zu erwarten haben. Das 20. Jahrhundert brachte uns die Spanische Grippe, Ebola und viele, viele weitere. Und das 21.? Auch das wird uns zweifelsfrei neue, schreckliche Epidemien bringen. Wäre nur gut, wenn wir dann der Natur die Schuld geben könnten und nicht mit dem Finger auf Wissenschaftler zeigen müssten, die einen furchtbaren Fehler begangen haben.

6. KAPITEL
DAS DING, VON DEM WIR INZWISCHEN SCHON WISSEN

»*Dankeschön, dass Ihre Texte alle meine
großen Sorgen zu Trivialitäten haben
verblassen lassen.*«
Marion Berryman

»*Ich hielt es nur drei Minuten auf der
Exit-Mundi-Webseite aus, bevor ich aus
lauter Angst schnell hierher zurückkam
und diesen Kommentar dazu geschrieben
habe. Ah!*«
David Oppegaard,
aus dem Weblog Quotidian Me

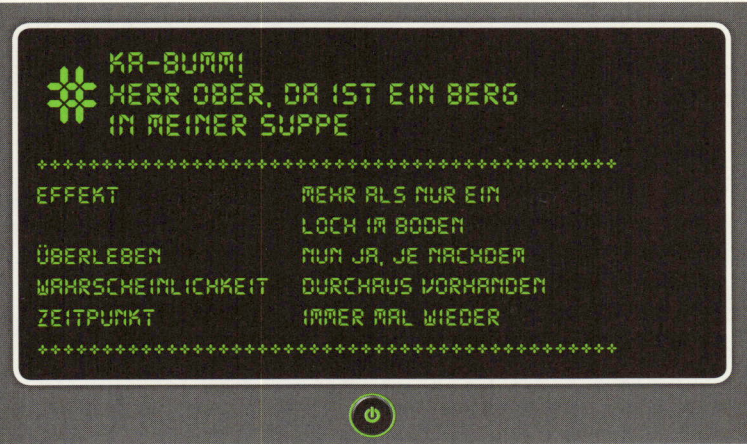

```
    KA-BUMM!
*** HERR OBER, DA IST EIN BERG
    IN MEINER SUPPE

+++++++++++++++++++++++++++++++++++++++++++++++++
EFFEKT              MEHR ALS NUR EIN
                    LOCH IM BODEN
ÜBERLEBEN           NUN JA, JE NACHDEM
WAHRSCHEINLICHKEIT  DURCHAUS VORHANDEN
ZEITPUNKT           IMMER MAL WIEDER
+++++++++++++++++++++++++++++++++++++++++++++++++
```

Wir wissen alle längst, dass es nicht so gut ist, wenn plötzlich ein Felsbrocken aus dem Weltall auf uns runterfällt. In Wirklichkeit ist es aber noch viel schlimmer. Dieses besonders ausführliche, manchmal etwas abseitige Kapitel hat sich zur Aufgabe gemacht, alle Missverständnisse über weiß gefärbte Meteoriten, platt gedrückte Hündchen und tote Dinosaurier ein für alle Mal auszuräumen.

Paris

Es dauert alles nicht länger als ein Augenzwinkern. Auf einmal sehen Sie einen enormen Feuerball in der Luft. Im nächsten Moment: der Einschlag.

Stellen Sie sich vor, dass es dann so ist wie vor 65 Millionen Jahren, als die Ruhe im Reich der Dinosaurier gestört wurde. Probieren Sie auch, sich gedanklich auszumalen, wie dieses Steinchen von rund neun Kilometern Länge, in etwa die Größe des Mount Everest, aussieht. Und nun stellen Sie sich vor, dass dieser Berg mit etwa 70.000 Stundenkilometern auf Sie zugerast kommt. Ich merke nur kurz an: Das ist ganz normal für so einen Weltraumbrocken.

Schon eine Sekunde, nachdem er in unsere Atmosphäre eingedrungen ist, berührt der Fels die Erde. Was Sie nicht sehen, ist ein großer Stein, der auf die Welt stürzt. Sie sehen nur einen Blitz, greller als ihn je ein Menschenauge erblickte. Wer ihn anschaut, erblindet sofort. Einen Augenblick lang ist es auf der Einschlagstelle zehn Mal so heiß wie auf der Oberfläche der Sonne. In ein paar Sekunden werden zehn Millionen Trillionen Joule an Energie freigesetzt. Das entspricht dem Energiegehalt von 7353 Billiarden Gläsern Erdnussbutter (einem Turm aus Erdnussbuttergläsern, der weit am Pluto vorbeigeht)[14]. Oder 16 Milliarden Atombomben des Hiroshima-Typs.[15]

Nun denken wir uns also einmal, dass dies in Paris geschieht. Der Arc de Triomphe, der Eiffelturm, die teuren Läden auf der Champs-Elysées, sie alle würden verdampfen, sobald der Fels die Erde berührt. Unser Steinbrocken ist so groß und rast so schnell, dass er die Luft unter sich zusammenpresst. Und wie man auch bei der Fahrradluftpumpe merken kann: Dabei entsteht Hitze. Der Meteorit – und alles in seiner Umgebung – verdampft, schmilzt oder wird weggeschleudert. Die Atmosphäre steht in Flammen. Hunderte Kilometer im Umkreis verbrennt jeder, der sich im Freien aufhält. Menschen, die dichter dran stehen, verdampfen augenblicklich.

Genauso schnell entsteht ein Krater von neunzig Kilometern Breite und dreißig Kilometern Tiefe. Doch schon im nächsten Moment läuft dieses Loch mit geschmolzenem Stein und Schutt wieder voll. Aus großem Abstand sieht man eine gigantische Feuersäule aufsteigen Richtung Firmament. Das ist das ver-

---

14 Für diese Berechnung habe ich eine Erdnussbutterglas der Marke »Pindy« benutzt, das ich im Küchenschrank gefunden habe. Das Glas ist 11,5 Zentimeter hoch. Ein Stapel von 7353 Billiarden Gläsern Pindy wäre also 850 Milliarden Kilometer hoch, das entspricht 5700 Astronomischen Einheiten (AE). Pluto ist 39,5 AE von der Sonne entfernt; die Grenze unseres Sonnensystems (die Oortsche Wolke) ist mit ihren 50.000 Astronomischen Einheiten aber noch ein Stückchen weiter weg.

15 Eine noch etwas gewagtere Berechnung als die mit den Erdnussbuttergläsern. In den Medien machen immer noch allerlei fantastische Zahlen dazu die Runde, die auch fantastisch weit auseinander liegen. Ich gehe davon aus, dass die Hiroshima-Bombe eine Explosionskraft von 15 Kilotonnen TNT hatte (Quelle: ›National Geographic‹, August 2005). Unser Wumms hier kommt auf 239 Milliarden Kilotonnen.

dampfte Paris, das durch den enormen Knall und das Vakuum hinter dem Meteoriten ins Weltall hochgesogen wird. Schätzungen über die Menge an weggeschleudertem Gestein belaufen sich von einigen zehntausend bis zu dreihunderttausend Kubikkilometern Erdkruste.

Aber ganz sicher sind Sie auch bei größerem Abstand zum Meteoriten nicht. Während Sie erst noch den Anblick genießen (mit der hastig hervorgekramten Sonnenfinsternisbrille), werden Sie kurz darauf von der Schockwelle umgepustet. Die ist mit der sechzigfachen Schallgeschwindigkeit unterwegs und verbrennt, schmilzt und zertrümmert alles, was sich ihr in den Weg stellt. Eine Erfahrung, die einem den Schauer über den Rücken jagt: Sie hören nichts, Sie sehen nur, wie eine absurde schwarze Mauer der Vernichtung mit einer Geschwindigkeit auf Sie zukommt, die Sie nicht für möglich gehalten hätten. Und einen Augenblick später sind Sie tot.

Etwa nach tausend bis zweitausend Kilometern schwächt sich die Feuerwand langsam ab. Wenn Sie es bis jetzt irgendwie geschafft haben zu überleben, werden Sie nun von geschmolzenem Gestein bespritzt. Halb Europa wird dann von einer einen Zentimeter dicken Lage glühend heißen Gesteins bedeckt. Von Stockholm bis Gibraltar, von Schottland bis Skopje, von Warschau bis Lissabon ist alles und jeder mausetot. Europa ist zu einer brachliegenden, rauchenden Mondlandschaft geworden.

Auch die Erde selbst wankt und wogt. Das verursacht Flutwellen, Vulkanausbrüche und Erdstöße an anderen Orten des Globus. Eine Weltstadt nach der anderen wird von der Landkarte geschüttelt, gespült oder gebrannt. Circa anderthalb Milliarden Menschen, so Schätzungen, kommen so gut wie direkt nach dem Einschlag ums Leben. Das darf man dann mit Fug und Recht einen Scheißtag nennen. Und die wirkliche Gewalt kommt erst noch.

Denn wir haben da ja noch die aufgewirbelten, verdampften Trümmer. Die sind hoch ins Weltall geschleudert worden, ungefähr die halbe Strecke bis zum Mond. Da gefrieren sie dann, formen eine Wolke rund um die Erde und beginnen, auf uns runterzufallen.

Einer der Orte, wo man das am schmerzhaftesten bemerkt, ist nota bene Neuseeland, auf der ganz anderen Seite der Erdkugel.

Das machen neueste Untersuchungen glaubhaft. Weniger als eine Stunde nach dem Aufprall wird dort die Atmosphäre zu glühen und die Temperatur zu steigen beginnen. Die Bewohner Neuseelands werden sehen können, wie es gleichzeitig tausende, ja Millionen Sternschnuppen regnet. Der nächste Moment bringt Tod und Verderben, denn die Temperatur steigt auf viele hundert Grad. Häuser, Wälder, Menschen, alles geht spontan in Flammen auf.

Das kommt daher, dass sich die herabfallenden Trümmer aus Paris in der Atmosphäre aufgeheizt haben. Es sind dann meist nur mehr Sandkörnchen oder kieselgroße Steinchen, aber es sind genug, um die Atmosphäre tagelang in ein Inferno zu verwandeln. Und Neuseeland ist nicht der einzige Ort, an dem das geschieht. Drei bis vier Tage lang wird die Welt brennen. Durchschnittlich wird es etwa vierhundert Grad Celsius heiß, wobei es lokale Unterschiede gibt. Die heißesten Stellen wandern langsam über die Erde, da sie sich dreht, und daher werden immer andere Regionen mit abstürzendem Weltraumschutt abgeduscht. Die Hälfte aller Pflanzen und Tiere (und Menschen), laut Schätzungen, geht in Flammen auf.

Am besten suchen Sie eine sehr tiefe Höhle auf, weit weg von Paris. Auch sollten Sie nicht versäumen, ein paar Sauerstoffflaschen mitzunehmen: Durch all die Brände könnte die Luft aus Ihrer Höhle aufgesaugt werden. Vielleicht ist es doch besser, in ein U-Boot zu steigen und ruck, zuck wegzutauchen.

Aber auch dann sind Sie immer noch nicht sicher.

Wenn Sie nach einer Woche wieder auftauchen, werden Sie zu Ihrem Entsetzen bemerken, dass sich der Planet in eine unwirkliche Schattenwelt verwandelt hat. Die Sonne ist nur noch als fahler Fleck am dunkelbraunen Himmel zu erkennen. Überall stinkt es nach Schwefel und Industrieabgasen, atmen ist fast nicht möglich. Außerdem ist es schrecklich kalt geworden: dutzende Grade kälter als früher. Es fängt an zu regnen und erschreckt stellen Sie fest, dass die Tropfen Blasen auf Ihrer Haut hinterlassen. Auch das noch. Schnell ins U-Boot zurück.

Sie ahnen es sicherlich schon: Das sind alles noch Nachwehen des Einschlags. Durch die extreme Hitze sind die Stickstoff- und Sauerstoffmoleküle der Atmosphäre über Frankreich auseinandergefallen und haben giftige Stickoxide gebildet. Daher der braune Rauch vor der Sonne. Darüber hinaus sind Hunderte Millionen Tonnen Kohlenstoffdioxid und Schwefelverbindungen aus dem Boden, auf dem vor Kurzem noch Paris stand, frei geworden. Weit oben in der Atmosphäre sind somit kleine Schwefelsäure-Kristalle (H_2SO_4) entstanden, die das Sonnenlicht zurückhalten. Der Rauch, der Staub und die Kristalle haben sich über die Erdkugel verteilt. Monate-, wenn nicht sogar jahrelang ist es dadurch fast überall auf der Erde Winter. In der Zwischenzeit rasen gewaltig große Stürme durch die gestörte Atmosphäre. Und es regnet diese ätzende Säure: Das ist jener Regen, der mutig den Schmutz wegwaschen will.

Die Auswirkungen auf das Leben sind schwer zu überblicken. Soweit sie nicht alle verbrannt sind, werden Tiere und Menschen ersticken. Mindestens sechs Monate lang wird kaum Photosynthese möglich sein. Grünpflanzen werden gelb und verdorren. Auch Plankton wird massenhaft sterben. Und das ist eine wirklich schlechte Nachricht: Plankton ist die Basis der Nahrungskette und liefert einen bedeutenden Teil des Sauerstoffs, den wir zum Atmen brauchen. Es scheint mir am besten, Sie bleiben noch ein bisschen unter Wasser.

Halten Sie sich vor Augen, dass es in jedem Fall einen Lichtstreif am Horizont gibt: Wenn der Rauch ein wenig abgezogen ist und die Sonne wieder die Möglichkeit hat zu scheinen, wird sie die Erde recht zügig wieder erwärmen. Die Atmosphäre ist von all den Bränden so dicht geworden, dass sie die Wärme gut festhält. Nach der Kälte wird Sie eine schwül-heiße, feuchte Treibhauswelt erwarten.

Wenn Sie endlich wieder mit Ihrem U-Boot angelegt haben, setzen Sie Ihren Fuß in eine Welt, in der nur noch wenig los ist. Weitaus die meisten lebenden Wesen sind verdampft, verbrannt, erstickt, ertrunken, erfroren, erschlagen, verhungert oder verdurstet. Überall stinkt es nach Verrottendem und Verderben. Nahrung oder Trinkwasser ist selbstverständlich kaum mehr zu finden, das Atmen ist mühselig geworden. Und mal schnell ein schönes Wochenende in Paris zu verbringen, ist nun auch nicht mehr drin. Naja, es sei denn, Sie wollen einen 130 Kilometer breiten, mit Wasser gefüllten Einschlagkrater besichtigen, was bestimmt ein beeindruckender Anblick ist.

Wenn Sie sorgfältig suchen, werden Sie vielleicht noch einige verwilderte Überlebende finden, die sich all die Zeit mit Konservendosen, Gasmasken und viel Glück am Leben erhalten haben. Möglicherweise gibt es sogar kleine Gruppen von Überlebenden: Menschen, die in einem Bunker gesessen, in einem Bergwerksschacht gewartet haben oder, genau wie Sie, in einem U-Boot gewesen sind. Aber in einer Welt ohne Gewächse, Tiere oder Trinkwasser sind die Zukunftsaussichten, um es einmal vorsichtig zu formulieren, etwas getrübt. Im besten Falle wird der Mensch zurückgeworfen in die Steinzeit; mit etwas mehr Pech sterben wir ganz aus.

Die Spuren des Rieseneinschlags, der unserem Planeten vor 65 Millionen Jahren eine blutige Nase geschlagen hat, sind heute noch überall auf der Erde zu finden. Da sind geplatzte und verglaste Sandkörnchen, Lagen verkohlter Pflanzen, Stellen umgeschmolzenen Gesteins und Dinge, die eindeutig aus dem Weltall kommen, wie etwa der auf der Erde seltene Stoff Iridium sowie mikroskopisch kleine Meteoriten. Und natürlich ist da der Krater selbst: eine hufeisenartige Verformung in der Erdkruste, tief unter der Spitze der mexikanischen Halbinsel Yucatán. Der Krater ist übrigens nur mit speziellen Apparaturen und nur aus dem Weltall wahrzunehmen. Die Hufeisenform deutet darauf hin, dass der Berg aus dem All schräg eingeschlagen ist.

Einer der dramatischsten, stillen Zeugen der Katastrophe kam 2004 ans Tageslicht, in einer Steinkohlenmine in – zufälligerweise – Neuseeland. Geologen, die dort die 65 Millionen Jahre alten Erdschichten erforschten, fanden ein Stückchen Dreck, das randvoll mit Schimmel- und Pilzsporen war. Das passt gut zu der beschriebenen großen Verdüsterung, denn Sporen von Schimmel und Pilzen leben nicht am Tageslicht, sondern zehren von totem organischem Material. Stellen Sie sich vor, wie das ausgesehen haben muss. Was eben noch ein Wald war, knisternd voller Leben, verwandelte sich schlagartig in einen verstummten, schleimigen, verschimmelten Friedhof.

Lange dauerte die Herrschaft des Schimmels im Übrigen nicht. Schon nach etwa vier Jahren kam eine Schicht Boden voller Farnsporen zum Vorschein. Paläontologen kennen dies als den »fern spike«, als eine Zeitspanne mit extrem hohen Werten an Farnsporen. Beinahe überall auf der Welt waren die langweiligen Farne die ersten grünen Pflanzen, die sich wieder aufrappelten, »als ein Gruß an die Spannkraft des Lebens«, wie der englische Paläontologe Richard Fortey einmal schrieb.

Aber es kann auch noch schlimmer kommen als das, was ich eben beschrieben habe. Es ist mehr als 4500 Millionen Jahre her, dass die noch junge Erde von einem anderen, erdähnlichen Planeten, einem Ungetüm in der Größe des Mars, voll getroffen wurde. Wahrscheinlich gab es in diesen Tagen noch kein Leben auf der Erde und das ist auch gut so. Der Zusammenprall war so heftig, dass der Einschlagkrater stundenlang mehr Licht gab als die Sonne und sich die Erdkruste mit einem Schlag in eine Tausende Kilometer tiefe See aus strudelnder Lava verwandelte. Schwere Stoffe wie Eisen und Nickel sanken zum Erdkern – und sitzen heute noch dort. Unser Planet drehte im wahrsten Sinne des Wortes durch: Ein Tag dauerte nach dem Einschlag kaum vier Stunden.

Das Ungetüm, das den Einschlag verursacht hatte, verdampfte augenblicklich. Der Rauch schoss ins Weltall hinein, jahrelang muss die Erde ausgesehen haben wie der Saturn, mit einem Ring kosmischen Schutts drumherum. Ein Teil der Trümmer fiel dann wieder auf die Erde zurück. Der Rest klumpte zusammen zu einem dicken Ball. Den Ball können Sie übrigens immer noch erkennen, wenn Sie an einem wolkenlosen Abend in den Himmel schauen. Wir haben ihm sogar einen Namen gegeben. Es ist der Mond.

Rochechouart

Weitaus die meisten Kometen und Asteroiden sind sicher in kosmischen Reservoirs aufgehoben, die schon seit dem Beginn des Sonnensystems bestehen. Felsen finden Sie zwischen Mars und Jupiter, eingeschlossen in den Planetoidengürtel; Eiskometen sitzen ganz hinten im Sonnensystem, hinter Neptun, im Kuipergürtel und noch viel weiter draußen, in der Oortschen Wolke.

Manchmal jedoch werden diese Gürtel gestört und Kometen und Planetoiden gelangen auf Abwege. Leider sind das eine ganze Menge: Schätzungen sprechen von einigen Millionen Objekten, die so zum Umherstreunen gekommen sind und allerlei seltsame

Bahnen um die Sonne drehen. Früher oder später landen sie in der Sonne, werden aus dem Sonnensystem hinausgeschleudert oder prallen gegen einen Planeten. Und da wird es dann unangenehm. Von den etwa tausend großen Schweifsternen und Planetoiden,

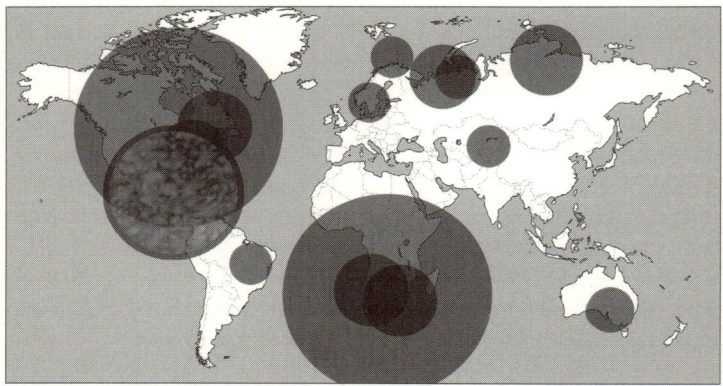

Die 20 größten Meteoritenkrater der Welt – *Die Kreise geben die gegenseitigen Größenverhältnisse der Krater wieder (also nicht die wirklichen Ausmaße der Krater, die sind kleiner). Was auffällt, ist, dass der »Dinosaurierkrater« bei Mexiko (schwarz) nicht der größte Einschlagskrater ist, von dessen Existenz wir wissen. Übrigens werden noch immer neue Einschlagskrater entdeckt. Die fünf größten Krater sind die von Vredefort, Südafrika (300 km Durchmesser); Sudbury, Kanada (250 km); Chicxulub, Mexiko (170 km); Popigai, Russland (100 km) und Manicouagan, Kanada (100 km). (Angaben: Earth Impact Database, Science)*

die die Bahn der Erde kreuzen, werden schätzungsweise 300 irgendwann einmal auf unserem Planeten einschlagen.

Erstaunlicherweise nahmen die meisten Menschen und auch viele Wissenschaftler bis vor circa 20 Jahren Meteoriteneinschläge nicht sonderlich ernst. Obwohl das biblische Schicksalsbuch der Offenbarung für den Weltuntergang schon ankündigte: »es fuhr wie ein großer Berg mit Feuer brennend ins Meer« (Offenbarung 8, 8), der Autor H. G. Wells darüber Geschichten schrieb[16] und bereits einige führende Gelehrte die Meinung

---

16 Dies tat Wells in ›The Days of the Comet‹ (1906) und schon früher in der kurzen Erzählung ›The Star‹ (1887).

vertraten, dass einmal ein vernichtender Meteoriteneinschlag stattgefunden haben musste.[17] Doch derartige Dinge wurden einfach nur zur Kenntnis genommen. Ein Meteorit würde von der Atmosphäre abprallen oder in ihr verglühen. Und sollte er unerwarteterweise doch die Erde erreichen, würde es allerhöchstens für die Menschen gefährlich werden, denen das Ding auf den Kopf fällt.

Ende der Siebzigerjahre kam Bewegung in die Sache, als Vater und Sohn Luis und Walter Alvarez in Mittelitalien Beweise dafür fanden, dass den Dinosauriern tatsächlich ein Meteorit aufs Dach gefallen war. Und zwar ein großer: Der Aufprall verteilte weltweit eine dünne Lage des Elements Iridium auf dem Boden, ein Stoff, der auf der Erde selten vorkommt, auf Meteoriten aber häufig zu finden ist. Zusammen mit einem befreundeten Kernphysiker, Frank Asaro, stellten die Alvarez die These auf, dass die Dinosaurier durch einen Meteoriten ausgerottet wurden.

Der Theorie des »Großen Auslöschers«, wie er genannt wurde, wurde anfänglich kaum geglaubt, nicht zuletzt, da Frank Asaro und Luis Alvarez eben nur Physiker waren und Walter Alvarez auf magnetische Steine spezialisiert war. Beweise für ihre These tröpfelten nach und nach ein. Das Iridium wurde an immer mehr Stellen gefunden, ebenso wie andere Spuren der Katastrophe.

Der große Umschwung kam im Jahre 1994, als der Riesenkomet Shoemaker-Levy auf dem Planeten Jupiter einschlug.[18] Zum ersten Mal in der Geschichte konnten Menschen sehen, was eigentlich passiert, wenn sich ein enormer Felsbrocken aus dem

---

17 Ein gewisser US-amerikanischer Paläontologe mit Namen de Laubenfels behauptete 1956, dass die Dinosaurier möglicherweise ein Weltraumdesaster miterlebt hatten. Und 1970 betonte der bekannte Paläontologe Dewey McLaren in einer Rede, dass Meteoriten eventuell einige abrupte Aussterbewellen verursacht haben könnten.

18 Auch wenn ich in diesem Kapitel fortwährend den Ausdruck »Meteorit« gebrauche (ein Weltraumstein oder ein Klumpen Weltraum-Eisen), unterscheidet man genau genommen noch »Kometen« (bestehend aus Eis, Gas und Staub), »Meteoroiden« (größere Staubkörper), »Planetoiden« (felsige Himmelskörper mit einem Durchmesser bis 1000 Kilometer), »Planetesimale« (mit einem größeren Durchmesser) und »Eiszwerge« (Kometen bis zur Größe eines kleinen Planeten). Wenn ich gerade schon mal dabei bin: Ein »Meteor« ist kein Ding, sondern die Leuchterscheinung eines fallenden Meteoriten.

All auf einen Planeten stürzt. Kein großes Ding, sagten viele Experten voraus. Aber da hatten sie sich getäuscht. Zu ihrer Überraschung bekam die Welt zu sehen, wie der Meteorit riesige Löcher in den größten Planeten des Sonnensystems bohrte. Jupiter sah plötzlich so aus wie eine Melone, auf die man geschossen hatte. Ein Brocken mit Namen »Nucleus G« schlug sogar einen Krater, in dem man die Erde verstecken könnte. Da kam dann doch so etwas wie Nervosität auf.

In der Zwischenzeit wurden auch auf unserem Planeten immer mehr Meteoritenkrater entdeckt. Das war zwar eigentlich schon seit den Sechzigerjahren im Gange, aber erst jetzt begriff man, welches Unheil wohl solche Krater verursacht haben mussten.

Nehmen wir das Beispiel Rochechouart, ein malerisches Städtchen, etwa 40 Kilometer westlich von Limoges. Schon seit 1808 wunderten sich französische Geologen über das merkwürdige Gestein, aus dem die örtliche Bevölkerung bereits seit Jahrhunderten ihre Häuser baute. Erst nach anderthalb Jahrhunderten fiel der Groschen: Die Einwohner Rochechouarts hatten ihre Gebäude aus »Impaktbrekzien« errichtet, aus Gestein, das durch einen Meteoriteneinschlag umgeschmolzen wurde und wieder erstarrte.

Und was für ein Einschlag. Tief in der Prähistorie muss ganz in der Nähe von Limoges ein anderthalb Kilometer großer Meteorit runtergekommen sein. Der Aufprall wird in etwa so heftig gewesen sein wie die Explosion von vierzehn Millionen Hiroshima-Bomben, falls Sie sich darunter etwas vorstellen können. Wenn so etwas heute geschehen würde, wären alle Franzosen wenig später tot. Ganz Europa würde ins Elend gestürzt und auch der Rest der Welt hätte auf die eine oder andere Art und Weise Beeinträchtigungen zu erleiden.

Und was in Rochechouart geschah, geschah auch an zahllosen anderen Orten. In den USA entdeckten die Bewohner des Städtchens Manson, dass sie oberhalb eines alten Meteoritenkraters wohnen. In Steinheim in Baden-Württemberg an der Grenze zu Bayern erkannte man, dass der hübsche Hügel in der Landschaft eigentlich die Mitte eines klaffenden, dreieinhalb Kilometer breiten Einschlaglochs ist, das Steinheimer Becken. In Australien schaute man noch einmal genauer auf den Acramansalzsee –

siehe da, ein Meteoritenkrater. In der kanadischen Region Mani-couagan legte man einen Staudamm an und, na so was: Schaut man sich den vollgelaufenen Stausee von oben an, sieht es auf einmal aus wie ein riesiger Krater. In der US-amerikanischen

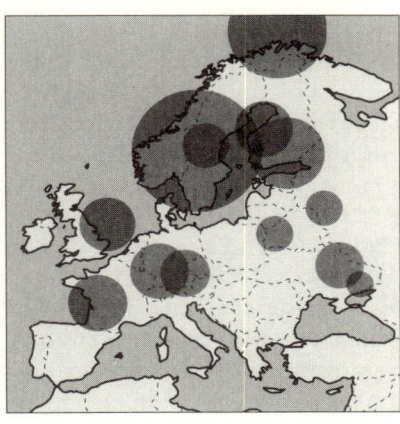

Riesenkrater in Europa – Auch hier geben die Kreise die gegenseitigen Größenverhältnisse der Krater wieder. Der größte Einschlagskrater, den wir in Europa kennen, liegt in Schweden: 52 Kilometer Durchmesser, 361 Millionen Jahre alt. Der Rest der Top Five besteht aus Mjölnir, Norwegen (40 km); Keurusselka, Finnland (30 km); Rochechouart, Frankreich (24 km) und Ries, Deutschland (24 km). (Angaben: Earth Impact Database, Science)

Stadt Virginia bohrte man nach Trinkwasser, nur um zu entde-cken, dass die berühmte Chesapeake Bay ein 90 Kilometer brei-ter Impaktkrater ist. Jetzt wird's langweilig, ich versteh schon.

Die Bewohner der Erde sollten sich eigentlich ungemütlich fühlen. Erst entdeckt man, dass die größten Tiere, die jemals auf dem Globus lebten, wahrscheinlich von einem Meteoriten umgekegelt wurden. Man schaut nach oben und sieht, wie der größte Planet des Sonnensystems ungnädig von Meteoriten getroffen wird. Dann schaut man sich noch mal um und merkt plötzlich, dass überall um einen herum Meteoritenkrater zu fin-den sind. Also, wenn man davon keine Gänsehaut bekommt.

Mathematisch geschulte Forscher kamen inzwischen zu bi-zarren Schlussfolgerungen. Ein »Aussterbemeteorit« in der Größe des Mount Everest kommt etwa alle 50 bis 100 Millionen Jahre zu uns hernieder, so ihre Berechnungen. Kleine Exem-plare à la Rochechouart, die »bloß« einen Kontinent zerwühlen, fallen durchschnittlich einmal in einer Million Jahre auf die Erde.

Das kann man auch auf eine etwas düsterere Art sagen. Wenn man die Erdgeschichte in einem Jahr zusammenfasst, würde durchschnittlich alle zwei Stunden ein Meteorit der Größe von Rochechouart oder größer herunterfallen. Giga-Einschläge wie der in Mexiko sind seltener, aber immerhin kommen sie noch ein Mal pro Woche vor.

Doch inzwischen dreht die Welt ein bisschen durch. Während Hollywood und zugleich fast jeder Dokumentarfilmer der Erde sich auf das Thema stürzten, sahen auch Forscher plötzlich überall Meteoriten. Bei fast jeder urgeschichtlichen Aussterbewelle wird inzwischen gerne eine Meteoritenkatastrophe vermutet und ein passender Einschlagkrater dazu gefunden. Und von jeder verdächtigen Delle in der Erdkruste wird behauptet, dass sie durchaus ein Meteoritenkrater sein könnte.

Risikoanalysten bezifferten unterdessen, dass jedes Jahr durchschnittlich 1500 Menschen durch Meteoriten sterben, wenn man die enormen Todeszahlen eines Einschlags über die Zeit verteilt. Eine überaus verquere Rechnung, denn bislang ist noch nie ein wirklich großer Meteorit auf die Menschheit gefallen, so dass die Todeszahl in Wahrheit auf Null steht.[19] Das hinderte Journalisten und andere aber nicht daran, diese Zahl zu wiederholen. Sie kamen dann mit Behauptungen wie: Meteoriteneinschläge verursachen mehr Tote als Flugzeugabstürze. Oder auch: Wenn Sie jetzt 25 Jahre alt sind, ist die Wahrscheinlichkeit, durch ein Flugunglück oder durch einen Meteoriteneinschlag zu sterben, gleich groß – diese düstere Probe seiner Künste in der Wahrscheinlichkeitsrechnung gab der britische Astronom Sir Martin Rees ab. »Die Menschheit muss wissen, dass wir in einer Schießbude wohnen«, sagte ein Experte des US-amerikanischen Luft- und Raumfahrtinstituts vor Journalisten.

Man kann sich natürlich auch die positive Seite der Medaille anschauen. Die Wahrscheinlichkeit, dass dieses Jahr ein zehn Kilometer großer Meteorit bei uns einschlägt, steht bei eins zu 100 Millionen. Man kann getrost sagen: Die Wahrscheinlichkeit

---

19 Weiter unten können Sie nachlesen, dass die Liste genau genommen tatsächlich doch schon ein paar Opfer enthält.

ist vernachlässigbar klein. Jedes Jahr wieder. Die Chance eines Meteoriteneinschlags ist geringer als die, dass dieses Jahr ein Flugzeug in Ihr Haus abstürzt.[20]

Obendrein sind sich die meisten Forscher darüber einig, dass die Dinosaurier extrem viel Pech hatten. Ihr Stein des Verderbens schlug nämlich ausgerechnet in einen Boden ein, der randvoll mit dem schwefelreichen Gestein Anhydrit war. Wahrscheinlich vergiftete der dabei freigesetzte Schwefel die Atmosphäre noch etwas mehr. Hätte sich der Meteorit ein Stückchen weiter oben in den Planeten gebohrt, würden sich vielleicht heute noch vor Ihrer Tür ein paar Brachiosaurier herumdrücken.

Das Schönste, was ich Ihnen in diesem Kapitel vermelden kann, ist, dass die Chance auf einen Einschlag in ein schwefelreiches Gestein sehr klein ist. Nur ein paar Prozent der Erdoberfläche bestehen aus solch riskantem Gestein (unter Paris ist, soweit ich weiß, übrigens keines). Das erhöht unsere Überlebenschance erheblich. Mögen auch regelmäßig andere kolossale Meteoriten auf die Erde stürzen; ein »Schwefeleinschlag«, wie ihn die Dinosaurier mitmachen mussten, dürfte höchstens einmal alle fünf Milliarden Jahre stattfinden. Da unser Planet erst 4,5 Milliarden Jahre auf dem Buckel hat, kann man wohl sagen, dass die Dinosaurier wirklich Pech hatten.

Darauf weisen auch die anderen Krater hin. Beispielsweise Rochechouart. Der Einschlag muss die Hölle gewesen sein. Ein Schrecken. Aber: Es gibt keinen Hinweis darauf, dass dabei auch nur eine Tier- oder Pflanzenart ausgestorben ist. Keinen einzigen, null. Und das gilt für die meisten Mega-Impakte, von deren Existenz wir wissen. Sie waren schlimm, schrecklich sogar, und es sind wohl mal tatsächlich Arten ausgestorben. Aber ganze Äste vom Lebensbaum abzuhacken, also nein, das hätten sie dann doch nicht getan.

Auch beim Thema Aussterben der Dinosaurier darf man nicht übertreiben. Bei dem Horroreinschlag von vor 65 Millionen

---

20 Gerundet kann man sagen, dass durchschnittlich 100 Menschen pro Jahr ein Flugzeug auf ihr Haus kriegen. Das bedeutet, dass die Wahrscheinlichkeit eines Flugzeugabsturzes auf Ihre Wohnung auch nicht entscheidend höher ist als die eines Meteoriteneinschlags auf die Erde.

Jahren starben »lediglich« drei Viertel aller in diesem Moment lebenden Tierarten aus. Sie fragen sich, was mit dem Rest geschah? Haben die sich in ein Rettungsboot geflüchtet?

Manche der Überlebenden waren in der Tat so zäh wie ein U-Boot. Etwa der Krebs und das Krokodil, die lange ohne etwas zu essen auskommen und, während die Welt um sie herum untergeht, ihren Panzer checken und einfach im Wasser bleiben. Aber auch manche Schwächlinge überlebten diesen Weltuntergang. Zum Beispiel die Korallen, Insekten oder die Knochenfische, Tierarten, die Pflanzen oder Algen zum Überleben brauchen. Rätselhaft ist der Fall der Schmetterlinge. Zur Zeit der Dinosaurier gab es eine Motte, deren Nachfahren noch heute herumflattern. Allein: Die heutigen Exemplare sind fürs Überleben auf Blumen angewiesen. Blumen! Als ob in dem rauchenden, schimmligen Trümmerhaufen nach dem Meteoriteneinschlag noch irgendwo ein Feld sanft wiegender Blümchen zu finden gewesen wäre.

Paläontologen und Geologen liegen solche Probleme noch schwer im Magen. Ist ein Meteoriteneinschlag dann doch weniger heftig, als wir uns das ausmalen? Vielleicht waren die Dinosaurier aus anderen Gründen ohnehin schon am Aussterben und der Mount Everest aus dem All war nur der Todesstoß. Vielleicht hatten die Dinosaurier auch noch das Pech, dass ihr Meteorit in Stücke zerfiel und daher viele Einschläge mehr oder minder zeitgleich passierten. Oder das Unglück kam möglicherweise von mehreren Seiten gleichzeitig: Sie sollten nicht vergessen, dass es vor 65 Millionen Jahren auch einen unsäglichen Vulkanausbruch in Indien gab. Der machte das Leben auf unserem Planeten auch nicht gerade angenehmer.

Andere Wissenschaftler sind der Meinung, dass die Katastrophe nicht überall gleich hart war. Als wir über das Verdampfen von Paris sprachen, sahen wir schon, dass der »weltweite« Brand nach dem Einschlag wahrscheinlich nicht überall gleich heftig wütete. Es ist sehr gut denkbar, dass es Orte gab, an denen von dem Unheil weniger zu spüren war. Orte, an denen Schmetterlinge von Blümchen zu Blümchen flattern konnten, während nebenan die Welt unterging.

Das wären natürlich gute Nachrichten. Das hieße, dass Sie bei einem Impakt nicht unbedingt ein Unterseeboot brauchten, um überleben zu können. Es könnte dann hilfreich sein, blitzschnell herauszufinden, wo die Atmosphäre unbeschädigt ist und nicht in Flammen steht, und sich dann dort zwischen die Blumen zu setzen und zu hoffen, dass man Recht hatte.

Wie gesagt: Das waren die guten Nachrichten.
Die schlechten lauten, dass es noch andere Arten grausamer Meteoritenkatastrophen gibt. Die rotten zwar nicht die Menschheit aus, finden aber schaurig viel öfter statt: so alle paar hundert Jahre.

Tunguska

Schauen Sie, es gibt Meteoriten und Meteoriten.
Der unschuldigste von allen ist die Sternschnuppe: ein Stückchen Staub so groß wie ein Sandkorn, das zur Erde fällt und dabei in der Atmosphäre verbrennt.[21] Das sieht so lieblich aus, dass man sich etwas wünschen darf, wenn man es sieht.
Etwas finsterer ist der »Bolide«, eine kosmische Kleinigkeit, die in der Atmosphäre verbrennt. Dabei kann man sich ganz schön erschrecken. Ich habe einmal einen Boliden oberhalb der Stadt Zoeterwoude verbrennen sehen. Und ich muss sagen, dass ich zu Hause erst mal im Videotext nachgeschaut habe, ob da nicht zufällig ein Flugzeug abgestürzt ist.
Boliden mögen unschuldig erscheinen, theoretisch können sie aber durchaus eine Katastrophe verursachen. 2002 explodierte ein Meteorit über dem Mittelmeer. Die Erscheinung sah genau wie eine Atombombenexplosion aus. Wir hatten Glück, dass der Meteorit seine Atombomben-Imitation nicht ein paar tausend Kilometer weiter östlich vorgeführt hat, über Neu-Delhi, erklärten US-amerikanische Verteidigungsexperten später. 2002 hatten die Spannungen zwischen den Atommächten Indien und Pakistan nämlich ihren Siedepunkt erreicht und der Bolide hätte vielleicht die Lunte am Pulverfass sein können. Wir hätten dann

---

21 Nett zu wissen ist übrigens, dass Sie den brennenden Gegenstand selbst gar nicht sehen können. Dass eine Sternschnuppe wie eine Sternschnuppe aussieht, kommt daher, dass das Körnchen beim Verbrennen Luftmoleküle »anzündet« und diese dann Licht aussenden.

den weltweit ersten durch einen Meteoriten ausgelösten Atomkrieg gehabt.

Die meisten Texte über Meteoriten vermelden, dass mit Sicherheit ein Wesen durch einen Meteoriten zu Tode gekommen ist.[22] Es handelt sich dabei um einen unglücklichen Hund aus dem ägyptischen Dorf Nakhla, der 1911 vor den Augen eines Bauern durch einen Weltraumbrocken erschlagen wurde – nach späteren Erkenntnissen nota bene ein Stück des Planeten Mars. Ob diese Geschichte stimmt, ist allerdings zweifelhaft. Der Bauer gab gegenüber der Zeitung nur an, dass er den Meteoriten genau an der Stelle einschlagen sah, an der zuvor der Hund lag. Das Tier selbst soll bei dem Aufschlag verdampft sein. Der ägyptische Offizielle, der den Fall untersuchte, vermutete dagegen, dass der Hund weggelaufen sei, bevor der Meteorit aufschlug.

Nein, dann schon eher die Passagiere der »Malacca«, eines Schiffs der Niederländischen Ostindien-Kompanie VOC, die 1848 von den Niederlanden nach Batavia, dem heutigen Jakarta, segelten. Auf halber Strecke geschah etwas Ungewöhnliches: Es plumpste plötzlich »ein achtpfündiger Ball« auf das Schiff. Zwei Matrosen wurden »vor den Augen aller Anwesenden« getötet. Das Schiff überstand den Einschlag und erreichte Batavia, wo die Überlebenden den Vorfall weltweit bekannt machten.

Die ernsteren Probleme entstehen durch größere Exemplare: Meteoriten, die ganze Städte zu Grütze schlagen könnten. Das berühmte Beispiel hierfür ist der Vorfall im sibirischen Tunguska. Am 30. Juni 1908 hörten die wenigen Bewohner der Wälder von Tunguska einen enormen Knall. Als man nachschauen ging – übrigens erst 19 Jahre später – fand man auf einem Gebiet von über 2000 Quadratkilometern umgeknickte, gefällte Bäume. Auch eine Herde Rentiere hatte das Unglück nicht überlebt. Das Werk eines 60 Meter großen Meteoriten, nimmt man zumindest an, wobei andere Forscher auch die Explosion eines unterirdischen Gasvorkommens in Betracht ziehen.[23]

Was gar nicht so bekannt ist: Dergleichen große Explosionen

---

22 Der Physiker Paul Davies nannte es sogar »eines der ungewöhnlichsten Ereignisse der Geschichte«. In: ders.: ›The Origin of Life.‹ London 2003. S. 187.
23 Hierzu mehr im Kapitel über Methanexplosionen.

finden recht regelmäßig statt. Am 9. Dezember 1997 fand ein ziemlich bizarrer Vorfall im unbewohnten Süden Grönlands statt. Ein Blitz, ein Knall, ein schweres seismisches Zittern und dann eine Rauchfahne, die man vom Weltall aus sehen konnte.

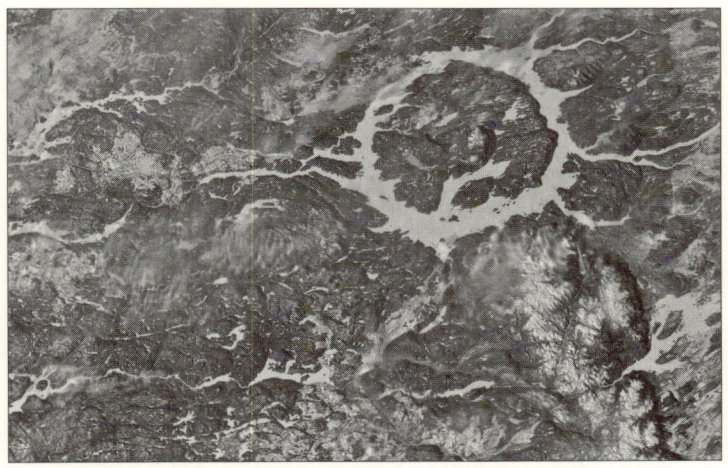

Stausee ähnelt Krater – *Der imposante, 100 Kilometer große Einschlags-krater von Manicouagan, Kanada, aus dem Space Shuttle fotografiert.* (Foto: NASA)

War das ein großer Meteoriteneinschlag? Bis zum heutigen Tag ist das nicht geklärt. Das Gebiet, in dem der Einschlag stattge-funden haben soll, ist unzugänglich und hat zu viel Schneefall, als dass man einen Krater finden könnte.

Fünf Jahre später gab es wieder einen Treffer, dieses Mal in Irkutsk, glücklicherweise wieder in unbewohntem Gebiet. Dorfbewohner hörten ein gewaltiges Getöse, das die Fensterscheiben erzittern ließ, und sahen eine schaurige Lichterscheinung. Als Forscher nachsehen gingen, fanden sie heraus, dass hundert Kilometer vom Dorf entfernt ein Meteorit in der Luft explodiert war. Zwi-schen 65 und 100 Quadratkilometer Wald waren völlig zerstört worden. Wäre dies über London geschehen, hätte England heute keine Hauptstadt mehr, bemerkte ›The Times‹ amüsiert.

Derartige mittelgroße Meteoriten schlagen zudem noch als eine Art Clusterbombe ein. Der Meteorit fällt dabei hoch in der

Luft in mehrere Brocken auseinander und im nächsten Augenblick merken Sie, wie ein Hagelschauer von Himmelssteinen auf Sie niedergeht.

Im alten China wird genau dies passiert sein, im Jahre 1490. Mindestens zehn alte Bücher erwähnen eine merkwürdige Naturkatastrophe, die an einem bestimmten Tag die Stadt Ch'ing Yang in Mittelchina traf. Viele tausend Menschen sollen umgekommen sein, als es plötzlich »Steine und Feuer regnete«. Wahrscheinliche Ursache: Ein Meteorit in der Größe eines kleinen Hochhauses, der hoch oben in der Atmosphäre Kabumm machte.

Eine mindestens genauso große Katastrophe fand dicht bei uns statt, im heutigen Bayern. Die Kelten, die rund ums Jahr 200 vor Christus dort wohnten, wussten sicher nicht, wie ihnen geschah. An einem einzigen Tag wurde ein Gebiet doppelt so groß wie Hamburg mit mindestens 81 Brocken eines Meteoriten beworfen. Das größte Impaktstück hatte die Einschlagkraft von 8500 Hiroshima-Bomben, und die Druckwelle war so stark, dass sie auch moderne Häuser umgepustet hätte. Der Vorfall wurde nicht aufgezeichnet, daher wissen wir auch nicht, wie hoch der Schaden war. Aber es wurden Münzen gefunden, die an einer Seite versengt waren. Und in der bayerischen Landschaft sind die Folgen des Unglücks noch immer sichtbar: Die Einschlagkrater dieses Chiemgau-Impakts formten ein Seengebiet, das noch heute existiert.

Syrakus

Langsam verstehen Sie sicher, weshalb die NASA so interessiert daran ist, wenigstens die größten Brocken, die im All herumfliegen, zu kartografieren. Man kann dann einen solchen Fels des Unheils besser im Vorhinein ankommen sehen. Welche Beruhigung, denken die meisten Menschen. Die US-Amerikaner kümmern sich schon darum. Das wird schon klappen. Nun, ganz so einfach ist es aber dann doch nicht.[24]

---

24 Allein schon deshalb nicht, weil an diesem NEO-Programm auch australische, italienische, deutsche und japanische Forscher mitarbeiten.

Problem Nummer eins ist schon einmal, dass die NASA noch lange nicht alle schätzungsweise 800.000 potenziell gefährlichen Kometen und Planetoiden gefunden hat. Momentan sucht die NASA offiziell allein nur nach Planetoiden, die einen Kilometer groß oder größer sind. Davon dürfte es etwa 1100 geben. Mit der Suche nach Objekten, die hunderte Meter groß sind und damit ein komplettes Land vernichten könnten, hat die NASA noch nicht einmal begonnen. Davon gibt es nach Schätzungen 200.000.

Ein anderes Problem ist, dass die NASA auch nicht alles sieht. Nicht wenige der Gruselgestalten werden sich dicht neben der Sonne befinden. Da kann die NASA nicht nachschauen, wegen des Sonnenlichts. Ein großer Meteorit könnte uns also aus Richtung der Sonne überfallen, so wie es die schlauen Flieger im Ersten Weltkrieg getan haben. Andere Riesenplanetoiden könnten uns überraschen (und veraschen), wenn sie von einer weiten Reise aus dem Weltall zurückkehren. Die NASA ist schon froh, wenn sie bald 90 Prozent der geschätzten elfhundert Großen Auslöscher gefunden hat. Das heißt aber auch: Es sind da noch rund hundert riesige Planetoiden übrig, von denen wir keinen blassen Schimmer haben, wo sie sich befinden oder wohin sie unterwegs sind.

Und selbst den Weltraumriesen, die die NASA gut kennt, ist nicht zu trauen. Kometen und Planetoiden sind für ihre verheerende Neigung bekannt, plötzlich ein bisschen was an ihrem Kurs zu ändern, beispielsweise wenn sie gegen ein Hindernis stoßen oder ihnen etwas Gas entweicht. Nehmen Sie mal den Fall des Riesenplanetoiden mit dem Katalognamen 2001 WN5. Am 26. Juni 2036 (notieren Sie das schon einmal dick in Ihrem Kalender) geruht dieser riesige Felsbrocken im reichlichen Abstand von einer viertelmillion Kilometern an uns vorbeizusausen. Es müsste schon dumm laufen, wenn er doch mit uns zusammenstößt. Allerdings: Das gilt auch für 2002 CU11, 1999 AN10, 1997 XF11 und eine ganze Warteliste anderer.

Und die Kleinen? Die »Tunguska-Meteoriten«, die eine Stadt wegfegen könnten? Von denen dürften sicherlich mehr als eine halbe Million durch den Weltraum schweben. Nur: Sie sind schwer zu entdecken. Man sieht sie erst kurz vor dem Aufprall herunterkommen und das auch nur, wenn man Glück hat.

Wieder und wieder werden Astronomen dadurch in Verlegenheit gebracht. 2002 entdeckten US-amerikanische Beobachter sogar gleich zweimal Weltraumschrott in der Größe eines Bürogebäudes erst kurz nachdem er uns beinahe gerammt hätte. Und im Januar 2004 erwog die Internationale Astronomische Union ernsthaft, Präsident Bush aus dem Bett zu klingeln, als sie wiederum einen bürohausgroßen Felsblock entdeckte, der die Erde innerhalb von 36 Stunden zu treffen drohte. Bush durfte weiterschlafen und das Bürohaus raste haarscharf an der Erde vorbei.

Es ist übrigens sehr fragwürdig, ob es Sinn gemacht hätte, Bush zu wecken. Auch wenn Zeitungen und Kinofilme anderes suggerieren, hat die Menschheit noch keine passende Antwort auf einen zerstörungswilligen Meteoriten parat. Wir haben nirgends auch nur eine Rakete stehen, die in der Lage wäre, einem anstürmenden Meteoriten Mores zu lehren. Atomraketen sind nicht für den Gebrauch im Weltraum gebaut worden, Space Shuttles und Sojus-Raketen sind nicht für längere Reisen geeignet und die Apollo-Raketen wurden schon vor langer Zeit wieder auseinandergenommen. Schnell eine neue Rakete bauen, meinen Sie? Das dauert Jahre und kostet Milliarden. Und es bleibt die Frage, ob die Menschheit überhaupt etwas dafür ausgeben würde. Vorhersagen kommen doch in aller Regel in dieser Form daher: »Die Wahrscheinlichkeit, dass wir bald Planetoid Soundso aufs Dach kriegen, steht bei eins zu 500.«

Vor ein paar Jahren setzte sich eine Expertengruppe im Pentagon zusammen, um eine gute Methode auszusuchen, mit der man mit einem angreifenden Meteoriten abrechnen könnte. Die Ideen, die dabei an die Tafel geschrieben wurden, geben die Probleme anschaulich wieder:

Bombardieren wir ihn!
Schlechte Idee. Mit einem gewöhnlichen Atomsprengkopf machen Sie wahrscheinlich nur eine Delle rein. Oder es besteht die reelle Gefahr, dass Sie nach der Explosion nicht mehr einen großen, sondern Zehntausende kleine Meteoriten auf uns zukommen sehen. Dann hätten Sie aus der Kanonenkugel eine

Clusterbombe gemacht, wie es der britische Verteidigungsexperte Jonathan Tate einst erklärte.

*Na gut, dann schießen wir ihn eben
mit einer Bombe aus seiner Bahn!*
Kann in der Theorie gut funktionieren, allerdings müssten Sie ihn dafür mindestens sieben Jahre im Vorhinein erwischen. Ärgerlich ist auch, dass die meisten Meteoriten schwammartige Staub- und Gesteinskugeln sind, die durch die Schwerkraft zusammenhaften. So ein Staubfänger gibt nach, wenn man etwas gegen ihn stößt. Ihr Meteorit wird danach seinen Weg einfach fortsetzen, Richtung Paris.

Färben wir ihn weiß!
Ein Ansatz, der häufiger in Zeitschriften auftaucht. Kometen und Asteroiden werden ein wenig durch Lichtteilchen der Sonne angeschubst. Aber ein weißes Objekt reflektiert mehr Sonnenlicht und würde, wenn es im All umherfliegt, daher eine andere Bahn bekommen. Lassen Sie also direkt neben dem Meteoriten eine Bombe mit reflektierendem Material explodieren: sagen wir mal Kreidestaub oder spiegelnde Kügelchen. Das Zeug wirbelt auf den Meteoriten nieder, färbt ihn weiß und die Natur erledigt den Rest.

Leider ist der Effekt so subtil, dass man Jahrhunderte im Vorhinein eingreifen müsste. Außerdem ist der Effekt kleiner als die natürlichen Unsicherheiten in der Meteoritenbahn. Plötzlich verpufft wieder etwas Gas aus dem Innersten des Meteoriten und, shit, liegt er wieder auf Kollisionskurs mit der Erde.

Machen wir ihn lenkbar!
Schicken Sie ein Team mit Bruce Willissen rauf, ohne Bombe, dafür mit einem Raketenmotor. Schrauben Sie den fest auf dem Meteoriten und presto: ein steuerbarer Großer Auslöscher. Ein paar Mal am Joystick gewackelt und der Stein fliegt schnell an der Erde vorbei, geschafft, puh.

Leichter gesagt als getan. Ein starker Motor würde sich möglicherweise quer durch den Meteorit bohren. Ein schwächerer

Motor brauchte zu lange für diese Aufgabe. Zudem drehen sich Planetoiden um ihre Achse. Sie müssten ihn dazu also erst abbremsen. Das würde ein ganz schönes Gefummel, oben im Weltall.

Schubsen wir ihn in die Sonne!
Archimedes' Trick, mit dem er die römische Flotte bei der Belagerung von Syrakus hereinlegte, können wir auch. Bringen Sie einen Spiegel in eine Umlaufbahn um die Erde, bündeln Sie das Sonnenlicht und schießen Sie das dann auf den Planetoiden. Damit kriegen Sie Gasausbrüche auf dem Planetoiden, die dessen Flugrichtung ändern werden.

Auch hier gibt es viele Unsicherheiten. Klappt es gut, den Strahl auszurichten? Bekommt man dann überhaupt Gaseruptionen? Und noch was: Historiker sind sich übrigens nicht einig, ob es Archimedes tatsächlich gelang, römische Schiffe mit seinen »Brennspiegeln« in Brand zu setzen.

Tja, da sitzen wir jetzt, auf unserem kleinen Planeten, umringt von Einschlagkratern. Auch wenn wir manchmal ein bisschen zu panisch drauf reagieren, eine Gefahr besteht durchaus. Und indessen haben unsere Gelehrten keinen Erfolg damit, aufzuzeichnen, was uns da alles über dem Kopf schwebt, und niemand weiß, was zu tun ist, wenn wir plötzlich bemerken, dass ein Mount Everest aus dem All auf uns zukommt.

Nee, Spaß ist was anderes.

Je schlimmer, desto seltener
Was für einen Schaden ein Einschlag genau anrichtet, hängt von vielen Dingen ab, etwa dem Material, aus dem der Meteorit besteht, dem Winkel, in dem er herunterkommt, und dem Gestein, in das er einschlägt. Wissenschaftler hantieren in etwa mit diesen Zahlen:

:

Typ	Größe	Effekt	Wahrschein-lichkeit pro Jahr
Bolide	5–10 Meter	Knall und/oder Lichterschei-nung	Zehntausende Mal pro Jahr
»Büro-gebäude«	10 – 50 Meter	Örtliche Ver-wüstungen	1:10
Typ Tunguska	50 – 100 Meter	Gebiet in der Größe einer Stadt wird vernichtet	1:500 – 1:1000
Typ Bayern	500 – 1000 Meter	Gebiet in der Größe einer Landes oder einer Region wird vernichtet	1:50.000
Typ Rochechouart	1 – 5 Kilometer	Gebiet in der Größe eines Kontinents wird vernichtet	1:1 Million
Typ Chicxulub	> 10 Kilometer	Weltweite Verwüstungen, massenhaftes Aussterben von Arten	1:100 Millionen

Quellen: NASA, Earth Impact Database, Science

»Wusstet ihr, dass die Energie, die nötig ist, um einen Planeten zu vernichten, irgendwo bei etwa 10^{32} Joule liegt, also dem Output der Sonne in einer Woche entspricht? Das ist das Äquivalent von $1{,}1 \times 10^{12}$ Tonnen Materie, die direkt in Energie umgesetzt werden.«
Julian Spanos, April 2006

»Man hat Sedna entdeckt: den zehnten Planeten. Vielleicht wird er ja von außerirdischen Wesen bewohnt, die unsere Vulkane durch den Gebrauch hoch entwickelter Telekinese ausbrechen lassen.«
Daniel Bornstein, Oktober 2004

**DECKUNG!
OH NEIN, DA KOMMT PLANET X!**

EFFEKT	WELTWEITE VERWÜSTUNG
ÜBERLEBEN	ZIEMLICH VERZWICKT
WAHRSCHEINLICHKEIT	NIHIL
ZEITPUNKT	DEZEMBER 2012

Die Sumerer wussten es. Die Russen fotografierten ihn. Die NASA hat ihn auch gesehen. Und jetzt, Tausende Jahre, nachdem er schon einmal unsere Welt zu einem rauchenden, verwaisten Trümmerhaufen gemacht hat, steht der vermaledeite »Planet X« kurz davor, unserem Sonnensystem erneut einen Besuch abzustatten. Die Folgen werden schrecklich sein. Oder doch nicht?

Noch zwei Jahre, dann geht die Welt unter.

Der Planet, den wir bewohnen, beginnt dann zu zucken. Die Erde bebt. Vulkane brechen aus. Der Meeresboden grummelt und häuft turmhohe Flutwellen auf, die uns überrollen. Möglicherweise wird der Planet selbst umhergeschubst, so dass Afrika auf dem Pol landet und die Antarktis auf dem Äquator. Oder noch schlimmer: Wer weiß, vielleicht wird die Erde auch zerschnitten oder aus ihrer Bahn geworfen und in den kalten, tiefschwarzen Weltraum hineingestoßen. So wird es laufen, wenn plötzlich ein riesiger Planet vorbeigesegelt kommt.

Planet X ist der verlorene Sohn des Sonnensystems. Der neunte Planet. Er muss viel größer sein als die Erde, wahrscheinlich sogar Hunderte Male größer. Und Planet X hat etwas, das kein anderer Planet unserer Galaxie hat: eine unglaublich weite Bahn um die Sonne. Er braucht 3600 Jahre, um sich einmal um die Sonne zu drehen. Daher kennen wir ihn auch nicht. Die meiste Zeit ist er unterwegs, unsichtbar für unsere Teleskope. Aber einmal alle 3600 Jahre kehrt X zurück. Dann beschleunigt er, rast dicht an der Sonne vorbei und vernichtet und zerstört dabei alles, was auf seinem Weg liegt.

Das ist genau das, was nun kurz bevorsteht. Das letzte Mal, dass er vorbeikam, war nämlich rund 1600 vor Christus, also vor etwa 3600 Jahren. Anfänglich erwartete man Planet X für Frühling 2003. Aber als er da nicht auftauchte, verschob man das Datum auf Dezember 2012. Das wird dann ein strahlendes Fest. Nur wenige Monate braucht der Planet, um vom Rand unseres Sonnensystems in unseren Vorgarten zu rasen. Dort zerstört er die Planetenumlaufbahnen, bewirft uns mit mitgebrachten Meteoriten und streift haarscharf die Erde. Nun ja, es sei denn, er trifft unseren Planeten voll in der Mitte, natürlich.

Das war's dann. X fliegt weiter voran, bis zum nächsten Mal in 3600 Jahren. Und unser Planet? Der bleibt zurück als rauchender, mit Lava und Salzwasserseen bedeckter Schrotthaufen. Falls überhaupt irgendwas übrig bleibt, was den Namen »Planet« zu Recht trägt.

Okay, es kann natürlich auch sein, dass überhaupt gar nichts passiert. Das Erscheinen von Planet X hat nämlich verdächtig viel von einem Mythos; einer dubiosen, pseudowissenschaftlichen Geistergeschichte.

Alles begann mit einem verkratzten Stückchen Lehm, das vor langer Zeit im Nahen Osten ausgegraben wurde. Auf der Tontafel, die gegenwärtig unter der Katalognummer VA243 im Vorderasiatischen Museum Berlin liegt, ist etwas Merkwürdiges zu sehen. Die Sumerer, die ältesten bekannten Einwohner des Irak, haben etwas in diese Tafel eingekratzt, was wie ein Sonnensystem aussieht. Sie können die Erde erkennen, den Saturn, Jupiter und alle anderen Planeten, die wir kennen. Aber Moment mal, gehören da nicht nur acht hin? Auf der Tontafel sind aber elf. Nummer neun ist vermutlich Pluto, Nummer zehn dann vielleicht der Mond. Aber dann bleibt Ihnen noch immer ein Planet zu viel übrig. Schon komisch, finden Sie nicht?

Schauen wir jetzt einmal ins Frankreich des 19. Jahrhunderts. Hier macht ein Mathematiker mit Namen Urbain Le Verrier 1846 eine ungewöhnliche Entdeckung. Irgendwas stimmte nicht mit dem Sonnensystem.

Le Verrier war gerade damit beschäftigt, die Umlaufbahn des Planeten Uranus zu erforschen, als es ihm auffiel. Uranus hatte etwas Merkwürdiges an sich. Eine Abweichung von seiner Bahn. Als ob etwas Schweres an ihm zöge. Le Verrier machte sich an seine Berechnungen und kam zu einer bizarren Schlussfolgerung. Es könnte da, verdammt noch mal, ein großer, noch unbekannter Planet versteckt sein!

Obzwar der von Le Verrier beschriebene Planet nicht direkt wahrgenommen werden kann, machten sich auch andere Forscher an die Berechnung. Ihre Ergebnisse bestätigten Le Verrier. Tatsächlich scheint irgendwas mit der Umlaufbahn des Uranus durch das Sonnensystem nicht hinzuhauen. Der Astronom Thomas Jefferson Jackson See brauchte drei »trans-uranische« Planeten, um die Bahn des Uranus stimmig erklären zu können, sein Kollege William Pickering sogar sieben. Einer davon, »Planet Q«, müsste dabei sechzig Mal so schwer sein wie Jupiter, bezifferte Pickering sein Ergebnis. Der Name »Planet X« wurde schließlich kurz nach der Jahrhundertwende durch einen weiteren Astronomen, Percival Lowell, eingeführt, der sich vor allem durch seine Untersuchungen der vermeintlichen »Kanäle« auf dem Mars einen Namen gemacht hatte. Auch Lowell war überzeugt, mit dem Planeten X die Mathematik des Sonnensystems wieder in Ordnung bringen zu können.

Es brauchte aber noch einen tollkühnen Autor, um die Verbindung zu ziehen zwischen dem Planeten X der Astronomen und dem rätselhaften Extra-Planeten der Sumerer. Dieser Autor war der Journalist und Ex-Wirtschaftsstudent Zecharia Sitchin, ein in die USA emigrierter Russen, der einen Großteil seiner Jugend im Nahen Osten verbracht hatte. Sitchin stand in diesen Jahren im Bann der Bücher Erich von Dänikens, jenes Autors, der behauptete, dass die Erde in grauen Vorzeiten von intelligenten außerirdischen Wesen besucht worden war. Und jetzt hatte Sitchin sein eigenes altertümliches Mysterium: Planet X!

Sitchin verbiss sich in der sumerischen Vergangenheit und griff zur Feder. 1976 erschien sein Buch ›The 12th Planet‹ (›Der zwölfte Planet‹), in dem er den Planeten X der Astronomen mit den elf Pünktchen auf der Tontafel in Beziehung setzte. Seiner Meinung nach war der Planet X in der sumerischen Zeit vorbeigedonnert.

Daher wussten die Sumerer auch so gut Bescheid darüber, dass ein solcher Planet existiert. Denn, und nun erschrecken Sie nicht, der Planet X wird nach Sitchin von intelligenten außerirdischen Wesen bewohnt. Von Pyramidenerbauern, Bewohnern von Atlantis ...

Sonderbare Kugeln – *Das umstrittene »Akkadische Siegel« VA/243, auf dem man ein Sonnensystem erkennen können soll (zwischen den zwei Menschen auf der linken Seite). Nun ja, Sonnensystem: Die Tafel hat dafür dann doch ein paar Planeten zu viel.*

diese Art Völkchen eben. Die sind, als ihr Planet an unserem vorbeisauste, auf unseren umgestiegen und haben mit den Sumerern über den tatsächlichen Stand der Dinge im All gequasselt.

Auf vielerlei sumerischen Tontafeln begann Sitchin den Planeten X zu sehen. So behauptete er, dass der Hauptgott der Sumerer, der starke Marduk, eigentlich gar kein Gott war, sondern ein anderer Name für den Planeten X. Und er entdeckte sumerische Texte, in denen stand, dass »Nibiru« über den Sternenhimmel gezogen war. Nibiru! Das war offensichtlich ein weiteres sumerisches Wort für den Planeten X, folgerte Sitchin.

Und so machte Sitchin immer weiter. Er behauptete, ohne mit der Wimper zu zucken, dass die Menschheit durch die X-linge gezeugt worden war. Völlig logisch, denn: »In vielerlei Hinsicht ist der moderne Mensch, der *Homo sapiens*, ein Fremder auf der Erde«, verkündete Sitchin. Vor langer Zeit, als der Erdball noch ausschließlich von Affen bewohnt war, waren die X-Bewohner schon einmal hier vorbeigekommen. Sie hatten ihre eigene DNA mit der der Affen gekreuzt, um eine Sklavenrasse zu züchten. Daraus entstanden die Menschen. Doch die Menschen erhoben sich gegen sie und dann brach auch noch eine Eiszeit aus, woraufhin die X-linge meinten, jetzt reiche es und sich aus dem Staub machten. Wiederum vor 3600 Jahren.

Ich rief Wilfried van Soldt zu Hilfe, Assyriologe an der Universität Leiden und Experte auf dem Gebiet der sumerischen Sternenkunde. Van Soldt blickte mich an, als sei ich ein Astronaut vom Planeten X, als ich in seinem Büro auftauchte und ihn nach Sitchins Theorie befragte. Während er durch Sitchins Buch blätterte, begann der Forscher zu schreien und zu stöhnen: »Oh nein! Das hat er alles völlig verkehrt übersetzt!« Und: »Schrecklich! Er schmeißt hier zwei ganz verschiedene Sprachen durcheinander!« Ich hatte das Gefühl, dass van Soldt nicht sonderlich beeindruckt war von Sitchins Buch.

Van Soldt war so freundlich, mir die Missverständnisse aufzuklären. Nibiru, das bedeutet gewöhnlich »Fähre« im Sumerischen. Und die alten Sumerer bezeichneten mit diesem Wort auch den Planeten Jupiter, da er wie eine Art Fährboot den Sternenhimmel kreuzt. Und die Umlaufzeit von 3600 Jahren? Hier hatte Sitchin fälschlicherweise zwei Wörter aus unterschiedlichen Sprachen gleichgesetzt.[25]

Selbst das geheimnisvolle Tontäfelchen ist bei genauerem Hinsehen gar nicht mehr so geheimnisvoll. Ein Sonnensystem ist darauf schon mal nicht abgebildet: Für die Sumerer war die Erde eine flache Scheibe und sie hatten keine Ahnung von der Existenz so weit entfernter Planeten wie Neptun.[26] Aber wenn es kein Sonnensystem ist, was stellt das Tontäfelchen denn dann

---

25 Nach Sitchin hatten die Sumerer ein Piktogramm, das sowohl »Marduk« als auch »3600« bedeutete. Daher die Umlaufzeit von 3600 Jahren. Doch in Wirklichkeit verwechselte Sitchin zwei verschiedene Sprachen miteinander. Das akkadische Wort *sharru* bedeutet »Marduk« und das sumerische Wort *shar* bedeutet »3600«.
26 Darüber hinaus ging Sitchin von einem Sonnensystem mit Pluto als neuntem Planeten aus. Inzwischen, 2006 um genau zu sein, wurde der arme Pluto offiziell von dieser Planetenliste gestrichen.

dar? Nichts Besonderes, meint van Soldt. Tontafeln wie das VA/243 wurden zeitgleich zu tausenden gefunden (man nennt das Genre »Rollsiegel«). Jede Tafel war unterschiedlich verziert. Mit Kreuzen, Piktogrammen und Krakeleien, deren Bedeutung unklar ist. Das »Sonnensystem« von Sitchin könnte höchstens den Planeten Venus darstellen, meinte van Soldt, gesehen von der Erde aus und umringt von Sternen.

Das ändert aber nun auch nichts mehr daran, dass Sitchins Buch ein Bestseller geworden war. Planet X fand viele Anhänger und hat sie noch heute. Es gibt sogar Menschen, die behaupten, dass sie in telepathischem Kontakt mit den X-Bewohnern stehen. Seufz… Manche glauben eben alles!

Aber Moment mal, war das jetzt schon alles? Nein, etwas fehlt noch. Als Sitchins Buch gerade sieben Jahre alt war, geschah etwas Merkwürdiges: Der Planet X wurde von Astronomen der NASA entdeckt! Am 30. Dezember 1983 veröffentlichte ›The Washington Post‹ auf der ersten Seite einen Artikel, der berichtete, dass der Infrarotsatellit IRIS einen Planeten aufgestöbert habe, der »möglicherweise so groß wie Jupiter ist«. Noch deutlicher, »es könnte sich dabei um den zehnten Planeten handeln, nach dem Astronomen bislang vergeblich gesucht hatten«, so die Zeitung. Das ließ die X-Anhänger aufhorchen. Glaubt ihr es jetzt endlich, dass Sitchin Recht hatte?

Aber wieder sah die Wirklichkeit ziemlich anders aus. Anfang November hatten die IRIS-Forscher Gerry Neugebauer und James Houck eine routinemäßige Pressekonferenz abgehalten, um über den aktuellen Stand des Projektes zu berichten. IRIS habe eine noch nicht erklärbare Unregelmäßigkeit im Infrarotspektrum wahrgenommen, meldeten die Forscher. Das könnte alles sein, von einer interstellaren Gaswolke bis hin zum zehnten Planeten. Die Zeitung gab dem Planeten den Vorzug. Im Fachblatt ›Astrophysical Journal‹ erklärten die Astronomen später, dass es sich tatsächlich um eine neue Sorte Galaxie handele, eine sogenannte »ultraluminöse Infrarot-Galaxie«. Neugebauer und Houck hatten es gewusst. Und noch immer werden die beiden armen Gelehrten per E-Mail mit Halbgarem beschossen. Genau wie ich übrigens. In der Zwischenzeit geschah dann das Unglaubliche. Astronomen stießen auf die Auflösung des alten

Uranus-Problems. Nicht ein Planet, sondern ein Rechenfehler war dafür verantwortlich. Angesichts der Tatsache, dass der Uranus eine Umlaufbahn um die Sonne von 84 Erdenjahren hat, brauchte die Astronomie viele Jahre, um gute Sicht auf seine Bahn zu bekommen. Außerdem kannten die vorigen Generationen von Astronomen von den meisten Planeten nur die ungefähren Positionen. Und da Planetenbewegungen lange Zeit anhand ihrer Verschiebungen zu den Sternen berechnet wurden, waren auch die Daten über die Planetenbewegungen nicht exakt genug. Als all diese Ungenauigkeiten einmal beseitigt waren, konnte von Abweichungen in der Umlaufbahn keine Rede mehr sein. An Uranus ist überhaupt nichts Ungewöhnliches. Die Mathematik des Sonnensystems läuft wieder wie ein Uhrwerk. Exit Planet X.

Aber kann es wirklich, wirklich, wirklich nicht sein, dass die Geschichte doch ein Fünkchen Wahrheit enthält? Irgendwo versteckt zwischen all den Missverständnissen und dem Quatsch? Die Antwort lautet rundheraus: Nein. Wirklich nicht.

Nach Aussage des Leidener Sternenforschers Frank Israel, der den Sitchin-Fall all die Jahre verfolgte, ist es mit dem Planeten X so, »als ob Sie einen Wolkenbruch aus einem Schwamm herauspressen«. In unserem Sonnensystem kann ein Planet, der größer als ein paar hundert Kilometer im Durchmesser ist, unmöglich auf längere Zeit eine extrem langgezogene, elliptische Bahn um die Sonne einhalten. Keplers Gesetze besagen, dass ein Planet mit einer Umlaufzeit von 3600 Jahren eine Bahn hätte, die fast parabolisch wäre, was bedeutet, dass Planet X ungefähr mit Fluchtgeschwindigkeit um die Sonne schwingen würde. Ein solcher Planet bekäme nach einer gewissen Anzahl Runden um die Sonne eine stets kreisförmigere Umlaufbahn oder er würde für immer weggeschleudert, ins All hinein. Angesichts des Alters des Sonnensystems von 4,5 Milliarden Jahren hätte X dafür mindestens 1,25 Millionen Umläufe Zeit gehabt.

Also, Planet Ex? Sie haben es bereits erraten. Wenn Ihnen jemand etwas über den Planeten X erzählen will, dürfen Sie sich getrost kringelig lachen. Treffen Sie keine Vorsichtsmaßnahmen für seine Rückkehr, das ist nicht nötig. Planet X gibt es nicht. Er hat auch nie existiert. Wird auch nie existieren. Abtreten, Nibiru. Kssssst.

Es führt aber kein Weg daran vorbei, dass der Mythos um den Planeten X noch immer quicklebendig ist. Eine der populärsten Weltuntergangsgeschichten. Das Internet läuft quasi über vor lauter Webseiten, die nur dafür gemacht wurden, um die Existenz von X zu beweisen. So sollen Astronomen alle Informationen über Nibiru im Auftrag der US-Regierung zurückhalten, um keine Panik zu verursachen. Es zirkulieren auch zahllose Fotos des Planeten X, selbst solche mit den Schatten außerirdischer Raumschiffe drumherum. Meinen Sie eigentlich wirklich, dass es tatsächlich Zufall ist, dass so viele Teleskope geschlossen sind, angeblich wegen Reparatur? Da sitzen doch klammheimlich Astronomen drin und halten Ausschau nach X!

Kommen Sie schon! Manche Menschen haben echt eine sumerische Tontafel im Hirn.

```
   ZZZAP!
   DER TAG, AN DEM E.T.
   GENUG HAT
+++++++++++++++++++++++++++++++++++++++++++++++
EFFEKT              VERNICHTUNG ODER EROBERUNG
                    DER ERDE
ÜBERLEBEN           UNMÖGLICH
WAHRSCHEINLICHKEIT  KLEIN
ZEITPUNKT           JEDEN MOMENT
+++++++++++++++++++++++++++++++++++++++++++++++
```

Im einen Moment schweben merkwürdige Ufos über Ihrem Kopf, im nächsten Moment macht es: Zack, bumm, schepper! Und dann? Dann sind wir alle tot.

Tatsächlich, tot. Irgendeines der außerirdischen Völker kam zu dem Schluss, dass die Erdlinge eigentlich ziemlich unangenehm sind. Und daher haben sie gerade unseren Planeten in Stücke geschossen, mit einer ihrer infernalischen Massenvernichtungswaffen. Ein seltsamer grüner Finger drückte auf einen Knopf und weg sind wir. Die Erde explodierte, verdampfte oder veränderte sich in einen verheerenden Klumpen Antimaterie – na, da schau einer an.

Aber Moment mal. Dafür muss es zuerst natürlich überhaupt so etwas geben wie außerirdisches Leben, das intelligent genug ist, um mit einem bis an die Zähne bewaffneten Raumschiff hierüber zu fliegen. Und ein Motiv für die Zerstörung wäre auch ganz nett. Eine Meinungsverschiedenheit über das eine oder andere wäre doch wohl das Mindeste.

Fangen wir aber beim Anfang an: beim außerirdischen Leben.

Die meisten Wissenschaftler sind sich inzwischen einig, dass es gut möglich ist, dass auch irgendwo anders im Weltall noch

Leben entstanden sein könnte. Jetzt ist das Weltall allerdings recht, äh ... ziemlich groß. Und seit dem 19. Jahrhundert hantieren die Astronomen mit dem sogenannten »kopernikanischen Prinzip«: Welches Stückchen Weltall man auch nimmt, es wird überall ungefähr genau gleich aussehen, mit Sonnensystemen, Sternen und Planeten, die sich um die Sterne drehen.

Letzteres scheint tatsächlich der Fall zu sein. Augenblicklich sind etwa 200 »Exoplaneten« außerhalb unseres Sonnensystems bekannt. Die meisten davon sind unbewohnbare Riesendinger, Format Jupiter oder größer. Aber das kommt vor allem daher, dass wir die kleineren, erdähnlichen Planeten nicht sehen können. Noch nicht. Im April 2007 entdeckten Astronomen bereits einen erdähnlichen Planeten, auf dem Leben möglich wäre: Ein Planet im Abstand von 20 Lichtjahren, der anderthalbmal so groß ist wie die Erde und auf dem vielleicht Seen sind.

Dabei ist das Weltall randvoll mit Zutaten fürs Leben. Zu jedermanns Überraschung wimmelt es im All nur so von den anspruchslosen Bausteinen, die man braucht, um Lebensformen zusammenzusetzen, wie zum Beispiel Aminosäuren und Zucker. »Wir sind aus dem gewöhnlichsten, alleralltäglichsten Zeug gemacht, das man im Weltall finden kann«, sagt der Leidener Astronom Vincent Icke gern. Andere, häufig gebrauchte Ausdrücke sind, dass wir in einem »biofreundlichen« Weltall leben oder sogar in einem »biophilen« Universum, einem Weltall, das verrückt danach ist, Lebensformen entstehen zu lassen.

Wie Leben genau entsteht, wissen wir leider nicht. Wir können nur aus den Erfahrungen von unserem eigenen Planeten schöpfen. Und die sind ziemlich ermutigend: Fast augenblicklich, nachdem die Erdkruste erstarrte, bildeten sich die ersten Lebensformen. Das war vor rund 3,8 Milliarden Jahren. Offensichtlich ist Leben etwas, was sehr leicht entsteht.

Und wir haben noch etwas gelernt. Noch vor ein paar Jahrzehnten dachte man, dass man, um leben zu können, doch am ehesten auf der Erde wohnen müsste, mit so einer hübschen Sonne am Himmel, Luft zum Atmen und flüssigem Wasser, um sich darin zu baden. Aber weit gefehlt. Inzwischen wissen wir, dass Leben auch den unmöglichsten Umständen standhält.

Es gibt Mikroben, die sich tief im Boden pudelwohl fühlen, in beißender Säure, unter intensiver Strahlung oder in extremer Hitze beziehungsweise Kälte. Manche Mikroben sind am glücklichsten, wenn sie in Vulkanmodder wohnen können, manche finden es toll, in Wasser zu sein, das salziger ist als Sojasauce, manche Mikroben lieben das brummelnde Innerste unserer Därme. Mit dem Leben kann man's machen, das ist so elastisch wie Gummi.

Auf anderen Planeten könnte es durchaus genauso sein. Während der Mondlandungen stellte sich heraus, dass sich ein paar öde Mikroben auf einer Erkennungskamera erhalten hatten, die die NASA Jahre zuvor vorausgeschickt hatte. Und vor kurzem entdeckten US-amerikanische Forscher, dass manche Bakterien der Erde am Leben bleiben, wenn man sie auf den Mars verbannt. Und noch beeindruckender ist, dass Astronomen es als nicht ausgeschlossen betrachten, dass es einmal Leben auf dem roten Planeten gegeben hat. Es ist auch denkbar, dass dort noch immer tief im Innern Mikrobenkolonien überlebt haben.

Ebenso wenig ist es ausgeschlossen, dass an anderen Stellen unseres Sonnensystems Lebewesen herumwimmeln. Man hat besonders Jupiters Eismond Europa diesbezüglich unter Verdacht: Wahrscheinlich versteckt sich unter seinem Eis ein enormer Ozean, vielleicht sogar einer mit warmen Vulkanmündern auf dem Grund. Kein Wunder, dass viele Forscher gerne eine Sonde zu ihm schicken würden, um mit einer Kamera durch das Eis zu pieksen. Vielleicht würden wir nicht mal eine Laus sehen. Vielleicht sehen wir aber auch, wie eine Familie außerirdischer Wasserwesen freundlich in die Kamera winkt.

Vieles weist darauf hin, dass wir nicht alleine im Weltall sind. Für unseren Weltuntergang verheißt das nicht viel Gutes. Aber. Ja, es gibt da ein »Aber«.

Wenn ein Wissenschaftler von »Leben« spricht, meint er in der Regel: »einzelliges Leben«. Denn das ist das andere, was wir hier auf der Erde gelernt haben: Lebewesen sind in der Regel einzellige Mikroben, die viel zu klein sind, als dass wir sie sehen könnten. Auf der Erde sind sie unzweifelhaft die dominante Lebensform. Es gab sie hunderte Millionen Jahre, bevor die ersten Wesen mit mehr als einer Zelle auftauchten, und auch heute noch haben sie die überwältigende Mehrheit: Weit mehr als 99 Prozent allen Lebens auf der Erde besteht aus Mikroben. Oder, noch unglaublicher, schauen Sie an sich selbst herunter: Gut und gerne zehn Prozent Ihres Körpergewichts machen die Mikroben aus.

Eines der am weitesten verbreiteten Missverständnisse über die Natur ist, dass mehrzellige Wesen die logische Folge der Evolution seien. Erst kamen die Bakterien, dann die Pflanzen und Fische, dann die Kaninchen, die Wildschweine und die Menschen, so erzählt man sich die Geschichte. Nun: So läuft das aber nicht. Die Evolution hat nicht das Ziel, immer größere, weiter entwickelte und schlauere Pflanzen und Tiere zu entwickeln. In Wirklichkeit bedeutet Evolution: mehr Diversität. Mehr Arten von Lebewesen.

Dabei formen Mikroben die Vorhut der Evolution. Wenn Sie ein Lebewesen suchen, das unterirdisch, in ätzender Säure oder einem Vulkanschlund wohnen kann, hilft Ihnen nun mal ein Zebra nicht sonderlich. Sie können Zebras in Vulkane werfen, bis Sie schwarz werden, ein Vulkanzebra werden Sie so schnell nicht bekommen, auch dann nicht, wenn Sie das Zebra sich langsam dran gewöhnen lassen und es erst mal mit den Hufen am Vulkan fühlen darf. Nein: die Anpassung an Vulkane, Salzwasser und Eingeweide ist eindeutig die Baustelle für die dominante Lebensform auf Erden: die Mikroben. Die tiefgründige Botschaft von all dem ist, dass »Leben« in der Praxis ziemlich schnell hinausläuft auf: einzelliges Leben. Und Evolution meint dann vor allem: noch mehr verschiedene Arten von Bakterien. Es klingt vielleicht nicht nett, aber Zebras, Gänseblümchen und Menschen sind eher ein lustiger Nebeneffekt. Auf unserem Planeten sind die Wesen mit Ohren und Augen und Nasen und Schwänzen die Ausnahme; einzellige Mikroben sind die Regel. Und es gibt keinerlei Hinweis darauf, dass das auf Mars, Europa oder im Sternsystem Zeta Reticuli[27] anders sein sollte.

Und wenn doch einmal mehrzelliges Leben entstanden ist,

---

27 Zeta Reticuli ist ein Doppelstern, der 39 Lichtjahre von uns entfernt im Sternbild Reticulum (»Netz«) steht. Unter Menschen, die an Ufos glauben, hat Zeta Reticuli Kultstatus: Das Sternensystem soll Heimat des außerirdischen Volks der »Grauen« sein, graue Weltraummännchen mit kleinen, schwarzen Insektenaugen.

wäre da noch etwas Anderes: Intelligenz. Von schätzungsweise zehn Millionen Arten, die unseren Planeten bevölkern, kann nur eine einzige dieses Buch lesen. Man muss dabei auch bedenken, dass es 3,8 Milliarden Jahre gedauert hat, bis es den Menschen gab. Außerdem war eine lange Kette unglaublicher Zufälligkeiten nötig, um uns bis hierher zu kriegen.

Laut einem weiteren Missverständnis ist Intelligenz die logische Folge der Evolution. Auch das ist kompletter Schmu. Von allen Erfindungen der Natur ist ein großer Kopf mit einem schnell arbeitenden Gehirn schon eine der merkwürdigsten und seltsamsten. So ein Gehirn kostet sehr viel Energie, macht anfällig für Verletzungen, Hitze, Kälte und Unterernährung und passt auch nicht so gut durch den Geburtskanal, wie die meisten Mütter aus Erfahrung bestätigen können. Es ist nicht grundlos so, dass die Natur so lange gebraucht hat, um den Menschen hervorzubringen. Pfoten, Schwänze, Flügel und Zähne sind die Erfolgsgeschichten der Natur, ein Riesenhirn gehört bestimmt nicht dazu.

Kurz: Es spricht alles dafür, dass es außerirdisches Leben gibt. Aber es ist äußerst unwahrscheinlich, dass das außerirdische Leben über ein Laserschwert, ein Raumschiff oder einen Zeigefinger verfügt, der im Dunklen leuchtet. E.T. ist aller Wahrscheinlichkeit nach eine Mikrobe, die ohne allzu viele hehre Gedanken über die Oberfläche von Gott weiß welchem Planeten wuselt. Mit etwas mehr Glück gibt es irgendwo im Weltall einen Planeten mit Tieren. Aber auch davon sollten Sie sich nicht allzu viel versprechen, vor allem nicht, wenn es um die Konstruktion von Ufos geht.

Und davon mal abgesehen. Stellen Sie sich vor, dass, gegen jede Erwartung, doch irgendwo intelligentes Leben existiert. Aber muss dieses Leben gleich eine Bedrohung für uns sein?

Hierbei hat man nämlich vor allem mit folgendem Problem zu tun: den enormen Entfernungen im Weltall. Der uns am nächsten liegende Stern, Proxima Centauri, liegt 4,2 Lichtjahre von uns entfernt. Unsere grünen Männchen wären also vier Jahre und knapp drei Monate zu uns unterwegs, wenn wir mal davon ausgehen, dass sie in der Lage sind, mit Lichtgeschwindigkeit zu fliegen. Unser schnellstes Raumfahrzeug, das wir zurzeit besitzen, die »Voyager 1«, brauchte glatte 73.000 Jahre für die Strecke.

Na ja, diese entwickelten Wesen würden schnell eine Lösung für dieses Problem gefunden haben, sagen die Anhänger von Außerirdischen dann gern. Unsere grünen Männchen nehmen üblicherweise eine Abkürzung durch die Dimensionen, durch ein »Wurmloch«. Oder sie sausen mit einem Warp-Antrieb unter ihrem Stuhl rüber, einem Motor, mit dem man das Weltall in die Tasche steckt.

Die Realität sieht aber so aus, dass das aller Wahrscheinlichkeit nach so nicht funktioniert. Dann und wann halten Naturwissenschaftler das Wurmloch und den Warp Drive gegen's Licht. Die Resultate sehen nicht gut aus. Mit dem Wurmloch ist der letzte Stand der Dinge Folgender, dass nämlich die grünen Männchen ihr Ufo durch ein Loch hindurchkriechen lassen müssten, das zu klein ist, um einen Atomkern durchzulassen. Ärgerlich ist auch, dass man wahrscheinlich nicht bestimmen kann, wo man danach wieder herauskommt. Möglicherweise landet man mitten im Inneren der Sonne, direkt auf dem Mars oder, oh welche Demütigung, zwei Meter neben dem Eingang seines Wurmlochs.

Mit dem Warp Drive, jenem Motor, der die Dimensionen zusammenknüllt und so das Weltall in die Tasche steckt, sieht es auch nicht viel besser aus. Die neuesten Überlegungen laufen darauf hinaus, dass man eine Doktor-Who-artige Telefonzelle brauchte, um das Universum hinter sich herzuziehen: ein Raumschiff, das von innen größer ist als von außen. Und vielleicht braucht man, um den Motor zu starten, mehr Energie, als im ganzen Weltall vorhanden ist.

Jetzt ist es natürlich leicht möglich zu sagen: »Sie sind uns so weit voraus, sie haben schon längst einen Weg gefunden, um schneller zu reisen als das Licht.« Aber so läuft das nicht. Naturgesetze sind Naturgesetze. Auch für eine fortgeschrittene Zivilisation aus einem anderen Sonnensystem.

Dazu kommt noch: Die Aliens müssen uns auch noch finden. Das ist auch keine so leichte Aufgabe. Vor allem das Timing ist entscheidend: Das Weltall ist 13,7 Milliarden Jahre alt und die Menschheit dreht hier erst seit ein paar Tausend Jahren ihre Runden. Die Menschheit im All aufzuspüren muss in etwa so sein, wie ein bestimmtes Sandkorn am Strand zu finden, und noch dazu eines, was erst den Bruchteil einer Sekunde hier liegt. Forscher haben daher einmal geschlussfolgert, dass eine außerirdische Art wahrscheinlich eher eine »Flaschenpost« hinterlassen würde, als sich selbst auf den Weg zu machen. Wir täten also gut daran, unsere Augen aufzuhalten: Möglicherweise saust irgendwo in unserem Sonnensystem ein komischer Komet rum oder auf dem Mond liegt ein außerirdischer Monolith begraben, so wie in ›2001: Odyssee im Weltraum‹. Sozusagen eine Postkarte, »Grüße aus dem Kosmos«.

Gut, gut. Gegen alle Erwartungen hat unsere hypothetische außerirdische Zivilisation all diese Probleme überwunden. Sie haben uns gefunden. Und nun?

Dann wahrscheinlich gar nichts. Die Außerirdischen werden uns eventuell erforschen wollen. Eine Zivilisation, die Raumschiffe baut und weiß, wie man Wurmlöcher bedient, hat vermutlich Interesse an der Wissenschaft. Sie werden uns untersuchen, wie wir eine Mikrobe untersuchen würden, die wir auf Europa entdeckt haben. Keine Rede davon, die Erde zu zerstören, im Gegenteil. Allenfalls packen sie ein paar Monster ein: Ein paar Menschen in ihre Ufos locken und dann schnell wieder weg.

Manche Science-Fiction-Fans werden an dieser Stelle widersprechen wollen. Ja, aber! Möglicherweise werden sie unseren Planeten doch kolonialisieren! Oder sie sind auf unsere Bodenschätze scharf oder auf unser Wasser!

Also ehrlich. Was für ein Unsinn. Meinen Sie im Ernst, dass eine Zivilisation, die intergalaktische Raumschiffe konstruieren kann und durch Wurmlöcher krabbelt, ihre Problemchen wie Rohstoffknappheit nicht auf andere, technologische Art und Weise lösen kann? Das werden schon ein paar clevere Außerirdische sein, wenn Sie mich fragen.

BLITZ!
DER TAG, AN DEM DIE ATMOSPHÄRE
ZUR ATOMBOMBE WIRD

+++

EFFEKT   STERILISATION DER ERDE
ÜBERLEBEN   UNMÖGLICH
WAHRSCHEINLICHKEIT   UNKLAR
ZEITPUNKT   JETZT GLEICH? ODER ERST
                        IN ZEHN MILLIONEN JAHREN?

+++

Manche nennen es die häufigste Todesursache im Weltall. Den gewaltigsten Knall seit dem Urknall. Wir können nur dankbar sein, dass dieses gewalttätigste aller Naturereignisse uns bislang in Ruhe gelassen hat. Bis jetzt. Denn eins steht fest: Gegen einen »Gammablitz« haben wir nicht den Hauch einer Chance.

Es hat etwas von einer Lotterie. Einmal pro Tag findet irgendwo im Weltall eine enorme Explosion statt. In ein paar Sekunden wird dann so viel Energie frei, wie unsere Sonne in ihrem ganzen Leben ausspuckt. Einige Explosionen sind sogar heftiger als die Energie aller Sterne zusammen. Nee, Sie wollen bestimmt nicht in der Gegend sein, wenn so etwas stattfindet.

Diese furchtbaren Explosionen wurden merkwürdigerweise erst vor circa 40 Jahren bemerkt. Die USA hatten einen Spionagesatelliten auf die Reise geschickt, der russische Atomtests beobachten sollte. Aber die Explosionen, die der Satellit registrierte, stammten keineswegs aus der Sowjetunion. Sie kamen von hinten, aus dem Weltall.

Dass wir diese riesigen Explosionen erst so spät entdeckt haben, kommt daher, dass sie fürs Menschenauge unsichtbar sind. Man brauchte eine Gammasicht, um sie sehen zu können.[28] Denn im Folgenden geht es um Gammablitze: kosmische Superexplosionen, die eine enorme Menge an Gamma- und Röntgenstrahlung ins Weltall spucken.

Noch immer verstehen Wissenschaftler nicht genau, was Gammablitze eigentlich sind. Ein ordentlicher Teil von ihnen entsteht, wenn ein schnell drehender, superschwerer, sogenannter Wolf-Rayet-Stern am Ende seines Lebens von innen heraus durch ein schwarzes Loch verschluckt wird, soviel steht fest. Das schwarze Loch speit dann ein unvorstellbar großes Energiebündel in Richtung seiner Drehachse aus, fast so schnell wie das Licht. Diese Gammablitze werden daher beschrieben als »Geburtsschreie eines schwarzen Lochs«. Eine weniger poetische, dafür aber genauere Beschreibung ist, dass da ein schwarzes Loch rülpst, das soeben einen Stern verschluckt hat.

Allerdings ist damit noch lange nicht alle Gammastrahlung erklärt, die uns um die Ohren fliegt. Gerade noch wurden wieder zwei Gammablitze registriert, die nichts mit sterbenden Wolf-Rayet-Sternen zu tun haben können.

Gott sei Dank fanden diese Superexplosionen bislang immer in weit, weit von uns entfernten Galaxien statt, viele Milliarden Lichtjahre von uns weg. Denn einen Gammablitz hier bei uns zu überleben, da sollten Sie sich keine allzu großen Illusionen machen. Auf der Liste der 20 Dinge, die unser Leben hier auf der Erde verderben könnten, zusammengestellt von der Zeitschrift ›Discover‹, kamen die Gammablitze auf Platz zwei, direkt nach den Meteoriteneinschlägen. Eine vergleichbare Top-Ten-Liste der britischen Zeitschrift ›New Scientist‹ setzte sie auf Platz vier. Und der Autor Arthur C. Clarke vermutete, dass Gammablitze womöglich die Erklärung dafür sind, weshalb wir so wenig von außerirdischen Zivilisationen mitbekommen. Lange bevor eine

---

28 Gamma»licht« ist sehr energiereich. Darauf sind Menschenaugen nicht eingerichtet, genauso wie wir zu hohe Töne nicht mehr hören können. Um es präziser zu sagen: Das menschliche Auge nimmt Licht mit einer Wellenlänge von etwa 720 tausendstel Millimeter (rotes Licht) bis zu 380 tausendstel Millimeter (blaues Licht) wahr. Gammastrahlung reicht von 0,1 millionstel Millimeter bis 100 millionstel Millimeter Wellenlänge. Somit ist Gammastrahlung die energiereichste Strahlungsart, die wir kennen, ein reines geladenes kosmisches Teilchen.

außerirdische Zivilisation die Chance hätte, ein Ufo zu bauen und sich damit auf den Weg zu machen, werde sie schon von Gammablitzen hinweggefegt.

Wenn uns ein Gammablitz trifft, wird der Weltuntergang ein abscheulicher sein. Es ist dann so, als ob an jedem Ort der Erde zeitgleich eine Atombombe explodierte, wie der Forscher Arnon Dar von der Universität Haifa einmal ziemlich sensationslüstern bemerkte.

Stellen wir uns einmal vor, dass ein solcher Blitz im Abstand von nur wenigen tausend Lichtjahren entsteht. Auf der Erde würde er heller als die Sonne aufleuchten, denn von Nahem kann man ihn durchaus sehen. Dann sind wir die Angeschmierten, denn unser Planet würde in der Folge von einer riesigen Flut von Gamma- und Röntgenstrahlung überrollt. Eine unglaubliche Energieentladung würde unsere Atmosphäre in Brand stecken. Wälder verkohlen, Flüsse und Meere trocknen aus. Die Erdhälfte, die dem Blitz gerade zugewandt ist, würde augenblicklich sterilisiert. Es wäre sogar denkbar, dass die Atmosphäre komplett weggeblasen würde. Dann würde es auf der Erde kalt und das Atemholen ziemlich mühsam. Um mal das Wegfallen des Luftdrucks noch zu verschweigen: Ihr Körper würde dabei nämlich anschwellen und auseinanderbrechen.

Nicht, dass Sie auf der anderen Seite der Welt besser aufgehoben wären. Ein wütender Feuersturm wird dann rund um den Globus toben. Auch auf der Rückseite der Erde gerät dabei alles in Brand. In der Zwischenzeit wird die Atmosphäre kräftig vergiftet, vermutlich für Millionen von Jahren. Keine Chance, dass Sie das überleben. Es sei denn, Sie leben als kleine Mikrobe tief unten im Boden.

Und wenn die Gammakanone ein bisschen weiter weg steht? Auch dann kriegen wir ein Problem. Astronomen haben berechnet, dass selbst ein Gammablitz, der aus der sechsfachen Entfernung kommt (6500 Lichtjahre), immer noch stark genug ist, um Tod und Verderben zu bringen. Ein durchschnittlicher, zehn Sekunden dauernder Gammablitz aus diesem Abstand würde die Luftmoleküle in unserer Atmosphäre zu einzelnen Atomen zermahlen. Diese Atome kleben dann zu einer enormen, dreckig braunen Wolke des Giftgases Stickstoffdioxid (NO_2) zusammen.

Genau, das ist jenes Gas, das wir schon beim Thema Meteoriten-einschlag kennengelernt haben. Es hält das Sonnenlicht zurück, verwandelt Regen in Salpetersäure und frisst die Ozonschicht weg. Damit Sie klar sehen: Ihre DNA wird von ultraviolettem Sonnenlicht, das durch die leck gewordene Ozonschicht dringt, in Stücke geschossen, Sie ersticken im Giftgas, es regnet ätzende Säure und zeitgleich bricht eine Eiszeit aus. All das nur wegen eines albernen, zehn Sekunden dauernden Blitzchens aus dem Weltall.

Glücklicherweise gibt es Hinweise darauf, dass wir vielleicht außerhalb der Schusslinie sind. Von allen Gammablitzen, die bislang von Menschen aufgezeichnet wurden, kamen nur vier aus einer Entfernung, die kleiner als zwei Milliarden Lichtjahre war. Und manche Astronomen halten das nicht für einen Zu-fall. Möglicherweise hängt das damit zusammen, dass ältere Sonnensysteme, so wie das unsere, mehr schwere Elemente wie zum Beispiel Eisen besitzen. Dadurch könnten sich schwere Wolf-Rayet-Sterne nicht mehr so schnell drehen und das würde die Gammablitze dämpfen. Wer weiß, wir wohnen dann viel-leicht in einem »sicheren«, blitzfreien Sonnensystem.

Aber sicher ist das keineswegs. 2006 erforschte ein kana-discher Astronom mit dem wunderbaren Namen Armen Ato-yan einen Gammastrahlung ausdünstenden, toten Stern in 40.000 Lichtjahren Entfernung – in kosmischen Distanzen ist das nur ein paar Straßen weiter. Atoyan kam zu dem wenig be-ruhigenden Schluss, dass dieses Objekt vor 20.000 Jahren einen Gammablitz ausgestoßen hat. Offensichtlich hat er uns nicht getroffen, ansonsten würden Sie dieses Buch in ein dickes Bä-renfell gewickelt und vor Kälte bibbernd lesen.

Und da ist noch die geheimnisvolle Superkatastrophe, die sich vor Urzeiten hier abspielte. Vor rund 443 Millionen Jahren, als gerade die ersten primitiven Pflanzen und Tiere aus dem Urmeer herausgekrabbelt kamen, geschah auf der Erde etwas Grauenvolles. Plötzlich starben zwei Drittel aller Arten aus. Ein Gammablitz vielleicht? Hinweise darauf gibt es durchaus. So brach plötzlich eine heftige Eiszeit aus und die Überlebenden der Katastrophe waren vor allem Tiefseetiere und Viecher, die rund um den Äquator lebten. Das sind genau die Stellen, an denen man sich bei einem Gammablitzeinschlag am besten aufhalten sollte.

Auch nicht wirklich ermutigend ist die Entdeckung, die Forschern in den Neunzigern gelang. Sternenkundige fanden damals eine völlig neue Sorte Objekte, die sie »Magnetar« tauften. So ein Magnetar ist ein toter Riesenstern mit einem extrem starken Magnetfeld. Und das Schlimme daran ist: Magnetare schießen fortlaufend kleine Gammablitze ab. Lange nicht so stark wie die echten, aber wenn einer in unsere Nähe gelangen sollte, immer noch stark genug, um die Ozonschicht zu zerstören und damit eine Eiszeit zu verursachen. Unangenehm ist, dass offensichtlich viele Magnetare durch die Milchstraße schweben, andauernd kleine Gammablitze absondernd, so wie eine Dampflokomotive, die tuckernd durchs Weltall zieht.

Und es gibt natürlich auch noch die echten Monster, die schweren Wolf-Rayet-Sterne. Von denen gibt es auf jeden Fall um die 230 in der Milchstraße. Bleibt zu hoffen, dass wir möglichst keinen davon sterben sehen. Vor allem keinen, der seine Drehachse auf uns gerichtet hat. Wir würden in den Lauf einer Kanone gucken, die kurz davor steht, abgefeuert zu werden. Da wäre dann nichts dran zu rütteln: Wir würden draufgehen. Vielleicht sollten unsere Astronomen es uns lieber verschweigen, sollten sie so etwas beobachten.

Der Blitz und wir – Folgen eines Gammablitzes (in groben Zügen) im Verhältnis zum Abstand, aus dem er kommt

< 1.000 Lichtjahre	Sterilisation der Erde
1.000 – 10.000 Lichtjahre	Massensterben, schwere Eiszeit
10.000 – 100.000 Lichtjahre	merkliche Abkühlung,
	Verletzung der Ozonschicht
> 100.000 Lichtjahre	kein Effekt

Quelle: ›Nature‹, ›New Scientist‹

```
  SCHLLLLLLÜP!
  HILFE, DA NAGT EIN SCHWARZES LOCH
  AN MEINEM PLANETEN!

++++++++++++++++++++++++++++++++++++++++++++++++++

EFFEKT                VERNICHTUNG DER ERDE
ÜBERLEBEN             UNMÖGLICH
WAHRSCHEINLICHKEIT    VORHANDEN
ZEITPUNKT             UNBEKANNT

++++++++++++++++++++++++++++++++++++++++++++++++++
```

Aufgepasst. Wir machen uns das nicht bewusst, aber vielleicht läuft hier ein Mörder frei herum. Jederzeit kann es passieren, dass unser Planet auf den Speiseplan eines Schwarzen Lochs gerät.

Es muss eine irre Erfahrung sein, in ein Schwarzes Loch zu fallen. Total bescheuerte Einsteinphysik. Wenn es nicht so ungesund wäre, würde ich es Ihnen sofort mal zum Ausprobieren empfehlen.

Was Sie sich jetzt nicht vorstellen dürfen, ist, dass da plötzlich ein tobender Wirbel auf Sie zugeschwebt kommt oder so. Sehen Sie: Das Problem mit Schwarzen Löchern ist, dass sie… na ja, ziemlich schwarz sind. Sie können sie nicht sehen. Urplötzlich tauchen sie auf, wie aus dem Nichts.

Das Einzige, was Sie merken werden, ist ihre Schwerkraft. Aber was für eine Schwerkraft: Stellen Sie sich die Schwerkraft von ein paar Millionen Erden vor, zusammenstopft in einen Raum, der nicht größer ist als ein Fußball. Selbst Licht kann da nicht mehr entkommen, daher auch der Name »schwarzes« Loch.[29]

29 Der Begriff »Schwarzes Loch« wurde übrigens 1967 von dem Astronomen John Wheeler geprägt, der genug hatte von dem zungenbrecherischen Ausdruck *gravitationally collapsed star*.

Sie dürfen nicht glauben, dass so ein Schwarzes Loch nur bei Ihnen vorbeikommt. Dabei würde nämlich auf einmal unser gesamter Planet wie durch eine unsichtbare Hand aus seiner Umlaufbahn um die Sonne gezogen. Diese Bahn wird größer oder auch kleiner, das hängt von der Richtung ab, aus der das Schwarze Loch kommt. Die Erde beginnt dann, Runden um das Schwarze Loch zu drehen, genau wie ein Gummientchen rund um das Ausgussloch in der Badewanne, wenn das Wasser abläuft. Die Folgen werden verheerend sein. So kühlt sich zum Beispiel die Atmosphäre ab oder heizt sich auf, je nach Situation.

Aber das ist noch gar nichts. Im nächsten Moment wird die Erde beschleunigt. Schneller und schneller dreht sie sich um das Schwarze Loch. Wann sie hindurchschlüpft, bestimmt das Schwarze Loch.

Aus einem Raumschiff mit sicherem Abstand betrachtet würden Sie die Erde plötzlich verschwimmen und verschwinden sehen. Einfach so. Aber passen Sie auf: Wenn Sie genau hinschauen, bemerken Sie zuvor etwas Seltsames. Mit einem guten Fernglas würde Ihnen auffallen, dass die Zeit auf der Erde immer langsamer vergeht, je näher sie dem Schwarzen Loch kommt. Menschen auf der Straße laufen ruhiger, Autos werden langsamer, Flugzeuge bremsen in der Luft ab. Die Erde läuft in Zeitlupe!

Das kommt daher, dass sich die Lichtwellen, die von der Erde ausgehen, verzögern. Sie werden gedehnt. Dadurch wirkt die Erde röter, denn gedehnte Lichtwellen sind röter. Das geht so lange, bis die Lichtwellen so sehr gestreckt wurden, dass Sie sie gar nicht mehr sehen können: Das Licht der Erde verschwindet dann im Infrarotbereich, den menschliche Augen nicht mehr wahrnehmen können. Wenn Sie eine Infrarotbrille aufsetzen würden, könnten Sie das Schicksal der Erde noch etwas länger verfolgen. Sehr wahrscheinlich würden Sie zu Ihrer Verblüffung beobachten können, wie unser Planet in der Zeit »einfriert«. Alles und jeder auf der Erde kommt zum absoluten Stillstand, wie ein Film, der angehalten wird, kurz bevor wir den Eingang des Schwarzen Lochs erreichen.

Aber so wirkt es nur vom Raumschiff aus gesehen. Für die Erdbewohner läuft es ganz anders. Von der Erde aus würden Sie sehen können, wie der Himmel über Ihrem Kopf zerknittert. Die Sterne rücken zusammen, so dass es gerade so aussieht, als würden Sie durch einen Tunnel blicken oder durch ein umgedrehtes Fernglas. Ursache dafür ist, dass das Schwarze Loch mit seiner extremen Schwerkraft das Licht zu einem Wirbel zusammenpresst, was genauso aussieht wie Badewasser, das durch einen kleinen Gully abläuft. Und der Gully – das ist der Ort, an dem Sie sich gerade befinden: Wenn Sie sich umschauen, werden Sie nur einen »Lichtschlauch« sehen. Bis Sie irgendwann gar nichts mehr sehen und es schwarz wird über Ihrem Kopf.

Auch die Dimensionen würden auf Abwege geraten. So unglaublich es klingt, aber von innen ist das Schwarze Loch größer als von außen. Sie werden in einen schwarzen Ball hineingezogen von ein paar Dutzend Kilometern Breite und im folgenden Moment entdecken Sie verdutzt, dass der Innenraum des Balls gar nicht mal so klein ist. Sie schweben durch eine Art Miniweltall, voll gefüllt mit allerlei komischen Dingen, die in der Zeit stehen geblieben sind oder die sich gerade beschleunigt haben.

Was dann geschieht, hängt vom Gewicht des Schwarzen Lochs ab. Die Faustregel lautet: Je größer das Loch, desto länger bleiben Sie am Leben – vielleicht sogar tagelang. Aber sterben werden Sie: Unwiderruflich treibt die Erde auf den Kern des Schwarzen Lochs zu, einen Punkt, den die Wissenschaft als »Singularität« kennt.

Einmal dort angekommen, wird es wieder unangenehm. Sehr unangenehm. Die Schwerkraft nimmt dann Stück um Stück zu, je näher man dem Kern kommt. In der Praxis bedeutet dies, dass eine völlig andere Schwerkraft an Ihrer Nase zieht als am Rest Ihres Körpers, wenn wir mal davon ausgehen, dass Sie mit der Nase voran in die Singularität eintauchen. Ihre Nase wird dann langgezogen, als ob Sie Pinocchio wären. Bevor Sie aber noch »Autsch!« sagen können, sind Sie tot: Ihr Kopf wird in die Singularität gezogen, gefolgt vom Rest Ihres Körpers. Und genau das geschieht selbstverständlich auch mit der Erde. Diese wird langgezogen, bis nur noch Schlieren zu sehen sind, was diesem Prozess in der Wissenschaft den Fachbegriff »Spaghettifizierung« eingetragen hat, und dann in die Singularität eingesaugt.

Vielleicht ist dies aber noch nicht einmal das schlimmste Szenario. Wenn das Schwarze Loch uns in einigem Abstand passiert, ist es durchaus denkbar, dass die Umlaufbahn unseres Planeten ins Schlingern gerät. Wie eine riesige Steinschleuder kann es die Erde in Richtung des interstellaren Raums wegschießen. Die Erde würde dann zu einem verlorenen Landstreicherplaneten, auf immer von Kälte und Düsternis umschlossen.

Ich denke, dass ich Ihnen nicht ausführlich erläutern muss, dass das Überleben auf so einem Planeten unmöglich ist. Wir würden es zwar tatsächlich noch ein bisschen aushalten, indem wir uns an jeden technischen Kniff halten, der uns dann einfällt. Aber wenn die Sonne kleiner und kleiner wird und in der Ferne verschwindet, ist unser Planet so gut wie dahin. Schlüsselprozesse in der Atmosphäre finden nicht mehr statt, die Geologie der Erde kommt ins Wanken, Pflanzen beginnen zu sterben. Keine Sonne bedeutet keine Wärme, vor allem aber auch: keine Pflanzen, kein Plankton, keine Gezeiten, kein Sauerstoff und, nach einem Weilchen, keine Atmosphäre mehr. Wir sterben dann einen abscheulichen, quälend langsamen Weltraumtod, herzlichen Dank für Ihre Begleitung bis hierher.

Nach diesem Prinzip sind noch viele andere widerliche Möglichkeiten vorstellbar. Vielleicht ist das Schwarze Loch so unfreundlich, uns unsere Sonne wegzuziehen. Von der Erde aus sehen Sie dann, wie die Sonne zu Schlieren wird, woraufhin es für alle Zeiten dunkel wird bei uns. Machen wir mal so weiter: Wenn das Schwarze Loch den Mond aufsaugt, wird die Drehung der Erde instabil; wenn das Loch durch die Außenbezirke des Sonnensystems rast, kann es uns von dort aus mit einem Maschinengewehrfeuer aus Riesenmeteoriten beschießen. Eigentlich wäre es für unser Sonnensystem definitiv am besten, wenn überhaupt kein Schwarzes Loch hier auftaucht.

Das Üble ist aber, dass niemand sagen kann, wie groß die Wahrscheinlichkeit ist, dass wir einem Schwarzen Loch begegnen. Wer weiß, vielleicht ist bereits eines unterwegs, während Sie das hier lesen? Fest steht nämlich, dass es wandernde Schwarze Löcher gibt.[30] Schätzungen über die Anzahl von Schwarzen Löchern in der Milchstraße belaufen sich auf einige zehntausend bis hunderte Millionen.

---

30 2005 wurde beispielsweise ein heimatloses Schwarzes Loch entdeckt, das uns wahrscheinlich aus einer anderen Galaxie in den Schoß gefallen ist. – Übrigens gibt es noch immer nur indirekte Beweise für die Existenz von Schwarzen Löchern: Man kann sie allein dadurch sehen, dass man sich Materie anschaut, die in sie hineingezogen wird.

Ein Schwarzes Loch ist, einfach gesagt, das Skelett von dem, was einmal ein schwerer Stern war. Wenn einem Stern, der mindestens das zehnfache Gewicht der Sonne hatte, am Ende seiner Tage der Brennstoff ausgeht, implodiert er. Seine Schwerkraft presst ihn dann zusammen und presst ihn dann noch etwas zusammen und noch ein bisschen mehr, so lange, bis nichts mehr übrig ist. Was dann übrig bleibt, ist ein Knötchen Materie (wobei »Materie« nicht mehr das richtige Wort ist) mit einer unsagbar großen Masse und Schwerkraft. Bei dieser Anziehungskraft ist es daher nur logisch, dass man sich eines Tages etwas näher kommt. Wir haben schon darüber geredet, dass unser Sonnensystem ab und an mal anderen Sternen begegnet. Es ist daher redlich anzunehmen, dass wir auch einmal einen toten Stern auf unserem Weg finden. Einen Stern sieht man wenigstens noch kommen. Ein Schwarzes Loch nicht.

Viel wird davon abhängen, wie das Schwarze Loch genau auf uns zurast. Wenn wir Glück haben – sofern man überhaupt von »Glück« sprechen darf, wenn es um eine Begegnung mit einem Schwarzen Loch geht –, kommt es durch die Ebene an, in der sich die Planeten drehen. Dann können wir womöglich eine merkwürdige Veränderung im Sonnensystem feststellen. Der kosmische Schutt, der die Oortsche Wolke bildet (die äußerste Region des Sonnensystems), wird sich irre aufführen. Die Umlaufbahnen von äußeren Objekten wie Pluto, Sedna und Neptun geraten wahrscheinlich durcheinander. Planeten verändern plötzlich ihren Kurs, einfach so. Astronomen werden Alarm schlagen, falls sie nicht der Meinung sind, dass es besser wäre, wenn niemand etwas davon erführe. Doch nach einer Weile werden es auch Amateurastronomen bemerken. Zum Beispiel könnte ihnen auffallen, dass Planeten wie Saturn und Jupiter auf einmal nicht mehr da sind.

Das würde eine hübsche Panik auf der Erde auslösen. Ein Schwarzes Loch, ein echtes Schwarzes Loch reist durch das Sonnensystem! Im Fernsehen werden Wissenschaftler die schlechte Nachricht verkünden. Ein Jahr noch, vielleicht zwei, dann ist alles vorbei. Vielleicht werden ein paar Politiker den blödsinnigen Versuch unternehmen, das Schwarze Loch mit Atombomben zu bewerfen. Blödsinn natürlich. Man kann nichts in die Luft jagen, was kein echtes Ding ist – sondern ein Loch.

Die Chance ist größer, dass das Schwarze Loch uns nicht durch das Sonnensystem hindurch anfliegt, sondern dass es »von oben« auf die Ebene fällt, in der sich unsere Planeten drehen. Die Überraschung wird dann eine totale sein: Auf einmal wird es unseren Planeten angreifen, aus dem Nichts, völlig unangekündigt. Nur mit extrem viel Glück könnten wir es zuvor bemerken; beispielsweise wenn man auf einmal bestimmte Sterne nicht mehr sehen kann, weil das Schwarze Loch sich davorgeschoben hat.

Wenn Sie ein eingefleischter Science-Fiction-Fan sind, machen Sie sich vielleicht nicht allzu viel Sorgen. Es gibt nämlich mancherlei hübsche Geschichten darüber, was in einem Schwarzen Loch so alles stecken kann. Im Walt-Disney-Film ›The Black Hole‹ (1979) fliegen die Hauptpersonen zum Beispiel einfach in ein anderes Weltall hinein, durch ein Schwarzes Loch. Möglicherweise ist es also gar nicht so furchtbar, in ein Schwarzes Loch zu fallen.

In der Tat schließt die Physik so etwas nicht kategorisch aus. Unter anderen hat der berühmte Kosmologe Stephen Hawking einmal berechnet, dass es durchaus denkbar ist, dass ein Schwarzes Loch eine Art Durchgang zu einem anderen Weltall ist. Es geht noch verrückter: Es ist sogar möglich, dass wir bereits jetzt in einem Schwarzen Loch wohnen! Nach dieser Theorie war der Urknall eigentlich der Ursprung eines Schwarzen Lochs in einem völlig anderen Universum. Raus kommen wir nicht: Wir sind »gefangen« in unserem eigenen Weltall – einem Schwarzen Loch.

Bleibt im Grunde nur noch ein Problem: Ehe Sie sich durch ein Schwarzes Loch winden können, müssen Sie doch erst noch durch die Spaghettifizierungsphase. Ihr Körper wird dabei in Stücke gerissen und jedes Atom, aus dem Sie bestehen, wird zermahlen. Wenn Sie dann im anderen Weltall angekommen sind, ist von Ihnen nur noch ein Bündel Strahlung übrig.[31] Wenn also der Tag kommt, an dem Sie in ein Schwarzes Loch fallen, denken Sie daran: Sie machen sich womöglich auf die spannende Reise in ein anderes Weltall, aber mit dem Eine-Postkarte-nach-Hause-Schicken sieht es nicht so gut aus.

---

31 Es gibt Wissenschaftler, die der Meinung sind, dass ein Mensch, der in ein Schwarzes Loch fällt, doch überleben kann. Es würde jetzt zu weit führen, hier alle Details zu erklären, aber es läuft darauf hinaus, dass man dafür ein schnell rotierendes, extrem schweres schwarzes Loch braucht, in dem mehrere Singularitäten sind.

»Wahrscheinlich geht draußen gerade
die Welt unter, aber ich bin im Augenblick
viel zu beschäftigt damit, etwas darüber
zu lesen.«
Jason Pace, August 2004

»Ich wage es nicht, schlafen zu gehen
oder aus dem Fenster zu schauen, denn
vielleicht ist ja der Mond auf einmal
weg, die Sonne irre groß geworden oder
ich friere mich zu Tode, weil gerade ein
Supervulkan ausgebrochen ist. Sagen
Sie mal, was denken Sie, was ist das
Wahrscheinlichste, das passieren kann?«
Jordan Branscombe, April 2006

❋ BRRRRMM... BADABUMM!
❋ DER COUNTDOWN BIS ZUM MAGMAGEDDON

+++

EFFEKT   KLIMAZERSTÖRUNG, MASSENSTERBEN
ÜBERLEBEN   HÄNGT VOM AUSMASS DER
                    KATASTROPHE AB
WAHRSCHEINLICHKEIT UNUMGÄNGLICH
ZEITPUNKT   UNBEKANNT

+++

Es ist die am meisten unterschätzte apokalyptische Katastrophe von allen. Logisch, denn bei einem Vulkanausbruch denkt man nicht gleich an einen weltweiten Albtraum. Die Fakten sprechen leider eine andere Sprache. In der Urgeschichte wäre der Mensch selbst beinahe einmal durch einen »Supervulkan« ausgerottet worden. Und, oh ja: Die nächste Supereruption ist schon in der Mache.

Als endlich die Sonne wieder ein wenig normal schien, nach der Katastrophe, warf sie Licht auf eine Landschaft, die sich grundlegend verändert hatte. Der Boden war trocken und leblos. Die Luft war sauer und enthielt kaum noch Sauerstoff. Und, das fiel am meisten auf, es war still. Unheimlich still. Kein Blätterrauschen, kein Insektensummen, keine Tierlaute. Wohl alles, das größer war als ein Grashalm, war vom Erdboden verschwunden. Tot, ausgestorben.

Von allen Meerestierarten waren 90 Prozent endgültig hinweggefegt. Die spärlichen Überlebenden waren geschwächt, angeschlagen, dezimiert. An Land sah es nicht viel besser aus. Da erstickten, verbrannten, verhungerten und verdursteten zwei Drittel aller Arten. Selbst die Insekten, das stabile Fundament des Lebens auf der Erde, erlitten schwere Verluste. Und von den Arten, die die Katastrophe überlebt hatten, war jeweils nur eine Handvoll Exemplare übrig geblieben, isolierte Grüppchen von Tieren, die Glück hatten, dass sie in einem abgeschiedenen Tal lebten, als das Unheil über sie hereinbrach. Wir blicken auf die Erde von vor 251 Millionen Jahren, sie hat gerade eben das »Perm-Trias-Massensterben« durchgestanden, die wohl größte und dramatischste Aussterbewelle, die unseren Planeten jemals heimgesucht hat.

Forscher sind sich noch nicht ganz einig darüber, was diese Katastrophe verursacht hat, aber eigentlich sind die meisten der Meinung, dass der Mörder nicht aus dem All kam, sondern aus dem Boden, im heutigen Sibirien. Hier riss die Erde auf und über hunderttausende von Jahren traten die Eingeweide des Planeten aus. Die Millionen Kubikmeter Lava und Gas, die dabei frei wurden, verpesteten das Klima, entzogen den Meeren den Sauerstoff und fegten einen Großteil des Lebens weg.

Nun, es gibt Vulkane und es gibt VULKANE.
1783 brach der Laki-Vulkan auf Island aus, ein Ereignis, bei dem der Vulkan (eigentlich eher ein Riss im Boden) fast fünf Kubikkilometer Lava ausspuckte. 9000 Menschen starben sofort vor Ort, 80 Prozent des Viehs kamen um, ein Viertel der Bevölkerung Islands starb später noch an den Folgen, und auf der Nordhalbkugel wurde es fast neun Grad kühler. Gut, das war etwas, was die Vulkanologen einen kleinen Ausbruch nennen. Nicht mehr als ein kleiner, aufgeplatzter Pickel, eigentlich.

Vor 65 Millionen Jahren war das etwas anders. Damals machte ein Vulkan Dreck in der Größe des heutigen Indien. Der Vulkan pumpte eine komplette Bergkette von ungefähr 400.000 Kubikkilometern geschmolzenem Gestein an die Oberfläche: die Eruption von Island mal hunderttausend. Manche Wissenschaftler sind noch immer davon überzeugt, dass ein Vulkan, und nicht ein Meteorit, die Dinos aus dem Verkehr gezogen hat.

Es ist möglicherweise deutlich geworden, dass »Supervulkane« noch immer, na sagen wir, problematisch sein können. Gewöhnliche Vulkane bohren einen kleinen Tunnel in die Erdrinde und pressen dadurch etwas Lava nach außen, wobei sie höchstens die direkten Anwohner vergasen oder verbrennen. Doch ein Supervulkan ist ein Monster ganz anderen Ausmaßes. Ein Supervulkan ist das, was entsteht, wenn sich in einem unterirdischen Lavameer Druck aufbaut. Es ist so etwas wie ein riesiger Ballon voller Lava, der explodiert. Wenn es zu einem Ausbruch kommt, kommt es wirklich zu einem AUSBRUCH.[32]

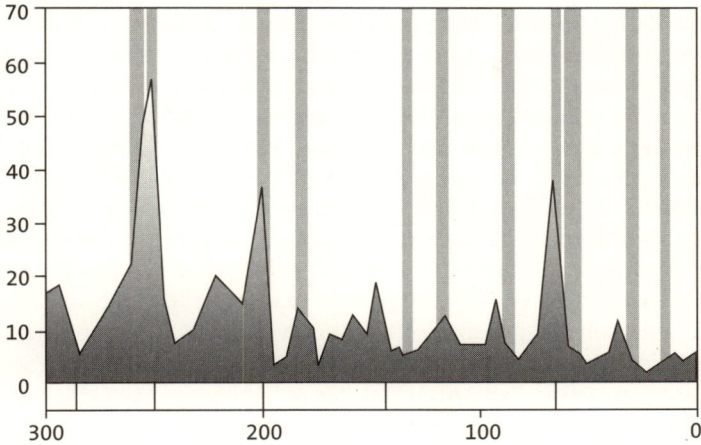

Tödliche Logik – *Ziemlich genau alle 50 Millionen Jahre fallen Aussterbe-wellen (die Spitzen) unheimlich passend mit Perioden des Supervulkan-ismus (die vertikalen Streifen) zusammen. Beachten Sie die Supervulkan-ausbrüche von vor 65 Millionen Jahren (Exit der Dinosaurier) und von vor 251 Millionen Jahren (das FURCHTBARE Perm-Trias-Massensterben).*

Supervulkane selbst gibt es in allen Formen und Arten. Es gibt die, die einen kompletten Kontinent in ein paar Wochen umwühlen. Aber es gibt auch Supervulkane, die die Erdkruste aufkratzen und über tausende oder sogar Millionen Jahre hinweg ein Land in ein blubberndes, stinkendes Lavameer verwandeln. Experten hantieren in diesem Zusammenhang mit sinistren Fachausdrücken wie Mantelplumen, große Feuerlandschaften und Flutbasalten.

Na und, sagen Sie, Sie rennen dann eben einfach weg, wenn es soweit ist! Hmmm. Wäre es nur so leicht. Ein viel größeres Problem als die Lava ist die Asche. Vor 640.000 Jahren machte ein

---

32 Der Ausdruck »Supervulkan« stammt übrigens nicht aus der Wissenschaft, sondern aus der BBC-Serie ›Horizon‹.

Supervulkan einen Trümmerhaufen aus dem, was heute Nordamerika ist. Von den heutigen 50 Staaten wurden 21 unter einer Ascheschicht begraben, die an einigen Stellen mehr als 20 Meter dick ist. 20 Meter!

Na gut, sagen Sie, dann schnappen wir uns eben den Besen. Aber auch das ist leichter gesagt denn getan. Vulkanasche ist etwas völlig anderes als die im Grill oder Kamin. Sie besteht aus mikroskopisch kleinen Teilchen. Sie ähnelt am meisten noch einer Zementmischung. Wenn die Asche auf Ihr Dach niederregnet, kann durch das Gewicht Ihr Haus einstürzen, ein Problem, das auch schon bei kleineren Vulkanausbrüchen Tod und Verderben mit sich bringt. Wenn die Asche mit Autos oder Flugzeugen in Berührung kommt, kommen die stotternd zum Stillstand oder stürzen ab. Wenn Sie gerade draußen sind, werden Ihnen Ihre Kontaktlinsen Schwierigkeiten machen, aber das wäre natürlich noch das geringste Übel. Wenn Sie die Asche einatmen, vermischt sie sich mit Ihren Lungenflüssigkeiten, und es entsteht ein dicker Zementmörtel. Sie ertrinken wortwörtlich in Beton. Ziemlich unangenehm, würde ich sagen.

Okay, okay. Sie packen einfach Ihren Kram und verreisen auf einen anderen Kontinent, vorsichtshalber lieber per Boot als per Flugzeug. Aber auch da sind Sie nicht sicher. Abgesehen von Lava stoßen Vulkane nämlich auch allerlei giftige Gase aus. Kohlendioxid zum Beispiel, das Treibhausgas, das die Erde erwärmt und die Ozonschicht beschädigt. Chlorhaltige Verbindungen, die ebenfalls die Ozonschicht durchlöchern und tödlich sein können, wenn man zuviel davon einatmet. Doch das schlimmste Vulkangas ist Schwefeldioxid, der alles erstickende, braune Rauch, dem wir vorhin begegnet sind, als er die Welt der Dinosaurier nach dem Meteoriteneinschlag benebelte. Auch jetzt erledigt das Schwefeldioxid sein widerliches Werk. Es verwandelt Regen in Schwefelsäure, hält das Sonnenlicht zurück und reagiert auf große Hitze mit Wasserdampf und Schwefelsäurekristallen, die das Sonnenlicht extra stark zurückstrahlen. Addieren Sie dazu noch den Ruß und die Asche, die hoch in die Atmosphäre geblasen wurden, und Sie erhalten das, was die Experten einen »vulkanischen Winter« nennen. Jahre-, vielleicht sogar jahrhundertelang würden wir dann tastend durch eine kalte, vergiftete Schattenwelt vor uns hinstolpern, während unsere Gewässer verdorren, die Flüsse austrocknen und das Vieh auf der Weide verendet. Die Menschheit dürfte den Ausbruch wohl zunächst überleben, dank der Technik. Aber wir würden in einer

Tod durch Asche – *Durch vulkanische Asche zusammengestürzte Schuppen eines US-amerikanischen Militärlagers auf den Philippinen, kurz nach dem Ausbruch des Pinatubo-Vulkans 1991.*

immer leerer werdenden Welt leben, da eine Tierart nach der anderen ausstirbt. Und zuletzt würde dann auch der sturste Outdoor-Fan seine Zelte abbrechen müssen.

Dass dies keine Übertreibung ist, wissen wir aus der Urgeschichte. Untersuchungen haben ergeben, dass Ausbrüche von Supervulkanen sicher schon 300 Millionen Jahre lang mehr oder minder genau zusammenfallen mit den großen Aussterbewellen unter den Lebewesen dieser Erde. Kein Wunder, dass viele Geologen Supervulkanismus als Todesursache Nummer eins auf unserem Planeten ansehen.

Es scheint, als hätten auch uns die Supervulkane einmal ein blaues Auge verpasst. Vor mehr als 70.000 Jahren war der moderne Mensch *Homo sapiens* gerade dabei, sich aus Afrika aufzumachen, um die Welt kennenzulernen, als etwas Schreckliches geschah. Wir mussten das erste Attentat auf unsere Art in der Geschichte hinnehmen. Um ein Haar hätten Sie nie die Chance bekommen, dieses Buch zu lesen. Die Anzahl von Menschen wurde plötzlich erheblich

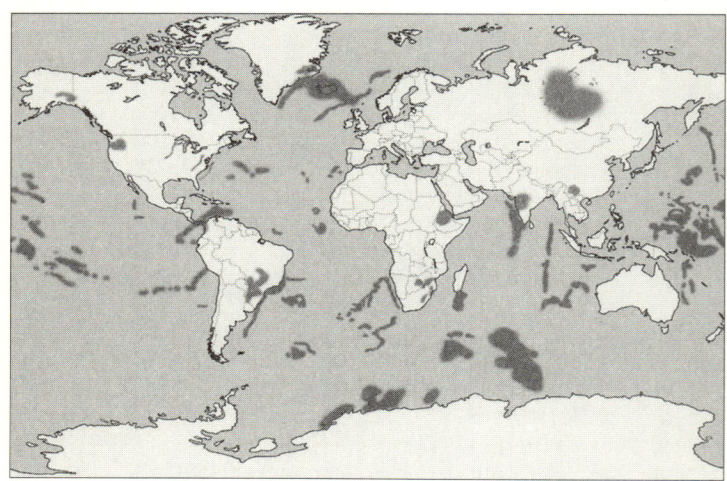

Erkenne deinen Lavafleck – *Die Erde ist bedeckt mit Bergketten ausgestoßener Lava, Nachwirkungen des Supervulkanismus. Der allergrößte Lavafleck liegt oberhalb Australiens im Pazifik: Das Ontong Java Plateau ist so groß wie Westeuropa und an manchen Stellen 30 Kilometer dick – mehr als drei Mal der Mount Everest übereinander!* (Angaben: International Association of Vulcanology)

gestutzt, so dass nur noch etwa 10.000 übrig blieben.[33] Stellen Sie sich das vor! Auf der ganzen Welt lebten damals nicht mehr Menschen als heute im Städtchen Aichtal. Wahrscheinlichster Grund dafür: ein Supervulkanausbruch auf der anderen Seite der Welt, in Sumatra.[34]

---

33 Forscher haben dies aus DNA-Untersuchungen geschlossen. Unser genetisches Material ähnelt sich dermaßen, dass wir durch einen evolutionären »Flaschenhals« gegangen sein müssen. Es ist vergleichbar mit einem Dorf, in dem nur Menschen mit dem gleichen Nachnamen wohnen: Sie können sich dann leicht ausmalen, dass das Dorf von einer einzigen Familie abstammt.

34 Eine andere Erklärung wäre eine Periode extremer Dürre in Afrika. Der Mensch wäre dann schon etwas früher beinahe völlig ausgestorben: vor 190.000 bis 130.000 Jahren.

Gut, aber das ist ja glücklicherweise lange vorbei, werden Sie jetzt sagen.

Doch im frühen Mittelalter passierte es dann wieder. Die Menschheit ist töricht genug, so etwas wieder zu vergessen, aber im Jahr 536 fand eine der schlimmsten Katastrophen statt, über die wir schriftliche Quellen haben. Plötzlich zog ein mysteriöser, trockener Nebel vor die Sonne. »In diesem Jahr geschah es, dass sich ein erschreckliches Vorzeichen vollzog«, schrieb der byzantinische Historiker Prokopius von Caesarea. »Denn die Sonne gab Licht ohne Helligkeit, genau wie der Mond, das ganze Jahr hindurch, und er glich der Sonne in der Verfinsterung.« Tausende Kilometer entfernt schrieb ein anderer Geschichtsschreiber, Johannes von Ephesos, wie die Sonne nur noch vier Stunden am Tag schien: »Die Düsternis hielt achtzehn Monate an und dann noch war das Sonnenlicht allein ein kraftloser Schatten.«

Die Nachwirkungen waren grauenhaft. Von China bis Amerika, von Europa bis tief nach Afrika waren die Folgen spürbar. Ernten missglückten, Hungersnöte brachen aus und Flüsse vertrockneten. Ganze Landstriche wurden entvölkert, es brachen Krankheiten und Kriege aus. In China, England, Mittelamerika und Afrika kam es zu politischen Umwälzungen, in Asien und Europa gerieten Völker in Zorn. Auch das geschah aller Wahrscheinlichkeit nach durch einen Vulkanausbruch, auch wenn niemand weiß, was genau passierte.[35]

Ohne diesen Ausbruch würde unsere Welt heute wahrscheinlich völlig anders aussehen: Wissenschaftler haben die Katastrophe mit so unterschiedlichen Dingen wie dem endgültigen Untergang des Weströmischen Reichs, der Entstehung des Islams und dem Anmarsch der Beulenpest in Verbindung gebracht.

Und da ist noch etwas Unangenehmes. Früher oder später wird auf jeden Fall der nächste Supervulkan ausbrechen, darüber sind sich die Geologen einig. Es ist nur ein bisschen unpraktisch, dass niemand weiß, wo oder wann das geschehen wird.

---

[35] Wasserdicht ist diese Erklärung übrigens nicht. Noch immer halten manche Forscher ihre These aufrecht, dass ein Meteoriteneinschlag der Übeltäter gewesen sein könnte. Aber die Belege sprechen überwiegend für einen Vulkanausbruch.

Jedenfalls ... Wenn Sie heute Nacht ganz sorglos schlafen wollen, wäre es vielleicht besser, jetzt nicht weiterzulesen. Denn es gibt starke Anzeichen dafür, dass sich das nächste Magmageddon jeden Tag melden kann.

Asche, Asche, Asche – *Verschüttete Autos nach dem Ausbruch des Pinatubo-Vulkans 1991.*

In diesem Moment brütet ein bekannter Supervulkan unter dem wunderschönen US-amerikanischen Nationalpark Yellowstone Park. Der Vulkan bricht durchschnittlich alle 600.000 Jahre aus, und das letzte Mal war vor 640.000 Jahren. – Ach, übrigens: In manchen Gebieten des Parks hat sich der Boden im vergangenen Jahrhundert um 70 Zentimeter angehoben. Ein kleiner See lief über, nachdem er durch den aufgestiegenen Boden in Schieflage geraten war, eine Herde grasender Tiere fiel tot um, als ein Schuss Vulkangas entwich, und rund um den Park registrieren Seismologen in den letzten Jahren zunehmend mehr Mini-Erdstöße. Noch beunruhigender: 2004 begann der Vulkan unvermittelt sich noch schneller aufzublasen mit inzwischen sieben Zentimetern pro Jahr, einer Wachstumsgeschwindigkeit, die Seismologen niemals zuvor gesehen haben.

Einfach nur ein unschuldiges Gegrummel in der Erde? Niemand weiß es genau. Es scheint jedoch so, als würde der Planet eine unangenehme Überraschung für uns vorbereiten.

Gerade noch saßen Sie völlig entspannt und nackt an einem tropischen Strand unter einer Palme, jetzt sitzen Sie bibbernd auf dem Nordpol. Was hat es noch mal mit der Umpolung der Erde auf sich, von der man immer mal wieder hört? Kann die Erde wirklich umfallen?

Bei Unheilspropheten, die brüllende Bücher schreiben, in denen sie das Ende der Welt voraussagen, ist dies eines der beliebtesten Szenarien. Die Erde kippt um! Schauen Sie doch mal in die Vergangenheit. Im sibirischen Permafrost wurden tiefgefrorene Mammuts gefunden, die noch Reste von Gras in ihrem Maul hatten. Und in der Antarktis ist man auf Fossilien von tropischen Pflanzen, Blumen und Tieren wie Krokodile gestoßen. Offensichtlich wurden sie von einer plötzlichen Verschiebung der Pole zum Äquator, und umgekehrt, überrascht.

Ich werde es gleich am Anfang verraten: Das ist Unsinn. Schlechte Wissenschaft. Die Drehung der Erde wird durch den Mond ordentlich stabil gehalten. Die Mammuts sind auf gewöhnlichem Wege gestorben, während sie gerade auf einer Portion Tundragras kauten, erst nach ihrem Tod froren sie. Und die Fossilien vom Südpol, die stammen aus einem Zeitalter, in dem es extrem heiß war auf der Erde und an den Polen kein Eis lag.

Dennoch: Sie würden dies hier in einem Buch über den Weltuntergang nicht lesen, wenn nicht ein Körnchen Wahrheit darin läge. Auch wenn darin die Erde nicht umkippt, so ist doch dauerhaft etwas mit den Polen im Gange.

Zunächst müssen Sie wissen, dass die Erde tatsächlich ein riesiger Magnet ist. Sie können es nicht sehen, aber die Erde ist in ein enormes Magnetfeld gehüllt, die Magnetosphäre. Dieses Feld ist, um es science-fiction-mäßig zu sagen, ein Kraftschild. Es schirmt uns ab gegen elektrisch geladene Teilchen, die von der Sonne und aus dem interstellaren Raum kommen. Wenn Sie ein heranstürmendes Weltraumteilchen auf dem Weg zur Erde sind, wird Sie das Magnetfeld ablenken und Sie irgendwo auf einem der Pole niedergehen lassen. Das kann man auch sehen: Im hohen Norden ist dieser Teilchenregen wahrnehmbar als ein farbiger Vorhang, dem Polarlicht.

Aber dann und wann fällt das Magnetfeld der Erde weg und dreht sich um. Der Norden wird dann zum Süden und der Süden wird zum Norden. Solche Umpolungen sind vermutlich genauso normal wie Eiszeiten und treten durchschnittlich alle 250.000 Jahre auf. Doch die letzte Umpolung liegt schon 780.000 Jahre zurück – Sie können sich also denken, dass es langsam wieder Zeit für eine solche Umkehrung wird. Dies ist eines der Naturereignisse, die der moderne Mensch noch nie miterlebt hat.

Interessant ist, dass unser Planet mit seiner Umpolung schon begonnen zu haben scheint. In diesem Moment ist das Magnetfeld etwa zehn Prozent schwächer als noch 1845, als Wissenschaftler es zum ersten Mal maßen. Und dann ist da noch ein Phänomen, das die Gelehrten poetisch als die »Südatlantische Anomalie« bezeichnen. Damit beziehen sie sich auf ein Stück Erde, tief unter dem Seeboden, bei dem die Umkehrung bereits angefangen zu haben scheint.

Glücklicherweise bedeutet solch eine Umkehrung nicht, dass die Erde umkippt oder so; das ist ein weit verbreitetes Missverständnis. Bei einer Umpolung verändern nur die magnetischen Pole ihren Ort, während die Erde selbst sich munter weiterdreht.

Sie müssen dann nur den Namen »Nordpol« durch »Südpol« ersetzen und umgekehrt und daran denken, dass ab jetzt die Kompassnadel in eine andere Richtung zeigt. Aber das ist eigentlich auch schon alles.

Oder vielleicht doch nicht ganz? Denn wenn Norden und Süden ihre Plätze tauschen, würde in der Zwischenzeit etwas Schlimmes passieren. Eine Zeitlang ist dann nämlich unser magnetischer Weltraumschild außer Betrieb. Computersimulationen, die die Umpolung einmal durchgespielt haben, zeigten einen merkwürdigen Verlauf der Dinge. Jahrhundertelang oder länger würden wir es mit mehreren Magnetpolen zu tun haben, die scheinbar ziellos über den Planeten wandern. Da streunen ein paar Nordpole durch den Garten hinter Ihrem Haus, während ein anderer Magnetpol – sagen wir mal, ein Südpol – bei Ihnen auf der Türschwelle steht.

Das dürfte allerlei merkwürdige Folgen mit sich bringen. Vögel und andere wandernde Tiere werden sich verirren. Schiffe, Flugzeuge und Reisende, die sich auf einen Kompass verlassen, geraten in Schwierigkeiten. Währenddessen ist der nächtliche Himmel mit prächtigen Polarlichtern erhellt. Nur müssen Sie dazu dieses Mal nicht an den Nordpol reisen: Sie können sie auch bei sich im Vorgarten bewundern.

Weniger hübsch ist allerdings, dass wir dann Probleme mit der Elektrizität kriegen werden. Einen Vorgeschmack davon bekam die Welt 1859, in einer Zeit, als es notabene noch kaum Strom gab. In diesem Jahr wurde die Erde durch einen extrem starken Sonnensturm getroffen, dem es gelang, unser Magnetfeld an einigen Stellen zu durchbrechen. Telegrafenleitungen fielen aus, es entstanden sogar Brände dabei. Stellen Sie sich das einmal vor: Dabei war damals unser Magnetschild noch tipptopp in Ordnung. Kein Magnetfeld mehr – und der Sonnenwind hat freies Spiel. Geladene Sonnenteilchen können dann ungehindert unsere Maschinen durcheinanderbringen. Stromstörungen und Kurzschlüsse sind an der Tagesordnung, Fernsehgucken, Radiohören, Telefonieren, Internetsurfen oder E-Mailen werden mühsam. Mobilfunknetze und Fernsehsender fallen aus, Bilder von Satelliten werden undeutlich, wenn diese mit Strahlung beschossen werden.

Währenddessen wird auch Ihr Körper getroffen. Unsichtbar kleine Weltraumteilchen schießen durch Sie hindurch und setzen Ihrer DNA zu. Theoretisch könnten Sie davon Krebs kriegen oder auch missgebildete Kinder. Menschen, die sich immer wieder mit dieser Umpolung beschäftigen, sprechen manchmal von einer »Krebsepidemie« und von der Degeneration unserer Art, wenn wir uns in tumoröse, monsterähnliche Mutantenmischlinge verwandeln.

Aber auch das ist wieder nur eine Geschichte. Wir können nämlich durchaus auch ganz ohne unser beschützendes Magnetfeld. Der beste Beweis dafür sind die Erdlinge, die das Pech haben, ohne eine Magnetdecke auskommen zu müssen: Polreisende und Eskimos. Die haben das Nordlicht im Vorgarten und kriegen die Strahlung voll ab, aber es geht ihnen den Umständen entsprechend gut. Sie haben sogar Elektrizität. Studien zur »Krebsepidemie« weisen nach, dass wir erwarten können, ohne Magnetfeld etwa fünfzehn zusätzliche Krebserkrankungen pro Million Menschen im Jahr zu haben. Das ist natürlich schrecklich, wenn ausgerechnet Sie einer dieser fünfzehn Menschen sind, aber unsere Art wird deshalb nicht aussterben.

Der Grund dafür ist, dass die Erde auch ohne Magnetfeld noch immer von einer dicken Schicht beschützt wird, der Atmosphäre. Wenn Sie ein bösartiges Teilchen aus dem All wären, müssten Sie sich Ihren Weg erst durch eine dicke Schicht Sauerstoff, Stickstoff und andere Gase bahnen, bevor Sie sich dann endlich in den schwachen Leib eines Erdbewohners bohren könnten. Die Chancen stehen gut, dass Sie, bevor es so weit ist, schon lange gegen ein Luftmolekül gestoßen sind oder von einem anderen Teilchen aus dem Weg geräumt wurden.

Und falls Sie auch das noch nicht beruhigt hat, gibt es immer noch diese Feststellung: Wir werden diese Umpolung wahrscheinlich gar nicht erleben. Geophysiker, die die Umpolung erforscht haben, legen Wert auf die Feststellung, dass es noch eine ganze Weile dauert, bevor sich das Magnetfeld verabschiedet. Das dauert wohl sogar noch Jahrhunderte.

❄ BRRRR!
DIE GLETSCHER GREIFEN AN

+++

EFFEKT   DIE ERDE WIRD ZUR SCHNEEKUGEL

ÜBERLEBEN   JA, ABER NUR DICK ANGEZOGEN

WAHRSCHEINLICHKEIT   ZIEMLICH SICHER

ZEITPUNKT   VIELLEICHT SCHON MORGEN?

                          ODER NACH DEM NÄCHSTEN

                          KALTEN WINTER?

+++

> Überlegen Sie sich mal: Die Welt, bedeckt mit Eis. Gletscher, Schneeflächen und darunter ein lebloser, harter Dauerfrostboden. Wenn Sie kein großer Freund winterlicher Landschaften sind, erschrecken Sie sich jetzt nicht. Schon in zehn Jahren könnten wir mittendrin stecken.

Ach, die gute, alte Eiszeit. War das nicht was aus der Urgeschichte? Ein Unglücksfall der Natur, weggepackt irgendwo tief in der Vergangenheit?

Falsch. Sie finden es vielleicht nicht nett, aber wir leben noch immer in einer Eiszeit. Die Eiskappen auf den Polen und auf unseren Bergspitzen sind dafür der beste Beweis. Unsere Eiszeit, das Pleistozän, begann vor 1,8 Millionen Jahren. Und sie ist noch immer im Gange. Dass wir momentan nicht so sehr viel davon merken, kommt nur daher, dass wir im Moment in einer Phase leben, die Experten ein »Interglazial« nennen, eine Periode mit milderen Temperaturen inmitten der eiskalten Kaltzeiten. In einem Interglazial zieht sich das Eis auf die Pole und die Bergesspitzen zurück. Dort sitzt es und wartet geduldig auf den Moment, in dem die nächste »glaziale« Periode anbricht. Wir erleben also nur eine einfache Pause.

Aber vergessen Sie nicht, dass die Drohung eine dauerhafte ist. In Eiszeiten, wie zum Beispiel auch in der Eiszeit, in der wir gerade leben, sind glaziale Perioden die Regel; »kein Glazial« ist die Ausnahme. Frost und raue Kälte sind durch die Bank weg der

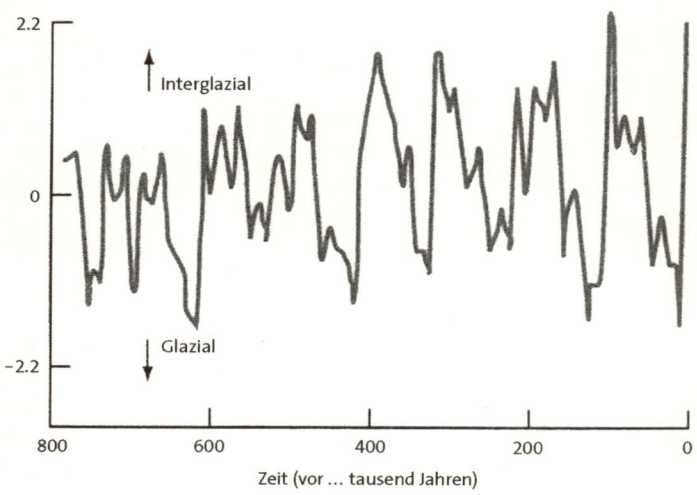

Auf und nieder – *Die »Eiszeit« der vergangenen 800.000 Jahre: Dann und wann ein Glazial, dann wieder ein Interglazial.* (Angaben: Kroonenberg ›Der lange Zyklus‹)

momentan normale, übliche Klimatyp für die Nordhalbkugel. Und die Pause ist schon fast vorbei. Während eine durchschnittliche glaziale Periode schon mal 100.000 Jahre dauert, dauern die Unterbrechungen, die Interglaziale, normalerweise nicht länger als 10.000 bis 15.000 Jahre. Das Interglazial, in dem wir leben, begann vor etwa 12.000 Jahren. Also: Die nächste Permafrostperiode kann augenblicklich beginnen.

Bei all dem Wirbel in der letzten Zeit um die Erwärmung der Erde kann man es leicht vergessen, aber in den Sechziger- und Siebzigerjahren des vorigen Jahrhunderts machten sich die Klimaforscher große Sorgen um das Ausbrechen eines neuen Glazials. Es kam damals in der Tat der Verdacht auf, dass wir gerade dabei waren, in eine neue Eisperiode abzugleiten. Seit den Vierzigerjahren war die Erdtemperatur um ein halbes Grad gesunken. In Europa und Amerika verschwanden wärmeliebende Tiere, Bauern in Brasilien hatten Probleme mit Nachtfrost und die Elfstedentocht, eine Schlittschuhtour durch elf Städte in den Niederlanden, fand 1963 in Rekordkälte statt: minus 21 Grad, die größte gemessene Kälte in den Niederlanden seit 1830. Diese Art eisige Schauergeschichten kamen aus der ganzen Welt: Gletscher begannen zu wachsen, Schiffe froren fest, Schiffsrouten im Norden wurden unpassierbar. Es gab zu dieser Zeit sogar einen eigenen Al Gore, in der Person des US-amerikanischen Journalisten Lowell Ponte. 1976 schrieb er eine Art Permafrostversion von ›An Inconvenient Truth‹, sie trug den aufsehenerregenden Titel ›The Cooling: Has The Next Ice Age Begun‹? Schaudererregende Kost, im wörtlichen wie übertragenen Sinne. Die Vereinten Nationen richteten eine Kommission von Klimawissenschaftlern ein, vergleichbar mit dem heutigen IPCC, dem »Intergovernmental Panel on Climate Change«. Die Gelehrten kamen zu dem Schluss, dass wir womöglich binnen eines Jahrhunderts mitten in einer Eiszeit landen könnten. »Dreißig Jahre später haben wir wieder die gleiche Angst und wir gebrauchen genau die selben Worte dafür. Nur geht es jetzt um Erwärmung«, bemerkte der Delfter Geologe Salomon Kroonenberg dazu in seinem hervorragenden Buch ›Der lange Zyklus‹.

Noch immer sind einige Klimawissenschaftler der Überzeugung, dass die Menschheit eine Eiszeit aufgehalten hat. Wir haben die Erwärmung der Erde mit Treibhausgasen angeheizt. Aber wir haben nur noch einmal Aufschub bekommen, so wie man bei einer Überschwemmung Sandsäcke vor die Tür legt. Früher oder später werden unsere Sandsäcke nicht mehr ausreichen, und das Glazial wird sich mit aller Heftigkeit ausbreiten. Das passiert auf alle Fälle in rund 10.000 Jahren, wenn unsere interglaziale Pause zu Ende geht. Aber es kann theoretisch natürlich auch früher passieren.

Denn das Üble an den Eiszeiten ist, dass sie ziemlich plötzlich beginnen können. Das wissen wir durch Untersuchungen von alten Eisschichten der Pole und an manchen Orten Grönlands: Hier liegen alte, festgepresste Eislagen begraben, die den Übergang zwischen prähistorischen Eiszeiten markieren. Aus ihnen ist mittlerweile klar geworden, dass der Umschlag zu einem Glazial rasend schnell vonstatten gehen kann. Morgen schon kann es losgehen; in 10.000 Jahren sind wir dann mitten drin.

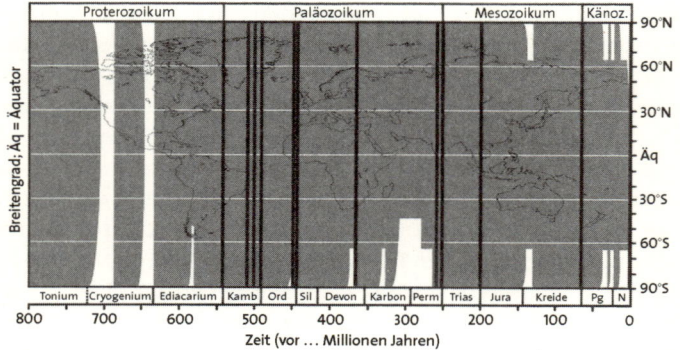

Eisige Erde – *Vormarsch der Polkappen (weiß) durch die Zeit, projiziert auf die Welt, wie sie heute aussieht. Die schwarzen, vertikalen Linien markieren die größten Aussterbewellen. Beachten Sie, dass die Erde ein paar Mal langanhaltend gänzlich mit Eis bedeckt war und dass der Planet viel öfter keine Polkappen hat, als dass er welche hat. Kurze Eiszeiten (von wenigen zehntausend Jahren) sind auf der Karte nicht eingezeichnet. (Angaben: Joe Kirschvink und Paul Hoffman, www.snowballearth.org)*

Zum Beispiel kann ein ungewöhnlich strenger Winter den Anstoß geben. Abends hören Sie den Wettermann im Fernsehen sagen, dass etwas Ungewöhnliches passiert sei: Es ist eine dicke Ladung Schnee im Nahen Osten gefallen oder Europa ist im Griff einer eisigen Kaltfront. Einfach so, durch eine zufällige Laune der Natur. Der Winter hält an. Sehr lang sogar. Es wird März und April und Mai. Und noch immer ist es kalt und es liegt Schnee.

Langsam wird der Öffentlichkeit klar, dass das nicht normal ist. Die Temperaturen sacken unter den üblichen Durchschnittswert. Fünf Grad kälter, zehn Grad kälter, 15 Grad kälter. Experten werden unruhig. Der Sommer bricht an, doch noch immer sind Teile Europas unter einer dicken Lage Schnee versunken. Die Niederlande werden dabei heimgesucht von heftigen Schneestürmen und schwerem Niederschlag. Das kommt daher, dass

das Land eingeklemmt ist zwischen dem kalten Binnenland und dem Meer, das nicht ganz so kalt ist.

Das Wetter bestimmt die Nachrichtenlage. Denn auch andere Küstenregionen leiden unter den Stürmen; schwerer Regenfall, Schneestürme, Nachtfrost im Juli. Die westliche Welt gerät durcheinander. Menschen, die in den Urlaub wollen, nehmen massenweise das Flugzeug, um in die warmen Länder zu kommen, die diesen Sommer wesentlich weiter weg liegen als sonst. Der Wasserpegel vieler Flüsse sinkt, da es ihnen an Schmelzwasser fehlt. Manche kleineren Flüsse trocknen sogar komplett aus. Die Landwirtschaft und die Naturschutzgebiete der Niederlande kommen in Schwierigkeiten: Wenn das Schmelzwasser fehlt, kann das salzige Meerwasser unterirdisch Richtung Binnenland vorrücken.

Und dann ist da der Schnee. In den höher gelegenen Regionen Europas und der Vereinigten Staaten häuft er sich mittlerweile richtig an. Der Schnee wird zusammengepresst zu dicken, massiven Schichten Eis: zu Gletschern. Quälend langsam kriechen sie ihre Berghänge hinab, alles auf ihrem Weg verwüstend. Ein immer größer werdender Teil der Landschaften liegt unter einer dicken, leblosen Lage Kälte begraben. Die eisigen Zungen der Gletscher erreichen die ersten Städte und überrollen die Dörfer. Was da passiert, ist, dass das Klima eine kritische Grenze überschritten hat. Die Schnee- und Eismassen reflektieren das Sonnenlicht. Dadurch wärmt sich die Nordhalbkugel nicht mehr richtig auf. Und dann ist es so weit: Weil es so kalt ist, gibt es mehr Schnee und Eis, und weil es mehr Schnee und Eis gibt, wird es noch kälter.

Allmählich verändert sich die Welt. Der Meeresspiegel fällt, da immer mehr Seewasser in Form von Schnee oben auf den Gletschern landet. Der niederländische Strand wird dabei immer breiter. Vielleicht können Sie dann vom Festland aus sogar zu Fuß nach England gelangen: Bei den zwei vorigen Glazialen lag die Nordsee trocken da.

In der Zwischenzeit wollen Sie vielleicht Ihre Siebensachen packen und in wärmere Regionen verreisen. Denn inzwischen ist ziemlich klar geworden, was hier los ist. Die nächsten 100.000 Jahre werden Sie zitternd zwischen Gletschern und Schneeflocken sitzen. Und jedes Jahr ein Elfstedentocht, das wird dann auch irgendwann langweilig. Vor allem, wenn die elf Städte irgendwann alle unter einem Gletscher versteckt sind. Nur auf der Südhalbkugel ist es noch auszuhalten, hier erwartet man, dass die Eiszeit gemäßigter auftritt oder sogar ganz ausbleibt.

Zumindest sollten wir uns das wünschen. Denn es gibt eine kleine, aber doch beängstigende Möglichkeit, dass die Kälte den ganzen Planeten in den Würgegriff nimmt. Das ist in der Urgeschichte schon mindestens drei Mal geschehen[36]: vor 2300, 700 und 600 Millionen Jahren. Zu dieser Zeit gab es auf der Erde nur noch im Meer Leben. Und das ist auch gut so: Drei Mal fror der Planet vom Pol bis zum Äquator vollständig ein, so dass er vom Weltraum aus wie ein lächerlich großer Schneeball aussah, der »Schneeball Erde«. Der Thermostat der Erde war völlig hinüber; die Supereiszeiten hielten Millionen von Jahren an. Wir hatten Glück, dass hier und da noch eine Vulkanspitze aus dem Eis herausragte. Denn die sorgten für den Ausstoß von genug Treibhausgasen, die unseren Planeten dann aufwärmten. Manche Experten halten es für möglich, dass unsere Erde anders niemals wieder aufgetaut wäre.

Ach, was ist das jetzt wieder für ein Unsinn, denken Sie nun vielleicht. Im Moment klettert die Temperatur der Erde doch in die Höhe! Und ich muss zugeben, dass ich dieses Kapitel im Garten sitzend schreibe, an einem weiteren rekordverdächtig warmen Tag: 25 Grad, und das im April. Die Erde erwärmt sich, das hören wir doch beinahe täglich in den Nachrichten. Die Gletscher und die Polkappen schmelzen. Dann ist eine Eiszeit doch wohl das Allerletzte, wovor man im Moment Angst haben muss?

Na, damit könnten Sie sich schwer täuschen. Die Klimainstabilität, die wir verursacht haben, ist möglicherweise genau das, was die Natur braucht, um das nächste Glazial beginnen zu lassen. Das hat mit dem Golfstrom zu tun, der Meeresströmung, die Wärme aus den Tropen nach Europa und Amerika bringt. Es gibt Hinweise darauf, dass die Meeresströmung nachlässt. Und Experten vermuten, dass ein flinker Schwall Schmelzwasser, zum Beispiel aus Grönland oder vom Südpol, die Strömung endgültig

---

36 Übrigens steht das irgendwie noch zur Diskussion: Es gibt einige Forscher, die der Meinung sind, dass die Erde bei diesen drei »Supereiszeiten« nicht vollständig einfror.

stilllegen könnte. Es würde dann plötzlich weniger Wärme nach Europa kommen. Und dann würde es hier genauso rau werden wie in Kanada, einem Land, das etwa ebenso nördlich wie Deutschland liegt.

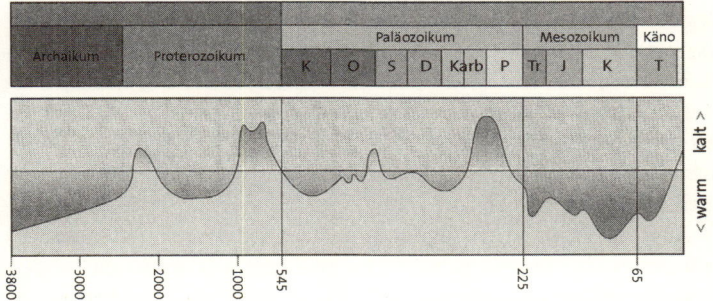

Warm, kalt – Übersicht über kalte und warme Perioden der vergangenen 800 Millionen Jahre. Es fällt auf, dass wir deutlich in einer kalten Periode leben. (Angaben: Kirschvink und Hoffman)

Auch dieses Klimaunglück hat vielleicht schon früher begonnen, am Ende des vorigen Glazials. Vor etwa 13.000 Jahren schmolzen die Gletscher vor Amerika, ein Ereignis, das einen riesigen Binnensee aus Schmelzwasser in der Hudson Bay zurückließ. Daraufhin zog die Eiszeit plötzlich wieder an, in einem heftigen Zucken, das Glaziologen als die »Jüngere Dryas« kennen. Tausend Jahre lang schlotterte man wieder im kalten Wind in Europa und Nordamerika. Vielleicht war das auch deshalb so, weil die Meeresströmung aussetzte, vermuten Experten.[37]

Zwischen ungefähr 1350 und 1800 geschah wieder etwas Merkwürdiges. Die Nordhalbkugel erlebte eine »Mini-Eiszeit« mit langen Wintern, kühlen Sommern und sehr viel Eis. Daher hängen die niederländischen Museen auch voll mit Anton-Pieck-artigen Winterbildern. Das Wintervergnügen, mit dem viele holländische Meister berühmt wurden, hat sich während

---

37 Eine weitere Erklärung dafür, die zunehmend an Popularität gewinnt, wäre, dass man von einem Meteoriteneinschlag spricht, der als Folge einen vulkanischen Winter verursacht haben könnte.

dieser Mini-Eiszeit herausgebildet. Aber noch immer streiten sich die Gelehrten darüber, wie es dazu kommen konnte: Vielleicht versiegte der warme Golfstrom, vielleicht war die Sonne eine Zeitlang ein bisschen weniger aktiv.

Und wir haben noch eine Eisbombe unter unser Klima gelegt. Durch die Zunahme der Menge an CO_2 in der Atmosphäre ist die Welt viel grüner geworden, da Pflanzen in einer CO_2-reichen Treibhauswelt gut gedeihen. Von 1982 bis 1997 bekam die Welt mindestens sechs Prozent Grünblättriges dazu, eine Fläche so groß wie Frankreich. Und wir meckern über den verschwindenden Regenwald. Das Stück, das übrig bleibt, wird auf jeden Fall viel dichter.

Aber es kann auch urplötzlich vorbei sein. Die Menschheit tut gerade ihr Bestes, um den Ausstoß von CO_2 zurückzufahren. Zurzeit gelingt das nur spärlich, aber stellen wir uns einmal vor, eines Tages gelingt der Durchbruch. Zum Beispiel, indem wir einen idealen, sauberen, preiswerten Brennstoff entdecken, auf den wir massenweise umschalten.

Das würde auch wieder nicht gut sein. Die vielen Pflanzen auf der Erde würden weiterhin das CO_2 aufsaugen, bis keines mehr da ist und sie ersticken und umkommen. Das wiederum läuft darauf hinaus, dass die Pflanzen das warme »Deckchen« der Erde klauen, da CO_2 Wärme speichert. Wir stürzen dann von jetzt auf gleich in eine heftige Eiszeit. Einige Paläontologen sind der Ansicht, dass es genau das war, was den »Schneeball Erde« verursacht hat. Es wäre sonst sehr sehr zufällig, dass die Erde genau in dem Moment erfror, als sich die grünen Pflanzen entwickelten. Sie können sich ausmalen, wie die Pflanzen begannen, CO_2 aufzusaugen, wodurch die Erde abkühlte und ein Schneeball wurde, wie eine Art Rache an den grünen Mistpflanzen, die es gewagt hatten, der Erde ihr CO_2 wegzunehmen.

Und das war jetzt erst die Spitze des, äh, Eisbergs. Es gibt nämlich sehr viele Faktoren, die eine Eiszeit hervorrufen können. Viele davon sind unvorstellbare Zufallsprodukte: Die Sonne könnte etwas weniger stark scheinen, ein heftiger Vulkanausbruch könnte das Sonnenlicht abschirmen, ein Meteorit könnte vor der Sonne explodieren und die Sonne verdunkeln, es könnte eine Wolke kosmischen Gases zwischen die Sonne und die Erde ziehen. Auch davon könnte man sich eine kurze, aber heftige Eiszeit zuziehen. Also sammeln Sie mal lieber noch ein bisschen Feuerholz!

Die Eiszeit von 1998

Ach, eine Eiszeit, was soll man damit schon für einen Reinfall erleben? Ich ziehe eine Jacke an, kaufe mir eine Schneeschaufel und lege noch einen Scheit nach.

Das könnte aber auch schiefgehen. Die Menschheit bekam auf jeden Fall 1998 schon einmal einen kleinen Vorgeschmack auf eine Eiszeit. In diesem Jahr war in der kanadischen Stadt Montreal fünf Tage Eiszeit, durch ein ungewöhnliches Aufeinanderprallen von meteorologischen Umständen. Die Auswirkungen waren jedenfalls eindeutig. Es fielen zehn Zentimeter Eisregen. Strom- und Telefonkabel brachen unter dem Gewicht zusammen, genauso wie einige Dächer. Autos schlitterten ineinander. Die Gesellschaft geriet total aus dem Gleichgewicht. Bis sich die Lage endlich verbesserte, gab es 30 Tote und Hunderte Verwundete zu beklagen, saßen anderthalb Millionen Familien ohne Strom und erlitt die Stadt zweieinhalb Milliarden Dollar Schaden. Und dabei waren es ja nur fünf Tage Eiszeit. Und obendrein in einer Stadt, die, was Kälte angeht, ja durchaus Einiges gewöhnt ist.

»Gibt es was, was wir tun könnten?
Vielleicht unsere Abgeordneten
anrufen oder so?«
Jaime, Februar 2004

»Ich weiß nicht, was in Ihnen vorgeht und
warum Sie sich so gerne über Tod und
Verderben lustig machen. Wenn normale
Menschen und ich Ihre Webseite anschauen,
fühlen wir Abscheu. Was ist mit Ihnen los?
Wie können Sie Witze machen über Menschen,
die sterben? Es ist furchtbar zu sehen, wie
Menschen sterben, oder darüber nachzu-
denken, wie die ganze Menschenrasse
verschwindet, es ist widerwärtig. Ich hoffe,
dass Sie zur Besinnung kommen und Ihre
Webseite in eine Webseite umändern,
die aufklärt darüber, wie wir als
Gemeinschaft verhindern können,
dass diese unheilvollen Ereignisse
stattfinden.«
Jonathan Arnon, Dezember 2006

BUMM!
WIR HABEN DEN KRIEG GEWONNEN,
ABER WAS IST DAS DA FÜR RAUCH?

+++

EFFEKT   VERNICHTUNG DER BIOSPHÄRE
ÜBERLEBEN   KEIN EINZIGER
AUFPASSEN AUF   RIESENINSEKTEN
WAHRSCHEINLICHKEIT   VORHANDEN
ZEITPUNKT   NICHT ZU SAGEN

+++

Glückspilz. Sie haben einen Atomkrieg überlebt! Nun ja, warten Sie noch kurz mit Ihrer Party. Was nach einem Atomkrieg zu erwarten ist, ist so abscheulich, dass Sie vielleicht noch wünschen werden, Sie wären doch schon vorher umgekommen.

Es läuft gerade alles aus dem Ruder. Der Ost-West-Konflikt ist wieder aufgeflammt. China befindet sich mit Japan im Krieg. Die muslimischen Länder haben ihre Kräfte im Kampf gegen den Westen gebündelt. Oder jemand beging einfach einen schrecklichen Irrtum; was macht das schon für einen Unterschied? Das Einzige, was im Moment zählt, ist, dass das Unvorstellbare geschehen ist. Ein Atomkrieg ist ausgebrochen. Und jetzt fliegen überall Atomraketen durch die Luft, als merkwürdig aussehende, federlose Vögel des Todes.

Die Hölle bricht aus. Lichtblitze, die die Augen pulverisieren, und Krachen, das die Ohren betäubt, sind zu vernehmen, wenn das Bombardement beginnt. Städte verdampfen. Ganze Nationen gehen in einem Lidschlag unter. Überall tauchen Pilzwolken auf wie schwarz-graue Grabsteine. Die Elektrizität fällt komplett aus, schuld daran sind die elektromagnetischen Pulseffekte. Und natürlich sterben unzählige Menschen: Auch das freundlichste Szenario geht von 10.000 Millionen Menschen aus, die augenblicklich sterben, wenn die Bomben fallen.

Aber Sie, Sie Glückspilz, Sie haben es überlebt. Dann suchen Sie mal schnell einen Unterschlupf auf: In den kommenden Tagen kommt der radioaktive Fall-Out mit dem Regen in einem Radius von einigen Hundert Kilometern rund um jeden Einschlagsort herunter. Und um ehrlich zu sein, es wäre das Beste, Sie blieben geduldig ein ganzes Jahr in Ihrem Schutzkeller, bis die Radioaktivität endlich etwas abgenommen hat.

Doch halt, es gibt darüber hinaus noch ein paar andere Probleme. Wenn die Pilzwolken verschwinden, werden die echten Folgen des Atomkriegs erst sichtbar. Die Atomexplosionen schleuderten eine Menge Rauch, Ruß und verdampften Schutt hoch in die Luft, in die Stratosphäre. Hier bleiben sie hängen und verteilen sich langsam über immer größer werdende Teile des Erdballs. Der Rauch blockiert das Sonnenlicht. Innerhalb weniger Wochen entsteht eine merkwürdige und so noch nie zuvor gesehene Klimakatastrophe. Es wird permanente Nacht auf Erden. Die Temperaturen stürzen ab. Der Regenkreislauf kommt zum Stillstand. Da fängt er also an: der berühmt-berüchtigte, elende nukleare Winter. Nur vergleichbar mit den anderen Chaoswintern – denen bei den Supervulkanen und Riesenmeteoriten.

An dem am schwersten getroffenen Orten der Welt sinkt das Quecksilber bis tief unter den Gefrierpunkt, bis zu 35 Grad Celsius kälter als gewöhnlich. Orte, die weiter von den Schlachtfeldern entfernt liegen, wandeln sich »lediglich« in eine kühle Schattenwelt, die sich um etwa zehn Grad abkühlt. Die Niederländer haben »Glück«, dass sie so dicht am Meer wohnen. Seewasser kühlt langsamer ab, daher ist der Temperatursturz hier nicht so ausgeprägt. Aber dann gibt es da noch immer die Kehrseite der Medaille: Durch den großen Temperaturunterschied zwischen dem Meer und dem Festland werden die Niederländer unvorstellbar heftige Stürme zu erwarten haben, die Radioaktivität mit sich bringen.

Ach so, um beim Erzählen nichts zu vergessen, da passiert noch mehr am Anfang des Winters. Langsam, Teilchen für Teilchen, fällt der Ruß zurück auf die Erde. Die Folgen sind nicht das, was man so allgemein hübsch nennt. Wenn es regnet, regnet es ätzende Säure (das haben wir jetzt schon ein paar Mal gehört). Wenn es nicht regnet, bläst der Wind Ihnen radioaktiven Staub ins Gesicht. Er ist nicht mehr ausreichend, um sie unmittelbar zu töten. Aber so wirklich spitze für Ihre Gesundheit ist er natürlich auch nicht.

Sie sind auch nicht der Einzige, der es schwer hat. Pflanzen, die vom Sonnenlicht leben, verdorren und kommen um. Tiere sterben, weil das Wasser gefroren ist und sie nichts mehr zu trinken haben. Nach ein paar Monaten beginnt die Nahrungskette zu reißen. Die Landwirtschaft geht fast zugrunde, Vögel werden selten, Wälder und Naturlandschaften werden zu kahlen, öden Flächen. Und was noch schlimmer ist, ist, dass die Tiere mit der größten Überlebenswahrscheinlichkeit nicht wirklich die angenehmste Begleitung in der Dunkelheit sind: Insekten, Ratten, Fliegen und Kakerlaken. Die gedeihen prima, mit all den Leichen in der Nachbarschaft, die man fressen kann, und ohne Raubtiere, die sie jagen. Sie müssen vielleicht an einer radioaktiven Ratte nagen, dort im Dunkeln.

Übrigens gibt es noch eine Klasse Lebewesen, der es gut geht: die Krankheitskeime. Mit all den Toten und verfaulenden Tümpeln dürften hier grausige Epidemien entstehen können. Außerdem ist ja die Radioaktivität erhöht, und Viren und Bakterien fahren gut damit: Ihre Mutationsgeschwindigkeit erreicht neue Höhen, wodurch sie sich schneller weiterentwickeln. Neue Untersuchungen im All haben ergeben, dass Krankheitserreger dadurch zwei bis drei Mal so gefährlich werden.

Schneller mutieren wird unsere DNA übrigens auch. Nur sind das für Lebewesen, wie Sie eines sind, keine guten Neuigkeiten: Wir können davon Krebs und missgestaltete Babys bekommen. Einen deutlichen Vorgeschmack darauf bekam die Menschheit, nachdem 1986 der Kernreaktor in Tschernobyl explodierte. Nach einiger Zeit wurde deutlich, dass in der Umgebung Schwalben herumflatterten, die kurze Schwänze, fehlgebildete Schnäbel und komische Farben hatten. Es wurden Bäume mit absurd großen Blättern gefunden und Pflanzen, die sich so stark von ihren Vorgängern unterschieden, dass Biologen sie schon als neue Arten kennzeichnen wollten. In Seen fanden Biologen Würmer, die sich doppelt so schnell fortpflanzten wie üblich, und andere

Würmer, die auf einmal Sex miteinander hatten, obwohl sie sich bis dato asexuell vermehrt hatten. Dies ist alles sehr interessant, aber erklären Sie das mal den Menschen. Sie werden ein Kind bekommen, das so absurd aussieht, dass manche Biologen es als eine gesonderte Art bezeichnen wollen.[38]

Während dieser Zeit wünschen Sie sich, dass die gemeinen, dicken Rauchwolken, die das Sonnenlicht abhalten, endlich mal verschwinden mögen. Und schließlich tun sie das auch. Abhängig vom Ausmaß des Atomkriegs und vom Ort, an dem Sie sich befinden, dauert es, grob gesagt, zwischen einigen Monaten bis zu zehn Jahren, bis sich der Himmel endgültig aufklärt. Doch vorbei ist der Schicksalsschlag dann noch lange nicht.

Die Welt, die die Sonne dann wieder bescheint, ist eine völlig andere als jene vor dem Atomkrieg. Die Gesellschaft ist aufgelöst, Städte sind vom Erdboden verschwunden, die Nahrungskette liegt am Boden, die Ökonomie ist zerstört. Überall stolpern missgebildete, kranke und behinderte Überlebende umher. Das Festland ist verdorrt und vom meisten tierischen Leben befreit, die Umwelt ist verätzt und langanhaltend durch Radioaktivität verseucht, die Atmosphäre ist strapaziert, da es weniger Sauerstoff gibt und viele Trinkwasservorräte durch die radioaktive Strahlung und verrottende Leichen verpestet sind. Überall wachsen schleimige Schimmelpilze und öde Pflanzen wie Farne und Brennnesseln.

Im besten Fall bleibt eine wahnwitzige, postapokalyptische Welt übrig wie die, die Sie aus Filmen wie ›Mad Max‹ oder dem Comicbuch ›Jeremiah‹ kennen, eine Kreuzung aus Wilder We-

---

38 Sich über die menschlichen Probleme rund um Tschernobyl Klarheit zu verschaffen, ist schwierig. Forscher fanden mehr als 200 Prozent Zunahme von Schilddrüsenkrebs und einen 83-prozentigen Anstieg an Geburtsdefekten und Down-Syndrom. Das hört sich furchtbar an, kann aber durchaus sein, da es sich um seltene Erkrankungen handelt, bei denen es aufgrund des kleinen Basiswerts statistisch auch ohne eine bestimmte Ursache zu einem Anstieg kommen kann. Schätzungen über die Anzahl von Menschen, die schlussendlich durch die Tschernobyl-Katastrophe starben, schwanken zwischen 4.000 und 60.000, eine Menge, die deutlich macht, dass über die Sterbeziffer große Ungewissheit besteht. Aber bedenken Sie dabei, dass Tschernobyl kein Atomkrieg war, sondern ein relativ kleines Atomunglück, bei dem im Anschluss alle Umwohnenden in sicherere Orte evakuiert wurden.

sten und Mittelalter, voller rostiger Technikreste und Waffen-kram. Aber auch das nur, wenn wir Glück haben. Viele Arten werden aussterben. Es ist sehr gut denkbar, dass wir eine davon sein werden.

Das Problem (na ja, »Problem«) mit Atomkriegen ist übrigens, dass die Erde noch nie einen mitgemacht hat. Daher sind sich Wissenschaftler auch nicht ganz einig darüber, was wir genau in solch einem Fall zu erwarten haben. Das Ganze ist also das, was man eine akademische Frage nennt.

Der nukleare Winter bekam zum ersten Mal Aufmerksamkeit, als Astronomen den Mars erkundeten. Jedenfalls war es das, was sie vorhatten: Als sie ihre Teleskope auf den roten Planeten richteten, war Mars so sehr in Staubstürme gehüllt, dass sie kei-nen Planeten sehen konnten. Und da fiel bei einem der Astro-nomen, Carl Sagan, auf einmal der Groschen: Die Staubstürme, die den ganzen Mars mit Rauch verhüllen, sollte so etwas nicht auf der Erde nach einem Atomkrieg auch vorkommen? Sagan versammelte ein Team von Experten um sich und begann das Rechnen, seinen Bericht hatte er 1984 fertig. Für einen schweren Atomkrieg sagten die Wissenschaftler einen nuklearen Winter mit Temperaturrückgang um 60 Grad voraus, der sicherlich ein Jahr andauern würde. Milliarden Menschen würden in der Zwi-schenzeit an Hunger, Krankheiten, Strahlung, Auszehrung und Vergiftung sterben.

Eine der heftigsten E-Mails, die ich nach der Einrichtung meiner Webseite über den Weltuntergang bekommen habe, stammte von einem hohen Herrn im Pentagon. Der Mann saß so hoch im Baum, dass er erst viel später mitteilte, wer er war und was seine Arbeit war, und das auch nur unter der Voraussetzung, dass ich seinen Namen nicht verraten würde. Dann ließ er die Katze aus dem Sack: Kernwaffenexperten im Pentagon (von denen er einer war) hat-ten wegen des nuklearen Winters große Bauchschmerzen. Eine wachsende Anzahl von Experten war dann aber zur Überzeugung gelangt, dass er gar nicht so schlimm werden würde. Und da war der hohe Herr nicht gerade beruhigt.

Ursache dafür war der Golfkrieg um Kuwait im Jahr 1991. Vor dem Krieg hatten einige Klimaexperten prophezeit, dass der

Weltuntergang nahe sei, wenn Saddam Hussein wirklich alle Öl-
quellen Kuwaits in Brand stecken würde. Weltweit würden die
Temperaturen um viele Grade fallen und überall würden Elend
und Unheil ausbrechen. Doch als es tatsächlich so weit kam und
die Ölfelder wirklich lichterloh brannten, geschah nicht viel.
Die Welt bemerkte es gar nicht. Nun, dachten dann die Kollegen
meines Brieffreundes aus dem Pentagon, dann wird es bei einem
Atomkrieg auch nicht so doll sein. Ab jetzt war der hohe Herr in
seiner Freizeit auf der Suche nach weiteren Informationen.

Inzwischen ist eine zweite Strömung entstanden, nämlich
Wissenschaftler, die gerade der Meinung sind, dass ein nuklearer Winter noch viel schlimmer sein würde als Sagan und die
Seinen es für möglich gehalten hatten. Sagan hatte sich ja mit
Computermodellen behelfen müssen, die nach heutigen Maß-
stäben hoffnungslos veraltet sind. So konnten sie damals nicht
alle Luftschichten berücksichtigen und nicht Jahre vorausbe-
rechnen (die Vorhersagen von Sagan gingen nur 300 Tage in die
Zukunft).

Vor ein paar Jahren machten die Klimaforscher Brian Toon
und Alan Robock die Probe aufs Exempel. Sie spielten in den mo-
dernsten Computermodellen einen Atomkrieg durch, mit densel-
ben Klimamodellen, die auch unseren Meeresspiegelanstieg vorhersagen. Sie bekamen einen ganz schönen Schrecken: Was sie
sahen, war viel, viel schlimmer, als was jemals jemand für möglich
gehalten hatte. Die neuen Klimamodelle zeigen einen nuklearen
Winter, der rund hundert Mal ärger ist als der »alte« nukleare Winter. So steigt der Schutt viel höher in die Atmosphäre als bislang
angenommen und bleibt dort auch viele Jahre länger hängen,
möglicherweise bis zu zehn Jahre.

Natürlich muss es dazu erst zu einem Atomkrieg kommen. Äh ...
Ost und West hatten ihre Atomwaffenarsenale doch eben erst
reduziert und ihre Meinungsverschiedenheiten beigelegt, oder?
Die Realität sieht leider weniger rosig aus. Tatsächlich hat mit
dem Ende des Kalten Kriegs die Wahrscheinlichkeit eines weltweiten, totalen Atomkriegs stark abgenommen. Aber die Welt
ist immer noch bis an die Zähne bewaffnet, es gibt weiterhin
etwa 30.000 Atomsprengköpfe.

Es liegt jetzt wohl kein Finger mehr am Abzug; der Abzug ist aber immer noch in Reichweite und die nukleare Pistole noch geladen. Und es ist natürlich nicht hilfreich, dass immer mehr Länder in den Besitz von Atomwaffen kommen. Indien und Pakistan zusammen haben etwa 180; und die Gesamtzahl von Ländern mit Kernwaffen ist von vier im Jahr 1960 auf aktuell neun gestiegen.

Zum Glück gibt es einen beruhigenden Gedanken. Im Prinzip weiß inzwischen jeder Experte, was ein nuklearer Winter ist. Sie dürften erwarten, dass die Führer der Welt das auch wüssten. Die größte nukleare Bedrohung ist heute ein Atomkrieg in kleinem Maßstab oder ein Atomangriff durch Terroristen. Das hat eine erfreuliche und eine weniger erfreuliche Seite. Die erfreuliche ist, dass ein kleiner Atomkrieg nicht ausreicht, um einen weltweiten nuklearen Winter zu verursachen. Die weniger erfreuliche Seite ist, dass selbst ein verhältnismäßig kleiner Atomkrieg erhebliche Folgen hätte. Unlängst bezifferten Toon und Robock, was passieren würde, wenn Pakistan und Indien mit Atombomben aufeinander losgehen würden. Selbst das kann schon zu einem durchschnittlichen Temperaturabfall von 1,4 Grad auf der Erde führen, zu missglückten Ernten, Hungersnöten, katastrophalen Wetterveränderungen und zu mehr Toten, als im Zweiten Weltkrieg fielen.

Außerdem lehrt die Geschichte, dass das Kriegsmonster rasend schnell wieder auftauchen kann. Alte Freunde werden plötzlich Feinde, Staaten fallen auseinander, vergessene Konflikte brechen unversehens wieder auf und hopp, es läuft alles aus dem Ruder. Kramen Sie Ihre »Atomwaffen raus«-Buttons ruhig schon mal wieder hervor. Bei all den Kernwaffen hier weiß man ja nie.

```
ZUM ANGRIFF!
RADAU DER TERRORISTEN
++++++++++++++++++++++++++++++++++++++++++++++
EFFEKT              VIELE UNANNEHMLICHKEITEN
                    UND TOTE
ÜBERLEBEN           HÄNGT DAVON AB, WO SIE
                    SICH AUFHALTEN
WAHRSCHEINLICHKEIT  REELL
ZEITPUNKT           WER WEISS, GLEICH JETZT?
++++++++++++++++++++++++++++++++++++++++++++++
```

Und dann gibt es immer noch ein paar Verrückte, die dem Weltuntergang zur Hand gehen wollen. Um der einen oder anderen religiösen Prophezeiung zum Durchbruch zu verhelfen oder einfach nur um aufzufallen. Aber können Terroristen das wirklich erreichen? Den Weltuntergang läuten sie wahrscheinlich nicht ein. Auf der anderen Seite könnte ein unternehmungslustiger Terrorist auf den Gedanken kommen, eine der folgenden Ideen auszuprobieren. Hier nun eine Handvoll davon aus dem Handbuch für die ultimative terroristische Tat.

Färb den Südpol

Möglichkeitsgrad   sehr hoch
Dazu nötig   eine ganze Menge Fiesheit

Suchen Sie einen Weg, um das Eis des Südpols schwarz zu färben. Bedecken Sie es mit Gewächshausfolie, Ruß oder Holzkohle. Den Pol schwarz färben ginge auch, kostet aber etwas mehr Zeit. Ein schwarzer Pol reflektiert das Sonnenlicht nicht mehr zurück ins All, sondern absorbiert Wärme und schmilzt dann. Ergebnis: Klimawandel, Meeresspiegelanstieg, Überflutungen und eine Menge saure Mienen bei Ihren Feinden.

Erfinde ein Virus

Möglichkeitsgrad	hoch
Dazu nötig	eine biomedizinische Ausbildung, ein gut ausgestattetes Labor

Bauen Sie ein biotechnologisches Labor in dem einen oder anderen obskuren Land und heuern Sie ein paar Bösewichter an, die dieselben miesen Absichten haben wie Sie. Puzzeln Sie dann ein Ebolavirus zusammen, das sich über die Luft verteilt. Entwerfen Sie eine neue oder verbesserte Version der Grippe oder des HI-Virus. Passen Sie die Kamelpocken so an, dass sie auch für Menschen ansteckend sind. In den wissenschaftlichen Zeitschriften finden Sie alle Basisinformationen, die Sie dazu brauchen.

Jetzt kommt der schwierige Teil. Der beste Weg, um Ihr neues Virus zu verteilen, ist, sich selbst anzustecken. Dann fahren Sie mit der U-Bahn. Husten, niesen und spucken Sie, soviel Sie wollen. Berühren Sie dann mit den infizierten Händen jeden Türgriff und jede Haltestange, die Sie erreichen können. Sie werden sehen: Da kommt Stimmung auf.

Eine noch bösartigere Art, Ihr Killervirus zu verbreiten, ist Tiere als Überträger einzusetzen. Das verlangt nur etwas mehr Forschung. Versuchen Sie herauszufinden, welches Tier empfänglich für Ihr Virus ist, am besten ohne dass das fragliche Tier selbst krank davon wird. Viele Viren haben solch ein »Trägertier«: Die Lungenkrankheit SARS kam zum Menschen beispielsweise über eine Schleichkatzenart. Vielleicht täte es auch die hundsnormale Hauskatze?

Mit so einem Trägertier ist Ihr Erfolg garantiert. Ihre Feinde werden die größte Mühe haben herauszufinden, woher das Virus genau kommt, und den Ausbruch zu bekämpfen. Schön wäre es auch, wenn Sie selbst den Angriff überlebten. Dann könnten Sie entspannt zu Hause fernsehen und beobachten, wie sich das Elend entfaltet.

Töte den Dollar

Möglichkeitsgrad	mittelmäßig
Dazu nötig	Geld und ökonomische Kenntnisse

Vergessen Sie die USA, greifen Sie den Dollar an. Werden Sie Börsenhändler und infiltrieren Sie den Finanzmarkt. Organisieren Sie dann einen koordinierten Angriff auf den US-Dollar, so im Al-Qaida-Stil. Mit ein bisschen Dusel zwingen Sie die US-amerikanische Wirtschaft und die der restlichen Welt in die Knie, bevor der Handelstag zu Ende ist.

Sie müssen wissen: Jede Sekunde leihen sich die USA 18.000 Dollar aus dem Ausland. Die US-amerikanischen Schulden betragen inzwischen weit über acht Billionen Dollar. Das sind 8.000.000.000.000 Dollar! Das heißt, dass die US-Amerikaner mehr ausgeben, als sie sparen. Sie sitzen auf dem Trockenen.

Die Folge ist, dass der Dollar sehr verletzlich ist. Ein kräftiger Hieb, und er fällt um. Was Sie dafür tun müssen, ist Folgendes. Verkaufen Sie eine große Menge Dollar, vorsichtshalber mit mehreren Menschen von mehreren Orten aus gleichzeitig. Der Wert des Dollars sackt dann nach unten. Die Banken werden daraufhin reagieren und ebenfalls schnell beginnen, Dollars zu verkaufen. Nach ein paar Tagen oder sogar schon nach ein paar Stunden sind Dollarscheine Fetzen wertlosen Papiers geworden!

Spaß garantiert. Ölproduzierende Länder werden umschwenken vom Dollar auf andere Währungen wie etwa den Euro oder den Yen. Genauso wie der Dollar das britische Pfund in den Zwanzigerjahren des 19. Jahrhunderts entthronte.

Auf einen Schlag werden die USA ein isoliertes Krisenland sein mit turmhoher Arbeitslosigkeit, ohne fossile Brennstoffen und Bedarf an beinahe allem. Und der Rest der westlichen Welt, der geht mit den Bach runter. Ziemlich ulkig zu sehen, wenn Sie ein Terrorist sind.

Sperr eine Strömung

Möglichkeitsgrad   möglich
Dazu nötig   Schiffe, eine Menge Salz

Es ist ein bisschen ein Glücksspiel, aber mit einem Quäntchen Glück können Sie die westliche Welt in eine Eiszeit versenken. Sagen Sie selbst, das hört sich doch prächtig an!

Die besten Chancen haben Sie, wenn Sie den Golfstrom stören. Wir sprachen schon darüber, als wir mit den Eiszeiten zu tun hatten: Das ist die Meeresströmung, die warmes Wasser aus den Tropen zur Nordhalbkugel bringt. Wissenschaftler vermuten, dass es ohne diese Meeresströmung im Westen circa sechs Grad kälter wäre. Das bietet Möglichkeiten!

Einige Ozeanologen denken, dass die Strömung relativ leicht zu stören ist. Möglicherweise können Sie der Natur ein bisschen zur Hand gehen. Eine Möglichkeit wäre, das Meer bei Grönland mit Atombomben etwas zu erwärmen. In der Theorie würde das dem Strom den Garaus machen. Noch ein Stufe schlimmer: Laden Sie ein paar Schiffe voller Salz und bringen Sie diese an einem ausgeklügelten Punkt vor Afrika zum Sinken, an dem das warme Wasser vorbei nach Europa fließt. Das Salz wird das Meerwasser plötzlich »dichter« machen und wie eine Art Bremse der Strömung wirken.

Wir sagen gleich dazu: Das ist alles noch ziemlich spekulativ, denn die Wissenschaft hat noch nicht komplett verstanden, wie der Golfstrom genau funktioniert. Doch wenn es klappt, sind Missernten, strenge Winter und hunderte Millionen zähneklappernde Westlinge Ihre Belohnung.

Ernte eine Plage

Möglichkeitsgrad   gering
Dazu nötig   Bibliotheksausweis, Flugtickets

Für den Terroristen mit dem klammen Geldbeutel: Es gibt immer noch die Chance, eine biblische Plage in Gang zu setzen.

Die weltweite Landwirtschaft erleidet jetzt jedes Jahr viele Milliarden Euro Verlust durch Krankheiten und Schädlinge. Heuschrecken, Parasiten, Kaninchen, Würmer, Schimmel und

Insekten werden häufig zur Plage, wenn sie an einem Ort auftauchen, an dem sie nicht zu Hause sind. Ihnen stellen sich dann keine natürlichen Feinde entgegen, sie können sich wie verrückt vermehren und werden zur Plage. Daher hat Australien seine Kaninchen und die USA haben ihre Baumwollmotte.

Also, ans Werk. Vertiefen Sie sich in Landwirtschaftskrankheiten. Treiben Sie den einen oder anderen obskuren asiatischen Nagekäfer auf und setzen Sie ihn im Westen aus. Schmuggeln Sie einen Getreideschimmel in die Kornkammer der USA. Schmeißen Sie einen mit Vogelpest beschmierten Klumpen Vogelscheiße beim Hühnerbauern übers Gitter, holen Sie die Maul- und Klauenseuche aus dem Ausland rein, besorgen Sie sich den Rinderwahn aus dem Stall. Führen Sie seltenes Unkraut, exotische Motten, sexversessene Nagetiere, ausgehungerte Raupen und andere finstere Wesen ein.

Es dauert vielleicht eine Weile, bis Ihre Apokalypse so richtig in Schwung kommt. Aber dann haben Sie auch was davon.

Isolier den Mond

Möglichkeitsgrad	hoch
Dazu nötig	einige Raketen und jede Menge Bauschaum

Kaufen Sie jeden Kanister Bauschaum, den Sie kriegen können. Stellen Sie sich eine Flotte Weltraumraketen zusammen, stopfen Sie sie voll mit Bauschaum und schießen Sie sie zum Mond. Lassen Sie sie dort zerschellen. Passen Sie auf: Das wird suuuuuper.

Berechnungen lassen vermuten, dass der Mond, wenn Sie ihn an einer Seite in Isolierschaum einpacken, sich weiter von der Sonne wegbewegen wird. Und angesichts der Tatsache, dass die Erde und der Mond durch die Schwerkraft gleichsam aneinandergekettet sind, wird der Mond die Erde mit sich ziehen. Der Mond wird somit zum Schlepper, der die Erde aus ihrer Bahn reißt, ins eisige Weltall hinein. Nur noch ein paar Millionen Jahre warten und die Erde wird komplett unbewohnbar.

Ihren Feinden bleibt nur eins übrig: Wie die Verrückten zum Mond zu rasen und all das Zeug wegzuhämmern. Großartig! Die werden eine Stinklaune haben.

```
✳ HAU AB!
✳ DAS SUPERUNKRAUT NAHT
+++++++++++++++++++++++++++++++++++++++++++++++++
EFFEKT              GROSSRÄUMIGE ZERRÜTTUNG
                    DER ERDE
ÜBERLEBEN           MIT PECH GAR NICHT
WAHRSCHEINLICHKEIT  ZIEMLICH GROSS!
ZEITPUNKT           MORGEN?
+++++++++++++++++++++++++++++++++++++++++++++++++
```

Es ist wahrscheinlich die unglaublichste Apokalypse, die man sich vorstellen kann. Eines Tages wird unser ganzer Planet vielleicht überwuchert von ... Essen. Oder von schwarzen Pflanzen, eisernen Termitenhügeln oder steinfressenden Würmern. Willkommen im Spukhaus der Biotechnologie.

Das soll mir ein Weltuntergang sein! Auf einmal wächst hier überall Getreide. Getreide auf dem platten Land. Getreide am Strand. Getreide auf jedem Stückchen Weg. In Ihrem Vorgarten: Getreide. Was kommt denn aus den Ritzen zwischen den Fliesen? Noch mehr Getreide. Wo Sie auch stehen und gehen: Getreide, Getreide, Getreide.

Natürlich würde es dann auch genug zu essen geben. Aber es gibt da auch eine Kehrseite: Brot und andere Getreideprodukte sind so ziemlich das einzige, was noch zu essen übrig ist. Das Getreide hat alle anderen Lebensmittelpflanzen verdrängt. Die Landwirtschaft gerät durcheinander. Landschaften verfallen. Grasflächen und Dünenlandschaften und Wälder werden nach und nach zu Getreidelandschaften. Die Nahrungskette zerfällt langsam, und das Ökosystem zerbröselt, wenn sich der Planet in ein endloses Feld sich im Wind wiegenden Getreides verwandelt.

Regierungen werden vom »Getreideproblem« sprechen und Pläne vorweisen, wie sie das Getreide zurückdrängen wollen. Aber das Getreide wird nicht mit sich reden lassen. Es beginnt uns zu dämmern: Die Menschheit hat ein Problem. Ein ernstes Problem. Neue Krankheiten treten auf, Menschen erblinden oder kriegen zerbrechliche Knochen, alles aufgrund der Einseitigkeit ihrer Ernährung.

Und dann sind da noch die Nebeneffekte. Fruchtbare Gegenden trocknen aus, weil das Getreide alles Wasser aufsaugt. Dann und wann wird der Planet von erstickenden Getreidestaubstürmen heimgesucht. Unvorstellbare Getreidebrände legen ab und zu ein Land in Asche. Und die Atmosphäre, die sowohl den Getreidestaub, die Trockenheit als auch den Rauch der Getreidebrände verarbeiten muss, wird tüchtig strapaziert. Vielleicht bricht dann ja eine Eiszeit an oder eine Art vulkanischer Winter, ein Getreidewinter?

Es ist nicht sonderlich schwierig, Ihnen eine Idee davon zu vermitteln, wohin das führen kann. Die Menschheit wird möglicherweise zurückgeworfen in die Steinzeit (wobei »Getreidezeit« vielleicht der passendere Ausdruck wäre). Also, beim nächsten Mal, wenn Sie Ihre Zähne in ein Butterbrot bohren, denken Sie daran: Eines Tages bohrt Ihr Butterbrot seine Zähne vielleicht in Sie.

Klingt lächerlich, finden Sie nicht? Dennoch ist das Getreideproblem weniger abwegig, als Sie vielleicht denken. Es kann übrigens auch mit einem anderen Gewächs passieren. Mit Tomaten, Kartoffeln, Mais oder – noch unheimlicher – schwarzen Pflanzen. Dazu kommen wir später.

Das Getreide, von dem wir hier sprechen, ist nicht irgendeine Getreidesorte. Nennen Sie es ruhig Supergetreide, Getreide, das genetisch modifiziert wurde. Die Idee ist einfach. Gene definieren die Eigenschaften von allem, was wächst und lebt. Genetische Modifikation läuft folglich darauf hinaus, dass man ein Gewächs nimmt, hier ein Gen hineinstopft, dort ein paar entfernt und, voilà, man hat eine neue Getreidevariante mit einigen praktischen Eigenschaften. Was die Menschen in der Urgeschichte durch geduldiges, Hunderte Jahre langes experimentelles Kreuzen und Aufziehen von Gewächsen getan haben, verbessern wir gegenwärtig in ein paar Jahren und auf eine vorab durchdachte Art.

Genetisches Entwickeln ist enorm praktisch. Sie können einen Supermais erschaffen, der resistent ist gegen bestimmte Krankheiten. Oder Supersoja, die Pestizide aushält, so dass man das Unkraut, das zwischen den Sojapflanzen wächst, locker mal eben totsprühen kann, während die Sojapflanzen das überleben. Sie können Superreis kreieren, der extra viele Vitamine enthält, speziell für die armen Länder. Aber ja, warum nicht auch einen Superapfel, der Ihre Zähne gegen Fäulnis schützt, eine Supererdbeere, die superlecker schmeckt, eine Superkartoffel, die auch Nachtfrost aushält, oder eine Supertomate, die auch in Brackwasser gedeiht? Wenn Sie das alles für futuristisch halten, dann erschrecken Sie jetzt nicht: Genau diese Gewächse gibt es schon, wenn auch bislang nur auf Versuchsfeldern. Gegenwärtig gibt es Hunderte genetisch modifizierte Pflanzen. 2006 betrug die gesamte Anbaufläche, auf der genetisch veränderte Pflanzen wuchsen, eine Million Quadratkilometer, eine Oberfläche doppelt so groß wie Frankreich.

Es gibt natürlich ein »Aber«. Sie wollen nämlich nicht, dass Ihr neues Supergewächs unglücklicherweise entwischt und sich mit der ursprünglichen Natur vermengt. Gene werden von einer zur nächsten Generation vererbt, so dass beim Vermischen von genetisch veränderten Gewächsen mit natürlichen Arten die Gefahr besteht, dass über kurz oder lang nur noch die genetisch veränderte Variante übrig bleibt. Genetisch angepasste Pflanzen haben offensichtlich einen gewaltigen Vorteil gegenüber dem üblichen Grünzeug.

Aber leider scheinen genetisch veränderte Pflanzen mit großer Regelmäßigkeit in die Außenwelt durchzusickern. In China, wo es wenig staatliche Kontrolle über Genpflanzen gibt, ist der genetisch veränderte Reis in hohem Tempo gerade dabei, den natürlichen Reis zu verdrängen. In Kanada sprießen im Moment überall genetisch modifizierte Ölsaat-Pflanzen aus dem Boden, die es vor Jahren geschafft haben, von einem Testfeld »abzuhauen«. Und in Mexiko tauchte 2001 plötzlich genetisch veränderter Supermais auf. Die Experten waren perplex: Mexiko hatte schon Jahre zuvor alle genetische Landwirtschaft verboten.

Das ist nur die Spitze des Eisbergs, denn diese Art beunruhigender Hinweise ist an der Tagesordnung. Im Jahr 2000 kam es in den USA zu einem Krawall, als bekannt wurde, dass Tacos und Tortillas mit »Starlink« belastet waren, einer genetisch veränderten Getreideart, die als Viehfutter genutzt wird. Vier Jahre später untersuchten britische Ernährungswissenschaftler 25 Sojaprodukte aus Supermärkten und Naturkostläden – zehn von ihnen enthielten genetisch veränderte Soja. Im selben Jahr untersuchten US-amerikanische Forscher Samenhäufchen, die sie bei verschiedenen Lieferanten gekauft hatten: Die Hälfte davon war durch Samen von genetisch veränderten Pflanzen verschmutzt. Der ehemalige EU-Agrarkommissar Franz Fischler fasste es einmal mit viel Gefühl für Drama in Worte: »Wir wurden aus dem Paradies vertrieben. Null Prozent Verschmutzung sind vielleicht im Hof des Garten Eden zu erreichen, aber nicht in der echten Welt.«

Also Mitglied werden bei Greenpeace und gegen Gentechnik protestieren? Machen Sie das lieber nicht. Nachweislich zwei Mal halfen Gegner bei der Verbreitung von Gengewächsen. Sie stampften durch ein Testfeld, in dem genetisch veränderte Pflanzen wuchsen, und als sie wegliefen, schleppten sie nichtsahnend die Samen der genetisch modifizierten Pflanzen an ihren Kleidern und Schuhen mit, so dass sie damit das Problem sogar noch ein bisschen vergrößerten.

Vielleicht müssen wir das Ausbrechen der Gengewächse akzeptieren. Pflanzen lassen sich nun mal nicht leicht einzäunen: Das hat man in Deutschland und in den Niederlanden schon mehrmals erfahren, als man es mit »Invasionen« von exotischen Pflanzen aus dem Ausland zu tun bekam. Alle Versuche, dieses unerwünschte Unkraut, etwa die heuschnupfenverursachende Ambrosia, vor der Tür zu halten, schlugen fehl.

Und es gibt noch mehr Kostproben davon. Die echten Probleme entstehen dann, wenn wir eines Tages einem wirklichen Superunkraut begegnen. Sie müssen sich ein Gewächs denken, das genetisch dermaßen verändert wurde, dass es außergewöhnlich widerstandsfähig gegen Bekämpfungsmittel und Krankheiten ist und fähig, in beinahe jeder Umgebung zu wachsen. Die wirtschaftlichen Vorteile einer solchen Pflanze wären gigantisch: Eine essbare Pflanze, die, sagen wir mal, in der Wüste wachsen könnte, würde die Welt verändern. Bereits jetzt experimentieren Forscher mit Gewächsen, die auf Salzwasserboden, in Steppen oder kalten Gegenden wie etwa der Tundra grünen. Auch gibt es Versuche mit Pflanzen, die extrem schnell wachsen, und mit Schalenfrüchten, die nach kurzer Zeit bereits reif sind. Wenn solch ein Turbo-Supergewächs ausbricht, stehen wir vor einem wirklichen Problem. Innerhalb kürzester Zeit würde die Pflanze das Land erobern und zu einer Plage auswachsen, zu einem Superunkraut. Kein Pflanzenvernichtungsmittel, kein Klima kann ihm etwas anhaben. Dann ist es so weit, dann haben wir das »Getreideproblem«. Und »Getreide« ist natürlich nur ein Beispiel, Sie können dafür auch Reis, Tomaten oder Tabakpflanzen einsetzen, auch Soja oder Mais. Oder Gurken, Litschis, Himbeeren, Blumenkohl, was immer Ihnen einfällt. Oh, es könnte natürlich auch noch übler sein als alle denkbaren Gewächse, wenn unser Superunkraut ausgerechnet so etwas ist wie ... Baumwolle. Was wollen Sie denn dann essen? Baumwollsuppe vielleicht?

Passieren kann es natürlich auch mit einem echten Unkraut, also einer Pflanze, die überhaupt keinen Nutzen für uns hat. 2005 entdeckten Biologen zu ihrem Entsetzen in den Niederlanden einen wilden Ackersenf, der mit keinem Unkrautvernichter mehr kaputt zu kriegen war. Das Unkraut wuchs an einem Ort, an dem zuvor genetisch veränderte Ölsaat-Pflanzen gestanden hatten. Nach der Untersuchung war klar, dass der Ackersenf es auf irgendeine Art geschafft hatte, die künstlichen Gene der Ölsaat-Pflanzen zu übernehmen. Der Vorfall steht nicht alleine dar: Auch in Kanada und Deutschland wurde superzähes Unkraut in der Nähe von Genfeldern gefunden.

Und das ist noch nicht einmal das Gruseligste. Auf der wachsenden Liste mit Pflanzen, die gerade entwickelt werden, stehen nämlich immer mehr futuristische Gewächse, die ihren natürlichen Gegenstücken nur noch sehr entfernt ähneln. So stehen im Labor genetisch veränderte Pflanzen, die ein bestimmtes Medikament herstellen. Enorm praktisch, wenn es darum geht, Krankheiten zu bekämpfen, aber ziemlich desaströs, wenn so eine Pflanze ausbricht.

Was halten Sie zum Beispiel von »Verhütungskorn«? 2002 entwickelte die US-amerikanische Firma Epicyte eine neue, genetisch veränderte Getreidesorte, die man als Verhütungsmittel gebrauchen kann. Das Getreide macht Männer, die es verzehren, unfruchtbar. Das ist eine geniale Lösung, um die Überbevölkerung zu bekämpfen, aber man möchte natürlich vermeiden, dass solch eine Pflanze auf superunkrautartige Weise die Welt überschwemmt. Dann wären wir die Dummen. Innerhalb von ein paar Generationen könnte unsere Art aussterben.

Wir befinden uns übrigens immer noch nur am Vorabend der echten Arbeiten. Die meisten Experten sind sich darüber einig, dass die einzige Grenze für diese Möglichkeiten unsere Fantasie ist. In einem kürzlich veröffentlichten Essay träumte der US-amerikanische Physiker Freeman Dyson (wir sind ihm schon begegnet, als wir über das Problem des sich ewig ausdehnenden Weltalls sprachen) von den Möglichkeiten. So sagt er voraus, dass wir eines Tages schwarze Pflanzen nutzen werden, Pflanzen mit Silizium-Solarzellen als Blätter. Diese Pflanze würde das Sonnenlicht viel effizienter als eine mit grünen Blättern nutzen und könnte daher auch wesentlich schneller wachsen oder zum Beispiel Strom produzieren. Auch sinnierte Dyson über genetisch modifizierte Termiten, die altes Eisen und Autowracks auffessen, über Regenwürmer, die Schwermetalle aus Lehm gewinnen, und über Seetang, der dem Meer Gold entzieht.

Wenn Forscher wie Dyson Recht behalten, ist Noahs Arche bald nur noch ein Beiboot. Noch so zwanzig, dreißig Jahre, so ist zu erwarten, und es geht richtig los. Genetische Modifikation ist dann so selbstverständlich geworden, dass sogar mittlere und kleinere Firmen, ja selbst Konsumenten wie Sie und ich davon Gebrauch machen können. Dyson denkt dabei an Blumenzüchter, die ihre Orchideen genetisch verändern, oder an Kinder, die sich ihr eigenes Haustier ausdenken und es dann mit einer Art genetischem Bausatz zum Vorschein bringen. Auch das wäre nur die gewöhnliche Fortsetzung dessen, was wir bereits jetzt schon haben: Schon jetzt ist eine genetisch veränderte Zierfischart im Handel – der sogenannte GloFish – der im Schwarzlicht fluoresziert (das verdankt er dem eingebauten Gen einer fluoreszierenden Qualle).

Möglicherweise noch heftiger sieht es mit genetisch veränderten Bakterien aus. Schon jetzt sind reichlich Experimente mit Bakterien auf dem Markt, Bakterien, die genetisch so angepasst wurden, dass sie eine bestimmte Arbeit erledigen können. Das Zauberwort hier lautet »biobricks«, wörtlich also biologische Bausteinchen. Sie haben dann eine Baudose voller Gene, die Sie auf die richtige Art und Weise zusammensetzen und hopp: eine Bakterie, die – sagen wir mal – Treibhausgase wie Kohlenstoffdioxid und Methan aus der Luft in Wasser und Kohlenstoff umsetzt. Auch die sollte man aber besser hinter Schloss und Riegel halten. Wir fänden es wohl nicht so gut, wenn ein solcher Bakterienstamm entwischt, sich vervielfacht und die Atmosphäre auffisst.

Man kann sich gut eine Dalí-artige Albtraumwelt voller schiefgegangener Biotechnologie vorstellen. Sie essen ein Stück Fleisch und fallen gleich darauf mit heftigen Magenschmerzen um: Das Fleisch stammt von einem Tier, das Medizin produziert. Abends sind alle Autos in Ihrer Straße durch Termiten verspeist worden. Ihr Haus verwandelt sich langsam in Plastik, da die aus der Plastikfabrik ausgebrochenen Regenwürmer die Steine, aus denen Ihr Haus besteht, aufbrechen und in Polypropylen umsetzen. Und jetzt schnell, verstecken Sie sich hinter einer der mannshohen Tomaten, die hier gerade überall wachsen! Da stürmt ein Säbelzahntiger heran. Ein genetischer Scherz von ein paar Lausbuben, der ein bisschen aus dem Ruder gelaufen ist.

Was für ein Chaos, was für ein Saustall! Es könnte durchaus ein interessantes Jahrhundert werden, wenn Sie mich fragen.

»You fucking nutjob. *Deine Webseite
ist Nepp und reine Zeitverschwendung.
Alles, was du schreibst, ist Unsinn.*
Go fuck yourself, *zusammen mit
deinen kiffenden Freunden.*«
Dan Wassung, April 2005

»*Ist es möglich, dass eine Tierart einen
großen Evolutionssprung macht und sich
in ein bösartiges Wesen verändert, das
unsere Dominanz als Herrscher der Natur
herausfordert?*«
Amistaja X, Finnland, September 2006

»*Die Exit-Mundi-Webseite ist
schaurig!!!!!!!!!!!!!
Eine Menge dreht sich
um Umweltfragen!*«
Phrasebase (Weblog) 2007

MIAU!
DIE KATZENAPOKALYPSE
(UND ANDERE TAGE DES
JÜNGSTEN GERICHTS MIT TIEREN)

++

EFFEKT   ZERSETZUNG DES LEBENS AUF ERDEN
ÜBERLEBEN   NICHT GANZ EINDEUTIG
WAHRSCHEINLICHKEIT   SICHER
ZEITPUNKT   HAT SCHON BEGONNEN

++

Was kann man streicheln, hat Krallen und sorgt für den Weltuntergang? Sie werden es nie erraten. Es ist ihre treue, schnurrende Freundin: Ihre Katze. Und Katzen sind nicht die einzigen Tiere, die Probleme verursachen. Kaninchen machen es auch. Und Frösche. Ja, sogar der niedliche Riesenpanda hilft mit, unsere Welt zu vernichten. Setzen Sie sich besser hin und erschaudern Sie.

Falls Sie Mitleid mit den Dinosauriern haben, überdenken Sie das jetzt noch einmal. In dem Moment, in dem Sie das hier lesen, ist draußen eine Schlacht im Gange, die genauso schlimm oder sogar noch schlimmer ist als die, die den Dinos die Schlinge um den Hals legte. Ja, Sie haben richtig gelesen. In diesem Moment sterben genauso schnell Tierarten aus wie in den letzten Tagen der Dinosaurier!

Die Dinosaurier brauchten Tausende von Jahren, um schließlich auszusterben. Am heutigen Tag ist die Geschwindigkeit, mit der Arten aussterben, schätzungsweise 10.000 Mal höher als normal. Die Arten sterben gleich bündelweise aus. Jeden Tag verschwinden vermutlich zwischen 50 bis hin zu eventuell sogar mehr als 200 Arten Tiere und Pflanzen. 200 Arten! Weg. Kommen nie wieder. Noch ein paar Jahrhunderte, und es gibt nur noch die Hälfte alle Arten. Verdanken tut man dies dem Meteoriteneinschlag, den man »Menschheit« nennt.

Äh... der Mensch als Meteorit? In der Tat. Diese Idee wurde in den Neunzigerjahren von dem berühmten Paläontologen Richard Leakey lanciert. Nach Leakey haben wir es momentan mit dem sechsten großen Massenaussterben, der sechsten Mega-Naturkatastrophe in der Erdgeschichte zu tun.[39] Und diese Katastrophe, das sind Sie und ich: die Menschen.

Andere Biologen und Ökologen vergleichen den Menschen mit einem Virus, das die Erde infiziert hat, oder mit einem Parasiten, der die Erde überwuchert und ausgesaugt hat. Nicht wirklich nett, so etwas über Ihre Artgenossen zu sagen, dafür aber sehr nachvollziehbar. Denn sollten wir alle einmal den westlichen Lebensstil haben wollen, brauchten wir ungefähr sechs Erden, um uns mit Essen, Trinken, Energie und Klamotten zu versorgen. Doch soweit ich weiß, haben wir doch eigentlich nur eine einzige.

Es sind schon Bibliotheken von Büchern vollgeschrieben worden darüber, was genau mit den Tieren und Pflanzen auf unserem Planeten passiert. Ich begnüge mich mit ein paar Beispielen, die illustrieren sollen, wie sonderbar und ernst diese Probleme tatsächlich sind. Also lasst sie kommen, die Katzen, Frösche, die Insekten und die Fische – den ganzen Tierpark.

Fall 1
Das Ding mit Osama Bin Leopard

Erinnern Sie sich noch an Afghanistan? 2002 verwendete die US-amerikanische Armee Clusterbomben und Luft wegsaugende Brandbomben, um die afghanischen Höhlen von Al-Qaida-Mieslingen zu säubern. Leider war noch jemand anders in diesen Grotten versteckt. Es war der Schneeleopard *(Uncia uncia)*, eines der seltensten Tiere der Erde.

---

39 Die anderen fünf fanden vor 450 Millionen, 350 Millionen, 251 Millionen, 200 Millionen und 65 Millionen Jahren statt, an letzterem Datum starben die Dinosaurier aus.

Sehen Sie es vor sich? Osamas Bartmänner, Hand in Hand mit dem mächtigen Schneeleoparden, eingesperrt in eine Höhle. Und dann: Bumm! Au! Schepper! Tschüss Bartmänner. Und tschüss Schneeleopard.

Aber während noch reichlich Bartmänner auf unserem Planeten übrig sind, kann man das über den Schneeleoparden nicht gerade sagen. Dieses Raubtier ist in Afghanistan wohl ausgestorben; wieder ein Lebensraum weniger. Wenige Menschen wissen etwas darüber, wenige Medien haben darüber berichtet. Der mächtige König der Berge hatte das Pech, dass er ausgerechnet da wohnte, wo ein alberner Menschenkrieg ausbrach über Gottesdienst, Macht und diese Art von Dingen.[40] Aktuell sind nach Schätzungen noch etwa fünftausend Schneeleoparden auf diesem Planeten übrig.

Fall 2
Die Sache mit dem gewichsten Nashorn

Als ich den Fernseher anschaltete, sah ich den deutschen Zoologen Thomas Hildebrandt etwas Außergewöhnliches tun. Für einen Dokumentarfilm der BBC ließ er sich filmen, wie er dabei war, einem männlichen Nashorn einen runterzuholen. Und danach sahen wir ihn, wie er einen Elefanten befriedigte (ein Vorgang, für den ein Mensch das Tier mit analem Faustverkehr stimulieren muss, wie ich gelernt habe).[41]

Hildebrandt und seine Kollegen haben Zuflucht beim Tiersex gesucht, um die Natur zu retten. Von dem Nördlichen Breitmaulnashorn *(Ceratotherium simum cottoni)* sind höchstens noch 13 übrig. Ja, dann bleibt einem nicht viel anderes übrig, als das Männchen zu befriedigen und den erhaltenen Samen möglichst schnell künstlich beim Weibchen unterzubringen.

Ziemlich viele Menschen denken, dass die Technik die Natur schon retten wird. Ein bisschen künstliches Befruchten, ein paar

---

40 Zum guten Schluss meldeten Umweltschutzorganisationen, dass nach der Invasion sogar mehr Schneeleoparden gewildert wurden als zuvor. Der Grund: Ausländische Helfer und UN-Soldaten kauften die Pelze!

41 Diese erheiternden Szenen waren bei der Ausstrahlung der untadligen BBC-Wissenschaftssendung ›Horizon‹ im März 2007 zu sehen.

Reagenzglaszeugungen. Außerdem, können wir heutzutage nicht auch schon DNA archivieren? Leider geht das nicht so einfach. Mit der DNA hat man noch kein Tier. Mit Samen übrigens auch nicht. Am Ende des Dokumentarfilms musste Hildebrandt feststellen, dass das Frauchennashorn nicht schwanger geworden ist.

Fall 3
Die Sache mit der bösartigen Katze

Während ich hier sitze und schreibe, liegt meine Katze Molly auf meinem Schoß und schläft. Lizzy, meine andere Katze, ist draußen dabei, Vögel zu jagen oder sich mit einer anderen Katze zu balgen. Mein Nachbar hat nämlich auch zwei Katzen. Die Nachbarn dahinter haben eine, die danach fünf. In der Straße, in der ich wohne, leben mehr Katzen als Menschen.

Das ist ein Problem. All diese Katzen fangen Vögel und Mäuse und Ratten und Schmetterlinge. Biologisch gesprochen reißen sie damit ein Loch in die Nahrungskette. Nein, wirklich! Laut mehrerer Berichte ist es genau das, was in katzenreichen Ländern wie England, Schweden oder den Niederlanden passiert. Vogelarten verschwinden, Unterarten von Mäusen sind kurz vor dem Aussterben. Alles nur wegen Molly, Lizzy, Purdy, Nikki, Amber, Bigfoot, Sippi und all den anderen Milliarden Katzen, die die Welt bevölkern.

Wohin das führt? Zu einem Planeten, der nur noch von Menschen und Katzen bewohnt wird? Hmmm. Meine Katze Molly hat sich eben erhoben und ist von meinem Schoß gesprungen. Bestimmt geht's auf die Suche nach einer Maus.

Fall 4
Die Sache mit dem niedlichen Panda

Menschen sind freundliche Wesen. Wir lieben Tiere. Daher können wir es nicht mitansehen, wenn der Bonobo und der Riesenpanda bedroht werden. Und glauben Sie ja nicht, dass wir den mächtigen Löwen, den spaßigen Schimpansen oder das eindruckerweckende Nashorn im Stich lassen! Also richten wir lieber noch ein Naturschutzgebiet ein.

Aber warten Sie mal. Die Tiere, über die wir uns Sorgen machen, sind nur eine kleine Minderheit. Tierparktiere. Wer kümmert sich um Schnecken, Insekten, Läuse oder Spinnen? Die haben auch ihre Probleme. Aber wir finden sie nicht niedlich genug. Lassen Sie sie ruhig aussterben, wir werden deshalb keine einzige schlaflose Nacht haben.

»Survival of the cutest« ist der schöne Ausdruck dafür: Überleben der Hübschesten. Biologen verwenden diese Formulierung manchmal, um uns deutlich zu machen, dass wir die falschen Arten beschützen. Unsere Listen der »bedrohten Tierarten« sind voll mit drolligen und goldigen Tieren. Flöhe, Kakerlaken oder Spinnen kommen da kaum vor. Das ist nur Ungetier.

Fall 5
Die Sache mit den toten Fröschen

Merkwürdig. Überall auf der Erde ist ein massenhaftes Froschsterben im Gange. Es scheint keinen speziellen Grund dafür zu geben. Sie fallen einfach tot um, ohne erkennbare Ursache, und so geht das schon 15 Jahre. Da ist es: das Froschproblem.

Inzwischen ist klar geworden, dass hier eine Schimmelkrankheit ihre Finger im Spiel hat. Verursacht durch einen Schimmel, dessen Namen jetzt einmal laut auszusprechen ich Sie hiermit herausfordere: *Batrachochytrium dendrobatidis*. Die Sporen des Schimmels verteilen sich übers Wasser, aber auch durch die Luft. In manchen Gebieten werden Sie keinen Frosch mehr finden, der Ihnen davon erzählen kann.

Das Verrückte daran ist, dass dieses Batrachodingens sicher schon seit den Dreißigerjahren existiert. Biologen verstehen noch überhaupt nicht, warum Frösche jetzt auf einmal so darunter leiden. Die Krankheit ist da, einfach so, urplötzlich. Womöglich spielt die Umweltverschmutzung eine Rolle. Vielleicht hat das Loch in der Ozonschicht etwas damit zu tun. Kein Biologe, der es weiß.

Sehr schön ist das nicht. Abgesehen von der Tatsache, dass eine froschlose Welt doch ein gutes Stück leerer ist, kann das

Froschproblem durchaus eine Art Vorzeichen ernsterer Probleme sein. Frösche sind nämlich sehr anfällig. Wenn also die Frösche ausgestorben sind, wer ist dann als Nächster an der Reihe? Wir?

Fall 6

Invasion der Killerkaninchen

Der Viktoriabarsch tat es. Das Kaninchen tat es. Auftauchen an einem Ort, an dem die Natur sie nicht beabsichtigt hatte.

Nun ja, »auftauchen«. Es war natürlich ein weiteres Mal der Mensch, der die Tiere mitnahm. Die Holländer brachten Katzen mit nach Australien. Die Engländer brachten Füchse und Hunde mit nach Neuseeland. Die Wikinger führten das Kaninchen in Schottland ein. Die Zigeuner nahmen die Zigeunermotte (der volkstümliche Name für den Schwammspinner) mit nach Amerika.

Jetzt stehen wir hier vor Problemen. In den USA muss ein Viertel aller landwirtschaftlichen Einnahmen für die Bekämpfung von aus dem Ausland eingeführten Plagen wie der Baumwollmotte (eigentlich ein Käfer aus Mexiko) und dem Unkraut der Esels-Wolfsmilch (aus Europa) aufgewendet werden. In Deutschland und den Niederlanden sind die Wälder voller aus Amerika eingeführter Traubenkirsch-Bäume und ausländische Miniermotten fressen die Kastanienbäume an. In Neuseeland, Australien, Schottland und einigen anderen Ländern treiben Zillionen von buddelwilligen Scheißkaninchen die örtliche Bevölkerung in den Wahnsinn.

Eigentlich will ich jetzt nicht noch mal von den Katzen anfangen. Aber die fressen sich unter anderem in Neuseeland und Australien ihre Bäuche rund an seltenen Vögelchen und Säugetieren. Zum Beispiel am armen Kiwi-Vogel, der zumindest jetzt noch das nationale Wappentier von Neuseeland ist. Das fällt den Katzen ziemlich leicht, das arme Viech hat ja nicht mal Flügel! Die Natur dachte sich wohl: Hier gibt es ja keine Katzen, da brauchst du auch keine Flügel. Doch damit lag die Natur offensichtlich falsch.

Glaubt man manchen Ökologen, führt das auf Dauer zu dem, wofür man das schöne Wort »McÖkosystem« gefunden hat. Einheitsbreinatur, die überall auf der Welt ungefähr gleich aussieht, mit Kühen, Schafen, Gras und Tauben.

Es ist nicht schön, das sagen zu müssen, aber das wirklich ernsthafte Problem sind nun mal die Menschen. Menschen haben die hartnäckige Gewohnheit, alles, was sie anfassen, zu einem Scherbenhaufen werden zu lassen. Sie sind eine schädliche Art. Beinahe so schlimm wie Katzen.

PLUMPS!
BAUEN SIE EINE BRÜCKE, DER
MEERESSPIEGEL STEIGT

++

EFFEKT   MASSIVE ÜBERSCHWEMMUNGEN
ÜBERLEBEN   SCHWIMMEND
WAHRSCHEINLICHKEIT   DENKBAR
ZEITPUNKT   IRGENDWANN ZWISCHEN JETZT
                        UND IN TAUSEND JAHREN

++

Der Mensch wird deshalb nicht aussterben und der Planet geht daran auch nicht kaputt, aber los, in den Gelben Seiten der apokalyptischen Katastrophen darf der Anstieg der Meeresspiegel natürlich nicht fehlen. Vor allem, weil es Land ganz in unserer Nähe ist, das unterzugehen droht.

Lassen Sie uns auf eine Zeitreise gehen. Ein Jahrhundert in die Zukunft oder vielleicht doch lieber gleich ein paar tausend Jahre, dann sind wir auf der sicheren Seite. Sind Sie angekommen? Los, dann öffnen Sie jetzt Ihre Augen. Aber erschrecken Sie nicht.

Die Niederlande? Weg. Norddeutschland, Dänemark? Futsch. England, Belgien, Westfrankreich und Portugal? Größtenteils verschwunden. Italien hat seine Poebene verloren. Die baltischen Staaten sind nirgends mehr zu finden. In Russland sind ausgedehnte Tundra-Regionen zu Sümpfen geworden, und das Schwarze Meer ist um das Vierfache gewachsen.

Auf der anderen Seite des Atlantiks, in Amerika, sieht es nicht viel besser aus. Louisiana, Florida und die Staaten am Mississippi sind verschwunden. In den Tiefebenen der USA, zwischen den Appalachen und den Rocky Mountains, erstreckt sich ein Ozean. Und wie steht es um Ägypten, Algerien, Vietnam und Bangladesch? Nirgendwo mehr zu entdecken. Das meiste davon ist inzwischen Meeresboden.

Stellen Sie sich vor: 80 Meter Meeresspiegelanstieg, überall auf der Welt. Bisschen nass, finden Sie nicht? Doch das ist die

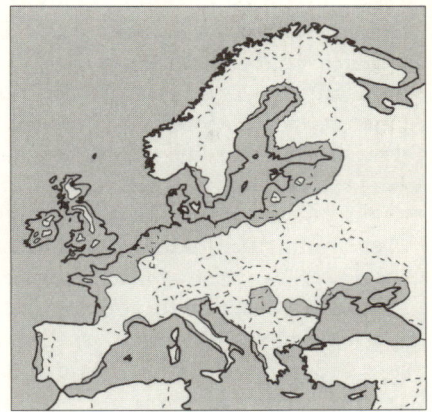

Neues Europa – So wird die europäische Küstenlinie aussehen, wenn das Packeis der Erde geschmolzen und der Meeresspiegel ein paar Dutzend Meter gestiegen ist. Grau gefärbt das Meer, weiß das Festland.

Höhe, auf die es einmal ansteigen kann, das Meer. In jedem Fall ist es jene neue Uferhöhe, auf die es laut der Pessimisten ansteigen wird.

Vorläufig können wir aber noch beruhigt sein. Die riesigen Wassermassen, die man für die Große Flut braucht, sind sicher aufgehoben, eingefroren im Eis. Enorme Mengen davon finden Sie am Südpol, auf den Bergesspitzen, in Grönland und im porösen Boden Sibiriens. Und dort bleibt es vorläufig auch noch eine Weile. Unser Land wird auch nicht innerhalb von ein paar Sekunden von Wasser überspült, wie es die Animationen in Al Gores Dokumentation ›An Inconvenient Truth‹ anschaulich machen. Auch nicht innerhalb von ein paar Jahren. So etwas dauert Jahrhunderte und noch einmal Jahrhunderte und auch nur dann, wenn es wirklich wärmer wird (und bleibt) auf unserem Planeten. Der Rekord im Meeresspiegelanstieg steht, soweit bekannt, auf 20 Metern in 400 Jahren. Das sind also fünf Zentimeter pro Jahr – und das war am Ende einer Eiszeit.[42]

---

42 Dies geschah vor 14.000 Jahren.

Und doch scheint hier wirklich irgendetwas Ungewöhnliches zu passieren. An verdächtig vielen Stellen beginnt das weiße Zeugs zu schmelzen. Der Nordpol verschwindet so schnell, dass die Sommer dort etwa im Jahr 2050 sogar eisfrei sein könnten, so dass die Eisbären ihren Sommerurlaub wassertretend verbringen müssten. In Alaska und Sibirien sind große Flächen Permafrost dabei aufzutauen, an den Rändern Grönlands tropft verdächtig viel Tauwasser ins Meer und auf der Unterseite des Planeten, in der Antarktis, verliert der Kontinent am Westzipfel mehr Eis, als er sich wieder beschaffen kann. Überall auf der Welt schrumpfen Berggletscher und werden Gipfel, die doch ewig mit Schnee bedeckt waren, langsam schwarz.

Der Treibhauseffekt ist der allerwahrscheinlichste Verursacher. Jeden Tag pumpen wir enorme Mengen Kohlendioxid in die Luft, ein Gas, das die von der Erde reflektierte Wärmestrahlung absorbiert.[43] Dadurch wird es immer wärmer. Die neuesten Prognosen klingen wie das Ergebnis eines mühsamen Tarifverhandlungskompromisses: Die Wissenschaft weiß nun mit 90-prozentiger Sicherheit, dass 90 Prozent der Erderwärmung menschliche Ursachen haben. Dazu gibt es übrigens auch wieder viele kritische Stimmen: So soll der »breite Konsens« vor allem die Meinung eines kleinen Clubs von Panikmachern sein, und es stünde noch am allerwenigsten fest, ob Kohlenstoffdioxid überhaupt die wichtigste Ursache für die Erwärmung sei.

Wie auch immer, dass der Meeresspiegel sehr langsam hochgekrochen kommt, ist eine Tatsache. Vorläufig geschieht das noch mit drei Millimetern pro Jahr, also noch viel langsamer, als Ihre Fingernägel wachsen. Der Großteil davon kommt daher, dass das Meer wärmer wird und sich somit ausdehnt. Aber die meisten Experten befürchten Schlimmeres. Die Erwartungen für das kommende Jahrhundert reichen von 18 Zentimetern bis hin zu sechs Metern[44], und die Spanne zwischen den Zahlen belegt,

43 Ein berühmtes Missverständnis – ich wäre beim Schreiben dieses Buches auch fast darauf hereingefallen – ist, dass Kohlenstoffdioxid das Sonnenlicht absorbiert. Das ist nicht der Fall: Das Sonnenlicht wärmt die Erde, die Erde sondert daraufhin Infrarotstrahlung ab, und erst die wird von dem Kohlenstoffdioxid aufgenommen.
44 Der UN-Ausschuss für den Klimawandel IPCC kommt in seiner Schätzung aus dem

dass die Wissenschaft es doch noch nicht so genau weiß. Eine Schätzung, die mehr als 3000 Prozent auseinanderläuft, das ist doch ungefähr so, wie wenn Sie sagen würden: »Im kommenden Jahr bleibt mein Einkommen auf dem bisherigen Niveau. Oder ich werde fünfmal so viel verdienen wie der Bundeskanzler.«

Dennoch: Wenn die Vorzeichen stimmen, kann das schmelzende Eis, wenn es auch jetzt erst mal nur für lächerliche 0,2 bis 0,4 Millimeter Meeresspiegelanstieg pro Jahr sorgt, einmal unser nächstes großes Problem werden. Schmeißen Sie die Westhälfte der Antarktis ins Meer und der Meeresspiegel wird um vier bis sechs Meter ansteigen, genug, um die Niederlande und zwei Milliarden Mitbewohner der Erde ins Wasser zu stellen. Grönland würde noch einmal 7,2 Meter Anstieg dazugeben; die Gletscher einen Meter und das Hochland der Antarktis selbst 61 Meter. Ein Meter Meeresspiegelanstieg ist genug, um hundert Millionen Amerikaner, Niederländer, Briten, Ägypter und noch eine ganze Reihe anderer für immer aus ihren Häusern zu jagen.

Sollten solche Unglücksszenarien wirklich Realität werden, bedeutet dies, dass sich unsere Welt in den kommenden Jahrzehnten stufenweise enorm verändern wird. Murrend werden wir immer mehr Ackerland der Natur preisgeben. Bauern werden schrittweise zu anderen Anbaupflanzen wechseln. Langsam müssen wir die Wasserwerke anpassen. Architektur- und Ingenieurstudenten werden Generation für Generation mehr darüber lernen müssen, wie sie mit dem Wasser zu rechnen haben. Und natürlich wird es immer wieder eine handfeste Katastrophe geben, die uns wach hält: Auf dem Programm stehen unter anderem die Große Überschwemmung von London, die Große Überschwemmung von Randstadt (also des Ballungsraums der Städte Amsterdam, Rotterdam, Den Haag und Utrecht) und die Große Überschwemmung von Bangladesch (die Große Überschwemmung von New Orleans, die auch auf der Liste stand, können wir ja inzwischen als erledigt abhaken).

Die größeren Probleme liegen noch weiter in der Zukunft, wenn Städte, Regionen und ganze Länder tatsächlich völlig un-

---

Jahre 2007 auf 18 bis 59 Zentimeter; die sechs Meter tauchten nur einmal in Studien auf, die von einer Verstärkung des Treibhauseffekts ausgehen.

ter dem Wasser verschwinden. Im Augenblick wohnen 90 Prozent der Weltbevölkerung dicht am Meer. Steigt der Meeresspiegel an, müssen all diese Menschen umziehen. Inzwischen gibt es aber schon immer weniger Boden für die Landwirtschaft, die Viehzucht und andere Dinge, die uns mit Lebensmitteln versorgen. Und, welche Ironie, eines der bittersten Probleme ist das Fehlen von Trinkwasser: Das meiste davon ist jetzt salzig.

Vielleicht steht uns das Wasser schon jetzt bis zum Hals, wörtlich und im übertragenen Sinne. Während die Erde sich erwärmt, kommen nämlich allerlei erwartete und weniger erwartete Nebeneffekte in Schwung. Schauen Sie mal zum Nordpol. Gut, der schmilzt. Für sich genommen kein Ding, denn der Nordpol besteht aus Treibeis, und wenn das schmilzt, steigt der Meeresspiegel nicht an. Aber das ist noch nicht alles. Das Eis dort wirkt wie ein Spiegel, der das Sonnenlicht zurück in den Weltraum wirft. Kein Eis mehr und der dunklere Ozean, der nun noch unter dem Poleis liegt, wird die Sonnenwärme absorbieren, wodurch das Meer noch etwas schneller warm wird.

Oder sprechen wir mal von dem Permafrost in Grönland, Alaska und Russland. Darin sind Millionen Tonnen gefrorene, tote Pflanzenreste wie in einer großen Tiefkühltruhe aufgehoben. Wenn der Permafrost schmilzt, wird das ganze Zeugs auftauen und zu verrotten beginnen. Es wird gewaltig anfangen zu stinken, und es werden riesige Wolken Sumpfgase hochblubbern. Das wird den Schmelzprozess beschleunigen, denn das Sumpfgas (Methan) ist nun mal ausgerechnet ein kräftiges Treibhausgas.

Glücklicherweise gibt es auch ein paar angenehme Nebeneffekte. So entdeckten Delfter Wissenschaftler vor Kurzem, dass der Meeresspiegel vor den Niederlanden und Belgien genau dann fallen wird, wenn Grönland schmilzt. Das kommt daher, dass das grönländische Eis ein solch massiver Klotz ist, dass es eine eigene Schwerkraft hat. Rund um Grönland gibt es also einen buchstäblichen Wasserbuckel im Meer, der bis nach Europa reicht, angezogen durch die Schwerkraft des Eises. Schaffen Sie den Eisklumpen weg, verschwindet auch der Buckel vor unserer Haustür.

Wohin das führen wird? Keiner weiß es. Auf der einen Seite findet man Forscher, die behaupten, dass hier übertrieben wird und wir durch ein unschuldiges Schwankungsphänomen gefoppt werden. Am äußersten Rand des anderen Endes findet man Wissenschaftler, die denken, dass ein unumkehrbarer Schmelzprozess in Gang gekommen ist und wir unsere Eismassen abschreiben können. Es ist ein wenig beruhigender Gedanke, dass die große Mehrheit der Gelehrten sich auf der »Hilfe, unsere Erde ersäuft!«-Seite des Spektrums befindet.

Zum Glück gibt es etwas Tröstendes. Unser Planet hat schon wesentlich schlimmere Dinge mitgemacht. Vor rund 8000 Jahren war es auf der Erde bedeutend wärmer als heute. Und unsere Pole haben das trotzdem überlebt.

Das Meer hat die Welt übrigens schon öfter unter Wasser gesetzt. Oder was glauben Sie, wie all die fossilen Meerestierchen in die Mergelsteinhöhlen in Limburg gekommen sind? Vor hundert Millionen Jahren, während eines Maximums in der sogenannten mittleren Kreidezeit, da war es wirklich übel. In diesen Tagen verwandelte sich die Erde in eine überschwemmte, feuchte Treibhauswelt, wahrscheinlich als Folge von Supervulkanismus. Der CO_2-Gehalt in der Atmosphäre war sechs Mal so hoch wie heute, und auf dem ganzen Planeten war nicht mehr ein Krümelchen Eis zu bekommen. Auf dem Südpol spazierten Krokodile und es blühten Blumen, während das nördliche Polarmeer ein prima Schwimmwasser war (zumindest solange Ihnen keine prähistorischen Seemonster entgegenkamen). Und auf dem Rest des Planeten wischten sich die Dinosaurier den Schweiß von der Stirn.[45] Und da war noch was; die Meere waren in dieser Zeit ein Stückchen flacher als heute.

Aufgrund all dessen stand der Meeresspiegel nicht weniger als 200 bis 300 Meter höher als jetzt! Stellen Sie sich das einmal vor. Sie würden von den Niederlanden aus auf jeden Fall bis zu den Hohen Ardennen reisen müssen, um festen Boden unter die Füße zu bekommen. Es gibt sogar Hinweise darauf, dass das Wasser im Ordovizium, der erdgeschichtlichen Periode mit den ersten Urwäldern, noch höher stand: plus 400 Meter. Lassen Sie mich mal kurz in meinem Atlas nachschauen, 400 Meter dazu ... Shit, ich als Niederländer müsste dann bis zu den Vogesen.

---

45 Im übertragenen Sinne eher, denn es ist nicht sehr wahrscheinlich anzunehmen, dass Dinosaurier schwitzen konnten.

Alles wirklich schon einmal dagewesen, in der Geschichte unseres Planeten. Nur die Dinosaurier scheinen kein Glück damit gehabt zu haben.

1. Antarktis
60 – 80 Meter Meeresspiegelanstieg

Glück gehabt. Das meiste antarktische Eis sitzt hoch und trocken auf dem Kontinent, wohin das Meerwasser nicht kommt. Pro Jahr kommen etwa 8 Millimeter Eis durch Schneefall hinzu. Aber weiter vorne, an den Rändern, da rumort es. Auf der antarktischen Halbinsel sind 87 Prozent der Gletscher dabei zu schrumpfen. Im Westen wird rund ein Drittel des Eises dünner, an manchen Stellen zwischen drei und vier Metern pro Jahr.

2. Grönland
7,2 Meter Meeresspiegelanstieg

Im Augenblick verliert Grönland circa 220 Kubikkilometer Eis pro Jahr, mehr als zwei Mal so viel wie noch vor zehn Jahren. Im März 2006 entdeckten NASA-Satelliten dramatisch viele geschmolzene Stücke entlang der Küsten. Experten sind der Meinung, dass Grönland bereits jetzt den Meeresspiegel um einige Millimeter hochgedrückt hat.

3. Bergesspitzen und Gletscher
0,5 bis 1 Meter Meeresspiegelanstieg

2003 erschreckte sich die Welt zu Tode, als plötzlich ein enormer Brocken Eis von der berühmten »Zipfelmütze« des Matterhorns abbrach. Das war nur einer von vielen Vorfällen. Überall auf der Welt ist das Bergeis dabei zu verschwinden, Folge davon sind Überschwemmungen, Lawinen, Erdrutsche und wirtschaftliche Probleme in den Wintersportgebieten. Jedes Jahr schieben die schmelzenden Gletscher die Meere nun um 0,2 bis 0,4 Millimeter in die Höhe. Und Forscher sind der Meinung, dass der Anteil an geschmolzenem Bergeis in diesem Jahrhundert noch stark zunehmen wird, weil das Eis weiter leicht schmilzt.

4. Sibirien
Beschleunigt den Treibhauseffekt

2005 ging ein Schock durch die Klimawelt, nachdem der britische Journalist Fred Pearce riesige Gebiete in der sibirischen Tundra entdeckt hatte, die vor sich hin schmelzen. Das Problem dabei ist nicht so sehr das Schmelzen an sich, als vielmehr das Gas, das dadurch frei wird. Der sibirische Permafrost ist einer der größten CO_2- und Methanreservoirs der Welt.

5. Nordpol
Beschleunigt den Treibhauseffekt

Es finden sich immer mehr Beweise dafür, dass der Nordpol immer schneller schmilzt. Alle zehn Jahre wird die Eisoberfläche acht Prozent kleiner. Forscher erwarten, dass der Pol etwa im Jahr 2050 die Sommer über eisfrei sein wird, wodurch sich das Meerwasser erwärmen kann. Weil der Nordpol aus Treibeis besteht (und also eigentlich ein großer, herausgefallener Eiswürfel ist), wird das Schmelzen des Nordpols das Meeresniveau nicht direkt beeinflussen.

6. Kanada
5–10 Zentimeter Meeresspiegelanstieg

Nach manchen Schätzungen hat Kanada seit den Sechzigerjahren 650 Quadratkilometer Eis verloren. Das Meer stieg daher um 1,45 Millimeter an. Inzwischen hat Kanada das gleiche Problem wie Alaska, Sibirien und Nord-Skandinavien: Das Land verwandelt sich in sumpfigen Morast, der Treibhausgase freigibt.

7. Alaska

Gesellschaftliche Probleme

Alaska ist eines der am schwersten von der Eisschmelze betroffenen Gebiete. Schon jetzt sinken Straßen ab, stürzen Häuser ein und verwaisen ganze Dörfer, weil der Permafrost, auf dem sie gebaut sind, auftaut. Örtliche Behörden stellten fest, dass 85 Prozent aller Dörfer von den Schmelzproblemen betroffen sind, variierend von Moskito-Plagen über abbröckelnde Küsten bis hin zu wegbrechenden Gebäuden. Wissenschaftler erwarten, dass die obersten drei Meter Permafrost bis zum Jahre 2100 verschwunden sind.

Nun ja, zumindest müssen wir keine Angst haben vor, na sagen wir mal, sich windenden Wesen, die unter dem Meeresboden leben. Oder etwa doch?

Tief unter dem Meeresboden tickt eine Zeitbombe. Ein schrecklicher Sprengstoff, der vielleicht doppelt so viel Energie gespeichert hat wie alle Öl-, Erdgas- und Steinkohlevorräte der Erde zusammen. Unvorstellbar. Ich spreche von Methan. Eine enorme Menge Küchengas. Milliarden Tonnen! Wenn das eines Tages nach oben blubbert, kann dies das Ende der Welt bedeuten, so wie wir sie kennen.

Vor Milliarden Jahren, als die Erde noch jung war, herrschte eine merkwürdige Lebensform über unseren Planeten. In diesen Tagen wurde die Erde von exotischen Mikroben bewohnt, die den Namen »Archaea« tragen. Sie hatten das Reich für sich allein. Und exotisch waren sie in der Tat: Sie atmeten Methan aus.

Doch vor 2,3 Milliarden Jahren änderte sich daran etwas. Zu dieser Zeit begann die Atmosphäre immer mehr Sauerstoff zu enthalten. Dagegen konnten die Gas-Atmer nichts ausrichten. Sauerstoff ist, komischerweise, giftig für sie. Also machten sie sich davon. Die ursprünglichen Bewohner der Erde verkrochen sich tief unter dem Meeresboden und unter den Kontinenten. Und dort wohnen sie noch heute. Sie sitzen in Reisfeldern, in Sümpfen und unter der Erde. Sie verstecken sich sogar in Ihren Eingeweiden. Nein, wirklich! Daher könnten Sie die Pupse, die Sie fahren lassen, entzünden, wenn Sie ein Feuerzeug dran halten: Viel davon ist Gas, produziert durch Ur-Mikroben.

Aber auch die Archaeen unter dem Meeresboden produzieren Gas. Schon Millionen und Millionen Jahre lang. Eine Menge davon ist in dicken Placken aus porösem Eis auf und in dem Meeresboden eingeschlossen, man nennt diese Scheiben auch Methanhydrat. Und da sitzt das Gas noch immer und wartet nur darauf, befreit zu werden.

Vor 55 Millionen Jahren ging es einmal schief. Die Natur ließ damals unglücklicherweise einen fahren. Aus dem einen oder anderen Grund (ein Seebeben? Erwärmung?) kam einer der tödlichen Meerpupse frei. Auf einmal sprudelte da eine RIESIGE Blase von schätzungsweise 2000 Milliarden Tonnen Methan aus dem Ozean. Von manchen Seetierarten starben bis zu 55 Prozent aus, und überall auf der Welt stieg die Temperatur in die Höhe, denn Methan ist ein starkes Treibhausgas, das Sonnenwärme speichert.

Der Punkt ist: Genau das kann noch einmal passieren, in einem viel, viel größeren Maßstab. Durch die Erderwärmung werden auch die Meere wärmer. Das könnte dazu führen, dass das Gaseis auf dem Meeresboden schmilzt. Fünf Grad etwa, so meinen Forscher, und die Mutter aller Fürze taucht vielleicht auf.

Sie sitzen also eines Tages gemütlich am Strand, als Sie plötzlich ein merkwürdiges und unheilvolles Geräusch hören. Zu Ihrer völligen Verblüffung beginnt das Meer vor Ihnen zu kochen! Schiffe, die das Pech haben, gerade in der Nähe zu sein, sinken jählings, da das blubbernde Meerwasser nicht mehr genug Auftrieb hat, um sie an der Oberfläche zu halten. Aber das ist eigentlich nur ein Detail. Bevor Sie es merken, liegen Sie schon gekrümmt am Boden und schnappen nach Luft. Überall Gas! Im Kleinen geschah so etwas schon einmal 1986 in Kamerun. Aus einem Vulkansee entwich plötzlich eine Blase Kohlenstoffdioxid: 1200 Menschen fielen tot zu Boden.

Sie werden schnell merken, dass das nicht der richtige Moment ist, um sich eine Zigarette anzuzünden. Aber ob es jetzt eine Zigarette ist, ein Blitz oder der Funke eines elektrischen Apparats: Einen Brand gibt es auf jeden Fall. Äh… BRAND, meine

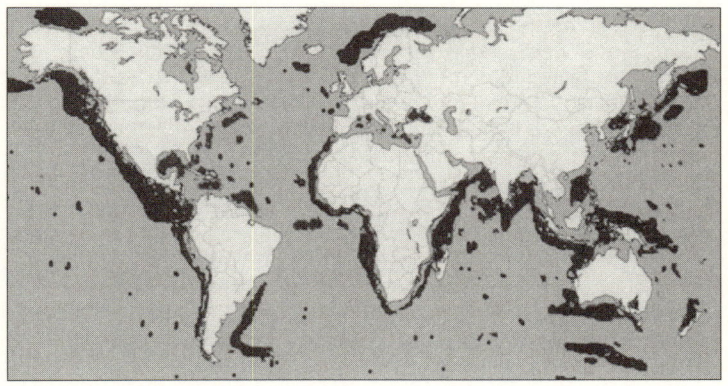

Ultimative Bombe *– Unterseeische Methanfelder, von denen wir wissen.* (Überarbeitet nach: National Oceanic and Atmospheric Administration NOAA)

ich. Auf einmal explodiert dann die Atmosphäre, und ein siedender Feuersturm rast landeinwärts. Küstenstädte wie Lissabon, New York oder Rio de Janeiro könnten auf diese Art von der Landkarte getilgt werden.

In den folgenden Monaten und Jahren wiederholt sich diese Katastrophe immer wieder. Durch jeden Meerpups und jeden Feuersturm erwärmt sich die Atmosphäre mehr und mehr, was wiederum zur Erwärmung der Ozeane führt. An immer mehr Stellen können die gasgefüllten Eisscheiben dadurch zum Schmelzen kommen. Wo Sie auch stehen und gehen, es ist überall dieselbe Geschichte: Feuerstürme, Megaexplosionen und andere apokalyptische Gewalt. Das Mittelmeer blubbert und bringt Tod und Vernichtung in Italien, Griechenland, der Türkei und im Nahen Osten. Der Golf von Mexiko explodiert, viele Millionen Menschen sterben in Mittelamerika und den USA als Folge davon. Die karibische See macht einen Pups, woraufhin die Karibikinseln keine Bewohner mehr haben. Und so weiter und so fort.

Gasige Gäste
Hübsche Zahlen, um Ihren Freunden zu imponieren
- Methan-produzierende Mikroben machen schätzungsweise bis zu 30 Prozent des Gesamtgewichts des Lebens auf der Erde aus. Bäume, Elefanten und Walfische eingeschlossen.
- Wissenschaftler vermuten, dass die Methanmacher rund anderthalb Milliarden Jahre alleine das Sagen auf der Erde hatten. Das sind 40 Prozent der gesamten Zeit, in der Leben auf diesem Planeten besteht! Setzen Sie sich in eine Zeitmaschine und reisen Sie zu einem beliebigen Punkt in der Urgeschichte – in vier von zehn Fällen landen Sie in einer unirdischen Gaswelt, in der nur Archaeen wohnen.
- Darüber hinaus gibt es die Methanmacher schon 19.000 Mal so lange wie uns, die Menschen.
- Insgesamt liegen nach Schätzungen rund 15 Trilliarden Tonnen Methan unter dem Ozeanboden begraben. Allein in amerikanischen Gewässern lagert wahrscheinlich genug Methan, um die USA 2000 Jahre lang mit Energie zu versorgen.

Oh, es gibt natürlich noch ein paar andere verdrießliche Nebeneffekte. Wenn das Methaneis weggeblubbert ist, kann der Meeresboden instabil werden und wegbrechen. Dadurch könnten Tsunamis entstehen. Wenn man über Megatsunamis spricht, sollte man an das denken, was vor 8000 Jahren vor Norwegen passiert ist und was man als Storegga-Effekt bezeichnet. Da entstand eine hunderte Meter hohe Flutwelle, die über Island, Skandinavien und Europa hinwegzog und dutzende Kilometer landeinwärts wütete. Die wahrscheinlichste Ursache: aufsteigendes Methaneis aus dem Meeresboden.

Und dann sind da noch die Brände selbst. Die können einen vulkanischen Winter auslösen, wenn Rauch und Ruß der Feuer das Sonnenlicht dimmt. Monate- oder sogar jahrelang müssen wir dann tastend durch eine kalte, dämmrige Giftwelt herumirren. Wir müssten wie die Wilden leben. Falls wir dann noch leben, zumindest.

Denn auf lange Sicht gesehen, könnte es auch sein, dass wir ersticken. Methan hat nämlich die unerfreuliche Eigenschaft, dass es der Atmosphäre Sauerstoff entzieht. Berechnungen haben ergeben, dass selbst wenn nur ein Viertel allen Seemethans entweicht, das Sauerstoffniveau in der Luft um 30 Prozent fallen wird. Nach einer Weile bleibt dann womöglich nicht mehr viel zum Atmen übrig. Selbst in tiefergelegenen Gebieten wird die Luft so dünn werden wie sonst nur auf hohen Bergesspitzen. Das klingt doch hübsch: Sie wohnen in Norddeutschland und sterben plötzlich an der Höhenkrankheit.

Eine noch sinisterere Möglichkeit wäre, dass das Methan unsere Atmosphäre verpestet. In diesem Fall würde unsere Atmosphäre so dick, dass unsere Welt ein giftiger, unwohnlicher Ort wird, an dem wir nicht länger leben können. Aber darüber werde ich ausführlicher im nächsten Kapitel sprechen.

Junge, Junge, was ein paar Fürze so alles anrichten können. Aber nun, Sie dürfen es der armen Archaea auch nicht übel nehmen. Schließlich war es ihr Planet, bis wir plötzlich auftauchten. Wie würden Sie sich fühlen, wenn Sie gezwungen würden, 2,3 Milliarden Jahre unter dem Meeresboden zu verbringen? Geben Sie es ruhig zu. Darauf würden Sie einen lassen.

```
KÖCHEL!
DER TAG, AN DEM DAS
KLIMA DURCHDREHT

+++++++++++++++++++++++++++++++++++++++++++++
EFFEKT              EXTREME ERWÄRMUNG DER ERDE
ÜBERLEBEN           UNMÖGLICH
WAHRSCHEINLICHKEIT  KLEIN
ZEITPUNKT           IRGENDWANN WÄHREND DER
                    KOMMENDEN JAHRHUNDERTE
+++++++++++++++++++++++++++++++++++++++++++++
```

> Es könnte uns vielleicht eine hässliche Überraschung erwarten. Noch ein bisschen, und unser Klima rastet aus. Der Planet verwandelt sich in einen leblosen, heißen Ofen, vergleichbar mit dem Planeten Venus. Willkommen beim Grauen des »durchgedrehten Treibhauseffekts«! Und das Unheimliche ist: Vielleicht hat alles schon begonnen.

Puh, da haben wir aber Glück. Seit den Neunzigerjahren wird uns zugesichert, dass die Erde sich erwärmen wird. Die Polkappen werden schmelzen. Ganze Länder werden unter Wasser gesetzt. Orkane werden die Welt heimsuchen, Millionen Menschen werden sterben. Nun: Es war ein Irrtum. Das 21. Jahrhundert läuft schon, und noch immer ist nicht viel passiert.

Aber dann, plötzlich, ändert sich etwas daran. Von einem auf den anderen Moment spielt das Weltklima verrückt. Die Temperatur schießt in die Höhe. Die Polkappen schmelzen immer schneller, der Meeresspiegel steigt weiter. Der Permafrost taut auf und gibt Kohlenstoffdioxid und Methan frei; das Meer lässt Methan aufsteigen. Es scheint kein Ende zu geben, es ist eine unbeherrschbare Katastrophenserie.

Wenn Sie jetzt vielleicht denken, dass das verheerend sei: Das ist noch gar nichts. Woche für Woche, Monat für Monat, Jahr für Jahr gerät die Situation mehr außer Rand und Band. Die Temperatur steigt immer weiter, schneller und schneller. Und dann, mit einem Mal, bricht eine schaurige, neue Phase an. Das offene Wasser auf dem Planeten beginnt zu verdampfen. Die Meere werden nicht mehr ansteigen, ihr Spiegel fällt sogar. Wenn Sie zufällig einer der armen Tröpfe waren, deren Land beim Schmelzen der Pole unter Wasser gesetzt wurde, haben Sie Glück. Sie können wieder zurück nach Hause. Aber freuen Sie sich nicht zu früh. Das, was Sie eben als Zeuge miterleben, ist das Ende der Welt. Nicht mehr und nicht weniger.

Folgendes wird geschehen. Nachdem es immer wärmer geworden ist, verdampft mehr Wasser. Wenn immer mehr Wasser verdampft ist, wird es noch wärmer, denn Wasserdampf selbst ist ein kräftiges Treibhausgas. Dadurch verdampft wiederum mehr Wasser. Wodurch es wieder etwas wärmer wird ... Sie haben es kapiert: Eine Kettenreaktion ist ausgelöst worden. Der Treibhauseffekt ist außer Kontrolle geraten. Über den Meeren und wässrigen Ländern wie den Niederlanden hängt ein lauer, feuchter Nebel. Einen hellen, blauen Himmel kann man nicht mehr sehen. Die Sonne hat sich in eine wässrige Höhenlampe verwandelt. Es herrscht schwüles, verschwitztes Wetter. Das ist nun wirklich ein Treibhaus. Ein tropisches.

Regierungen und Wissenschaftler werden wie wahnsinnig nach einem Weg suchen, um die Sache wieder unter Kontrolle zu bekommen. Aber sie werden keinen finden. Man kann es wirklich vergessen, eine Möglichkeit zu finden, die in der Lage wäre, etwas derartig Mächtiges wie das Weltklima zu stoppen, zumal wenn es außer Rand und Band geraten ist. Soviel unsere Politiker auch beruhigende Worte nuscheln, um einer umfassenden Panik zuvorzukommen, so wissen sie doch tief in ihrem Innern, dass die Situation aussichtslos ist. Die Menschheit ist verloren. Noch ein paar Jahre, und unser Planet ist nicht mehr bewohnbar. Alles Leben steht kurz davor, endgültig von dem Planeten zu verschwinden, der früher bekannt war als die Erde. Es gibt kein Entkommen, auch nicht die kleinste Chance, die Entwicklung aufzuhalten.

Den besten Beweis dafür können Sie an helleren Abenden im Abendlicht sehen: den Planeten Venus. Schon lange fragen sich die Wissenschaftler, wie es sein kann, dass die Venus eine dicke Wolkenatmosphäre hat, die so heiß ist, dass Blei und Zinn darin schmelzen. Erst Ende der Neunziger realisierte man, dass die Venus wahrscheinlich vor langer Zeit auch mal einen durchgedrehten Treibhauseffekt kennengelernt hat. Und nun ist ihre Atmosphäre so dick, dass die Sonnenwärme ihr nicht entkommen kann. Genau das, liebe Freunde, ist, was dann auf der Erde geschieht. Unser Planet ist damit beschäftigt, eine zweite Venus zu werden. Wie sind kurz davor, gebraten zu werden, im wörtlichen Sinn.

Inzwischen wird es auf der Erde echt unangenehm. Überall, wohin Sie auch blicken, hängt dieser dicke, nasse Nebel. Wasserdampf, wie Sie sicherlich richtig geraten haben. Die Atmosphäre ist dicht und schwanger; der Luftdruck steigt immens schnell an. Was einst Flüsse waren, sind nur noch moddrige Rinnsale, die die immer leblosere Landschaft durchschneiden. Und was früher Ozeane waren, sind nur noch Meere, die übrigens auch schnell kleiner werden. Die Menschen sterben inzwischen massenweise; die Schwachen und Alten zuerst. Sie kommen um durch Ersticken, Wärme, Unbehagen. Ihre Herzen hören auf zu schlagen, erschöpft fallen sie tot auf der Straße um. Wiederum andere verdursten, verhungern oder sterben in dem Moment, in dem ihr Haus unter dem immer größer werdenden Luftdruck zusammenbricht.

Es ist schwierig vorherzusagen, wie die Menschheit schlussendlich genau zu ihrem Ende kommt. Vielleicht schafft uns die Hitze, und wir kochen innerlich zu Tode durch die stets weiter steigenden Temperaturen. Vielleicht ersticken wir, wenn unsere einst so frische Atmosphäre zu einem schwülen Hexenkessel aus Kohlenstoffdioxid, Methan und Wasserdampf geworden ist. Möglicherweise halten es unsere Lungen nicht mehr aus und ertrinken in dem immer dichter werdenden Nebel. Oder wer weiß, vielleicht halten wir es noch eine Weile länger aus, indem wir uns wie wahnsinnig an unsere Klimaanlagen, Gasmasken und unterirdischen Schlafplätze klammern, und verhungern dann irgendwann, weil alle Pflanzen und Tiere verschwunden sind.

Eins ist so sicher wie das Amen in der Kirche: Es wird furchtbar, ein höllischer Weltuntergang.

Nach einer Weile hat sich unser Planet in einen brachliegenden Scheißplaneten verwandelt, mit einer Atmosphäre, in der Blei und Zinn schmelzen können. Auf seiner Oberfläche erinnern zerkrümelte Ruinen an das, was einst eine lebendige, bewohnte Welt war. Leben auf der Erde ist nicht mehr möglich, sieht man einmal ab von einer Handvoll öder Bodenbakterien, die den Irrsinn zu überstehen wissen.

Das Venus-Szenario ist der ultimative Klima-Horror, das schrecklichste Ergebnis, zu dem die Erderwärmung führen kann. Wir hätten es kommen sehen können. Seit den Neunzigerjahren gab es Klimatologen, die uns das vorhersagten. Aber ihre Berechnungen wurden weggelacht, falsch verstanden oder ignoriert. Die Klimatologen wurden als Pessimisten gebrandmarkt, als Unruhestifter bezeichnet, auch wenn ihre Computersimulationen eine ganz andere Geschichte erzählten. Seit 2001 warnte der »International Panel on Climate Change« der Vereinten Nationen (IPCC) mehrfach, dass der Treibhauseffekt »katastrophale und unumkehrbare Veränderungen bei jenen planetaren Schlüsselprozessen hervorrufen kann, die die Welt bewohnbar machen«. Und 2005 wiederholte ein Untersuchungskomitee der britischen Regierung diese Warnung. Der Rat betonte, dass der Treibhauseffekt schon 2015 umschlagen könnte.

Andererseits: Mit dem Wetter weiß man nie so genau. Wir hatten vorher schon gesehen, dass die Erwärmung der Erde auch zu einer Eiszeit führen kann. Und da ist noch etwas: Mehr Wärme bedeutet auch mehr Wolken. Die ziehen gewaltig an der Bremse des Treibhauseffekts, da sie das Sonnenlicht fernhalten.

So müsste der Treibhauseffekt noch mehr Hindernisse überwinden, um dem Leben auf Erden ein Ende bereiten zu können. Die Venus steht viel dichter an der Sonne als die Erde, vielleicht ist dieser Unterschied entscheidend. Und noch etwas ist anders: Wir haben Leben, Venus nicht. Die Natur würde zweifellos reagieren auf das Umschlagen des Treibhauses; das hat die Natur immer so getan. Pflanzen würden gierig die zusätzliche Flüssigkeit aufsaugen, wie das auch in den Tropen geschieht. Pflanzen,

Algen und Moose sind vielleicht unsere letzte Verteidigungslinie gegen die Supererwärmung.

Darüber hinaus hatte die Erde schon öfter das nötige Kleingeld, wie man sagen könnte. Vor 50 Millionen Jahren hatte der Nordpol keine Eiskappe, es herrschte stattdessen subtropisches Klima. Und vor 100 Millionen Jahren, mitten in der Ära der Dinosaurier, war der CO_2-Gehalt mindestens sechs Mal so hoch wie heute. Die Meerestemperatur hatte sich aufgestaut bis zu heißen 40 Grad, es war also eine echte Treibhauswelt. Und doch hat unser Planet das Problem überstanden.

Und dreht der Treibhauseffekt wirklich durch, gibt es nur eine Antwort: Ab in die Höhe. Luftlagen, die heute noch zu dünn sind, um darin leben zu können, bieten dann möglicherweise ein ideales Lebensklima. Das hieße also, dass wir alle zusammen zum Überleben auf den Gipfel des Mount Everest ziehen. Oder wie verrückt Wolkenkratzer bauen oder riesenhafte zeppelinartige Luftschiffe oder pilzförmige Städte, wie wir sie ab und zu in Science-Fiction-Filmen sehen. Mit der Zeit finden wir sicher eine Art und Weise, auch ohne Landwirtschaft irgendwie an Essen zu kommen.

Das sind relativierende Bemerkungen. Vorläufig denke ich mir meinen Teil. Selbst wenn es eine kleine Chance gibt, dass die Katastrophe gut endet, so gibt es doch viele Gründe, sich Sorgen zu machen. Schließlich haben wir hier nur eine Atmosphäre, nur einen Planeten. Denn: Nach den Prognosen geht der Umschlag des Treibhauseffektes rasend schnell. Möglicherweise haben wir gar keine Zeit für all die schönen Pläne.

»Es scheint, als gäbe es irgendwo eine
Gruppe Mönche, die an einem riesigen
›Türme von Hanoi‹-Puzzle sitzen, das
aus 64 Teilen besteht. Und wenn das
Puzzle erledigt ist, endet das Universum.«
Lewis Jiggins, Februar 2006

»Satan hat sich dich geangelt
und eingesackt, so viel steht fest.«
Marlene, Februar 2001

»GOTT MÖGE UNS BESCHÜTZEN
oder das Spielchen hier beenden.«
Pipo, Mai 2005

TSCHOPP!
DER TAG, AN DEM GOTT
DER ERDE FRIEDEN BRACHTE

EFFEKT	UNTERGANG UND VERNICHTUNG DES WELTALLS
ÜBERLEBEN	ABHÄNGIG VON IHRER FRÖMMIGKEIT
WAHRSCHEINLICHKEIT	UNWAHRSCHEINLICH
ZEITPUNKT	UNBEKANNT

Fürwahr! Viele Millionen Menschen haben darüber gegrübelt, gebetet, Buße getan, Opfer dargebracht, gefastet, ihren Rücken gegeißelt und sich sogar selbst umgebracht. Es gibt immer die Möglichkeit, dass der eine oder andere Gott genug hat und den Weltuntergang entfesselt.

Da ist er. Auf einem glänzenden weißen Pferd sitzend, taucht er aus dem Meer auf. Ein schmucker Mann, mit einem dunklen Schnurrbart, tiefschwarzen Augen und einem prächtigen, mit Gold und Juwelen besetzten Gewand. Ruhig hält er Einzug am Strand. Die Badegäste, die das sehen, sind fassungslos. Er sieht ziemlich sympathisch aus, eigentlich. Nun ja, er kommt ja auch, um das Gute auf der Erde wieder durchzusetzen.

Doch erst muss das Böse dafür ausgerottet werden. Auf einmal zieht der Mann auf dem Pferd sein Schwert. Und da geht er hin, »so schnell wie ein Komet«, so wie es die Schriften gesagt haben. Schwirr!

Überall, wo er erscheint, bringt er Tod und Verderben. Haben Sie sich »gekleidet wie ein König«? Tschopp, da fällt ihr Kopf. Haben Sie »gesündigt in Geste, Wort und Tat«? Zack, Sie sind tot.

Haben Sie gelogen, das Fleisch einer Kuh gegessen, einen Abgott verehrt? Stich, Sie sind nur noch Vergangenheit.

Ein bisschen später. Der Schwertkämpfer macht eine Pause und schaut zurück auf einen Tag harter Arbeit. Die Erde ist mit Blut getränkt. Milliarden Menschen sind tot. Nur ein paar Gläubige haben das Blutbad überlebt. Aber der Reiter ist noch nicht fertig. Er nimmt eine Art übernatürliches Feuerzeug und steckt den Globus in Brand. Ein paar Momente später brennt die Welt lichterloh. Und das ist noch nicht alles. Die Planeten, die Sterne, ja das ganze Weltall verbrennt.

Nun, der Mann auf dem Pferd ist ja auch nicht einfach der Erstbeste. Ein himmlischer Rächer ist er; die zehnte und letzte Inkarnation von Vishnu, dem Hindu-Gott für alles, was mit Schaffung und Vernichtung zu tun hat. Kalki ist sein Name. Er ist hier, um aus dem Weltall einen besseren Ort zu machen. Gesagt, getan. Wenn er unsere Wirklichkeit erst einmal verbrannt hat, erschafft Kalki eine neue. Das Weltall wird geboren, die Sterne werden erneut geboren und, zum Glück, auch die Erde kehrt zurück. Eine frische, gesäuberte Menschheit reinkarniert auf der Neuen Erde. Menschen sind erwacht, deren Geist »heller als Kristall« ist. Kalki hat dem Kosmos einen neuen, ewig anhaltenden Seinszustand eingegeben: das Zeitalter der Reinheit.

Sagen Sie jetzt bloß nicht, Sie hätten es nicht kommen sehen. Die Vorzeichen waren doch deutlich zu erkennen. Sie wurden schon vor Jahrhunderten im Puranas aufgeschrieben, in den alten, heiligen Hindu-Schriften. In der Endzeit werden die Führer der Welt Lügner sein, kann man da lesen. Die Menschen werden voll Wut sein und ihrem Gottesdienst abschwören. Schlichte Menschen sollen sich zu Herrschern hochboxen. Und die Menschen werden die Bräuche voneinander übernehmen. Es wird viele Sekten geben und viele Experten, die behaupten, von allem etwas zu verstehen. Die Erde wird nur noch als Quelle von Erzen und Brennstoff gesehen. Geld und teure Kleidung werden sehr wichtig werden. Männer und Frauen heiraten nur noch zum Vergnügen.

Geben Sie zu: Das hört sich verdammt nach genau der Welt an, in der wir gerade leben. Unsere Regierungsgebäude sind randvoll mit einfachen Menschen, die sich zu Herrschern hochgekämpft haben, im Fernsehen wimmelt es nur so von Experten, die sich einbilden, von allem eine Ahnung zu haben, und »Bräuche voneinander übernehmen«, das machen wir schon als Kinder. Also, wird es nicht langsam Zeit, dass Kalki auf Jüngstes-Gericht-Tournee geht?

Na kommen Sie schon. Sie glauben doch nicht wirklich im Ernst, dass die Welt durch Kalki geköpft wird, oder? Schauen Sie hier: Ein anderes apokalyptisches »Vorzeichen« in den Puranas ist, dass Menschen in der Endzeit nicht älter als 23 Jahre werden und dass die Armen Kleidung tragen, die aus Blättern und Borke gemacht wurde. Sie können so lange darüber reden wie Sie möchten, es wird nicht geschehen.

Die Endzeitprophetie der Hindus ist nur ein Beispiel für die zahllosen religiösen Apokalypsen, die wir kennen. Die alten Perser glaubten, dass am Tag des Urteils ein reinigender Fluss aus geschmolzenem Eisen aus der Erde fließen wird, in dem wir uns unsere Sünden abwaschen. Die Wikinger erwarteten, dass die Erde bei einer riesigen Schlacht zwischen guten und schlechten Göttern zugrunde gehen wird. Muslime glauben, dass die Welt mit dem Engel Israfil endet, der in sein Horn bläst. Und dann gibt es natürlich noch das christliche Ende, das im Buch der Offenbarung des Johannes beschrieben ist. Eine äußerst vielschichtige und düstere Endzeiterzählung mit Engeln, Trompeten und allerlei übernatürlichen Plagen: Dämonen, siebenköpfigen Tieren, Skorpionen, Drachen und selbstverständlich auch den vier apokalyptischen Reitern.

Keine Panik! Denn genau wie die Erzählung über Kalki können Sie auch andere religiöse Apokalypsen nicht wirklich wörtlich nehmen. So lesen wir in der Bibel, wie ein Drache die Sterne mit seinem Schwanz wegschlägt und wie die Menschen durch eine Armee von Pferden mit Menschengesichtern und Löwenmähnen angegriffen werden; das ist typische Märchensprache. Und mit dem Märchen stimmt auch manches nicht: Die Sterne werden sogar mehrmals vernichtet und die Menschheit stirbt einen abscheulichen Tod, derweil sie ein bisschen später auf einmal wieder quicklebendig ist. Damit wollte Johannes die Zeitlosigkeit des himmlischen Reichs symbolisieren, vermuten Theologen.

Soziologen, Historiker, Theologen und andere Experten, die die apokalyptischen Religionen studiert haben, sind sich ziemlich einig darüber, dass wir nicht direkt Angst haben müssen, dass der eine oder andere Gott unsere Welt untergehen lässt. Apokalyptische Vorhersagen sind menschliches Werk. Und in der Regel dienen sie einem anderen Zweck. Sie bieten Trost in schwierigen Zeiten, festigen die gesellschaftlichen Verhältnisse oder funktionieren als Warnung: Bleib nur ja treu bei deinem Glauben, ansonsten droht dir etwas am Ende der Zeit.

Die biblische Apokalypse ist dafür ein gutes Beispiel. Das Buch der Offenbarung wurde um das Jahr 100 von einem unbekannten Christen mit Namen Johannes aufgezeichnet, in einer Zeit also, in der es nicht wirklich gut um das Christentum stand. Christen wurden verfolgt, die Römer hatten gerade den Tempel in Jerusalem zerstört, und die Religion war von der Ausrottung bedroht. Johannes, der selbst die unangenehme Erfahrung machen musste, dass die Römer ihn in einen Topf mit kochendem Wasser tauchten, war auf die ungastliche Insel Patmos verbannt worden. Das saß er nun und war erbost. Also schrieb er sich alle Widrigkeiten von der Seele und machte dem Christentum Mut: noch ein bisschen durchhalten und Gottes Reich bricht an.

Die »Visionen« des Johannes sind daher auch voller Anspielungen auf Situationen und Personen seiner Zeit, die seine damaligen Leser, die frühen Christen, sicherlich wiedererkannten. Das siebenköpfige Monster aus dem Meer, mit seiner Nummer 666, das ist vielleicht ein Codename für den römischen Kaiser Nero.[46] Auf jeden Fall ist 666 der Gipfel der Unvollkommenheit: Drei und sieben sind heilige, vollkommene Zahlen und Johannes' Monster war folglich der ultimative Loser, zwar schon eine Drei-Einheit, aber mit Sechsen; gerade nicht heilig. Die vier apokalyptischen Reiter verweisen deutlich auf die Parther, ein Reitervolk, das in diesen Tagen sehr gefürchtet war. Und Armageddon, ein Kampfschauplatz, an dem die Apokalypse zu einem Endpunkt kommt, war in jener Zeit ein sehr bekanntes, strategisch gele-

---

46 Frühe Christen verwandten häufig Zahlenspiele als Geheimsprache. Und »666« könnte man nach solch einem Code in den Namen »Nero« übersetzen. Hätte Johannes den Kaiser bei seinem Namen genannt, hätte das für die Christen wahrscheinlich noch schlimmere Folgen gehabt.

genes Schlachtfeld, damals sprichwörtlich genauso bekannt wie heutzutage Waterloo. Das Armageddon-Tal bei der Stadt Megiddo im heutigen Israel galt als Zugang zum Nahen Osten: Wer hier gewinnt, hatte den Nahen Osten in Reichweite.

Was viele Christen nicht zu wissen scheinen, ist, dass Johannes bei Weitem nicht der erste Prophet war, der über den Weltuntergang polterte. So entlehnte Johannes von Patmos seine Ideen über das tausendjährige Reich und die Wiederkehr des Messias von den alten Persern. Auch die alten Juden bekamen regelmäßig gruselige Vorhersagen von bissigen Propheten um die Ohren gehauen. Jedes Mal, wenn ein heiliger Jude in die Enge getrieben wurde, begann er über das Ende der Welt zu orakeln. Daniel beschrieb in leuchtenden Farben den Weltuntergang, als die Juden durch den blutdürstigen Idioten Antiochos Epiphanes verfolgt wurden, Esra predigte sogar eine Verdammnis, nachdem der Tempel verwüstet worden war, Paulus tat es ebenfalls, als die ersten Christen verfolgt wurden. Und es gibt noch eine ganze Reihe mehr: Joël, Henoch, Maleachi, Elija, Jesaja, Sacharja und sogar Jesus und seine Apostel Petrus und Matthäus kamen, als es schlecht um sie stand, mit donnernden Beschreibungen der letzten Tage. »Und das wird die Plage sein, womit der Herr plagen wird alle Völker, so wider Jerusalem gestritten haben; ihr Fleisch wird verwesen, dieweil sie noch auf ihren Füßen stehen, und ihre Augen werden in den Löchern verwesen und ihre Zunge im Munde verwesen«, zischte der Prophet Sacharja (14, 12) schon einige Jahrhunderte vor Johannes. Amüsante Leute, diese Propheten.

Auch für den rächenden Reiter Kalki gibt es eine normale, soziologische Erklärung. Forscher weisen darauf hin, dass die Kalki-Erzählungen vor allem den Zweck haben, das indische Kastenwesen zu stabilisieren und insbesondere die herrschende Priesterkaste der Brahmanen aufrechtzuerhalten. Daher vermelden die Puranas, dass die Welt untergeht, wenn »gewöhnliche Menschen Herrscher geworden sind«, etwas, was Kalki offensichtlich nicht sehr schätzt. Die Hindu-Apokalypse ist, was das betrifft, ein pro-brahmanisches Stück Religion: Kalki, selbst ein Brahmane, wird jeden Nicht-Brahmanen, der es wagt, nach der Macht zu greifen, niedermachen. So dass ein Theologe einmal zynisch schrieb: »Kalki kommt, um die

Welt von all denen zu säubern, die keine Sklaven der Brahmanen sein wollen.« Verstehen Sie Kalki also eher als Gruselgestalt des Hinduismus. Wenn Sie sich nicht an die Kastenregeln halten ... tschopp-tschopp, tot.

Das bedeutet aber nicht, dass nicht Millionen Menschen ernsthaft glauben, dass die Apokalypse nahe ist. Vor allem in den USA ist der Glaube an die (biblische) Apokalypse quicklebendig. Die Romanserie ›Left Behind‹ von Tim LaHaye und Jerry Jenkins über den biblischen Weltuntergang gehört seit Jahren zu den am besten verkauften Büchern der USA, und eine Umfrage des CNN und des ›Time Magazine‹ kam zu dem Ergebnis, dass mindestens 59 Prozent der US-Amerikaner glauben, dass das Weltende genau so kommen wird, wie es die Bibel beschreibt.

Was diese braven US-Amerikaner übrigens nicht wissen, ist, dass das Ketzerei ist. Kirchenväter wie Augustinus, Hippolyt und Origenes betonten vor vielen Jahrhunderten nachdrücklich, dass man die Offenbarung des Johannes nicht wörtlich verstehen dürfe, ein Standpunkt, der durch das Konzil von Ephesos im Jahr 431 Teil der offiziellen (römisch-katholischen) Kirchenlehre wurde. Für das Verbot, Johannes wörtlich zu verstehen, gab es übrigens auch eine ganz irdische Erklärung: Die Kirche wurde durch all die unberechenbaren apokalyptischen Irren ganz unruhig. Nach den Grundvätern des Glaubens war Johannes vor allem symbolisch zu verstehen: Der Heiland war schon lange auf Erden (in Gestalt der Kirche), und es war undenkbar, dass der Himmel und die Erde sich buchstäblich vermengten.

Nicht, dass das viel geholfen hätte. Als Rom im Jahr 410 geplündert wurde, als Lissabon 1755 durch ein Erdbeben und einen Tsunami hinweggefegt wurde und als 1945 die Atombombe fiel, dachten viele Menschen, das Ende der Welt sei angebrochen. Es ist auch kein Zufall, dass der US-amerikanische Apokalypse-Hype nach den Anschlägen auf die Twin Towers im September 2001 auflebte. In der schon erwähnten Untersuchung von CNN und ›Time Magazine‹ gab ein Viertel der Befragten an zu glauben, dass die Anschläge eine Prophezeiung aus der Bibel seien.

Eine gute apokalyptische Vorhersage ist ziemlich schwammig gehalten. Man kann dann alles darunter verstehen. Nehmen Sie den Antichristen. In modernen Zeiten wurde von Christen diese Rolle schon an Hitler, Stalin, Saddam Hussein, Slobodan Milŏsević, Yassir Arafat und sogar an den sanften Ex-Generalsekretär der Vereinten Nationen Kofi Annan vergeben. Dabei würde es uns doch wohl auffallen, wenn die Apokalypse wirklich naht. Wir würden etwas merken, wenn alle Berge der Welt durch ein Erdbeben verrückt oder wir durch eine Armee dämonischer Heuschrecken angegriffen würden. Auch das steht in der Offenbarung, diese Zeichen gehen dem Antichrist voraus.

Im Internet fand ich eine köstliche Parodie auf das Gezwitscher über den Weltuntergang. Jemand konnte »beweisen«, dass der Schauspieler David Hasselhoff der Antichrist ist. Auch Hasselhoff ist ein Monster, das aus dem Meer aufsteigt, in der Serie ›Baywatch‹ macht er überhaupt nichts anderes. Und man kann die sieben Köpfe, die dem Biest stets aufs Neue wachsen, auffassen als Hasselhoffs sieben Fernsehserien, die stets aufs Neue im Fernsehen wiederholt werden. Und so weiter und so fort.

Der Urheber dieser Parodie hat Recht. Es ist ein riskantes, idiotisches Unternehmen, abstrakte, von Symbolik durchdrungene, 2000 Jahre alte Bibeltexte in die echte Welt von heute zu übertragen. Dadurch entstehen doch nur Probleme.

TICK-TACK
WEITERZÄHLEN BIS WOHIN?

+++

EFFEKT   UNBEKANNT
ÜBERLEBEN   WAHRSCHEINLICH SCHON
WAHRSCHEINLICHKEIT   GERING
ZEITPUNKT   21. DEZEMBER 2012

+++

Ist es das Ende von Allem? Oder ist es der Beginn der Ära des Wassermanns, the »*Age of Aquarius*«? Niemand weiß es. Eins aber steht fest: Kurz vor Weihnachten 2012 passiert etwas ziemlich Merkwürdiges, droben im Weltall.

Notieren Sie es sich schon einmal in den Kalender: Am 21. Dezember 2012 hört die Zeit, so wie wir sie kennen, auf zu bestehen. Das zumindest behaupten Anhänger der Maya-Kultur – die Maya waren ein antikes Volk, das zwischen 300 und 900 nach Christus im heutigen Mittelamerika seine Blütezeit hatte. Die Maya hatten eine sehr entwickelte Methode, um die Zeit zu messen, basierend auf drei voneinander getrennten Kalendern, die wie Rädchen ineinander griffen. Der wichtigste, am längsten laufende Kalender der drei führt die »Lange Zählung« durch: die Periode vom Beginn bis zum Ende der Zeit. Und am 21. Dezember 2012 hört die Lange Zählung auf. Die Zeit springt dann auf 0.0.0.0.0. Das wird dann der Nullpunkt sein. Die Zeit des Weltalls ist dann um. Es ist, buchstäblich, das Ende der Zeit.

Na und, sagen Sie jetzt wahrscheinlich. Doch da ist tatsächlich etwas Interessantes an diesem Maya-Kalender. Das am meisten Irritierende ist, dass der 21. Dezember 2012 in der Tat kein Tag wie alle anderen ist. Hoch über uns wird sich ein unglaublich seltenes Phänomen abspielen. Die Sonne rückt an diesem Tag an einen einzigartigen Platz im Weltraum, es ist Wintersonnenwende. Für die Maya-Anhänger steht die Sonne dann genau auf einer Himmelskreuzung, perfekt auf der Linie mit dem Mittelpunkt der Milchstraße.

Äh... was?

Also: Der nächtliche Himmel wird von verschiedenen mathematischen Linien durchzogen. Eine davon ist die Milchstraße, die man in dunkleren Nächten als weißes Band aus Sternen erkennen kann. Die Sonne würde dort jedes Jahr an dieser besonderen Position stehen, gäbe es nicht so etwas wie die »Präzession des Äquinoktiums«. Die Drehachse der Erde dreht sich nämlich langsam um die Pole, so wie ein sich drehender Kreisel, der kurz vor dem Umfallen steht. Dadurch verschiebt sich die Position der Sterne sehr langsam längs am Himmel: Jetzt steht der Polarstern im Norden, aber in ein paar tausend Jahren müssen wir nach einem anderen Stern Ausschau halten, um den Norden zu finden. Die Präzession dauert etwa 2600 Jahre. Das letzte Mal, dass die Sonnenwende im Zentrum der Milchstraße stattfand, war in der Urzeit, vor 2600 Jahren.

Nun kann man viel über die Maya sagen, aber auch Sie müssen zugeben, dass sie eine Menge von den Sternen wussten. So waren sie in der Lage, die Dauer eines Jahres bis auf drei Stellen hinter dem Komma präzise zu berechnen, viel genauer als die griechischen Gelehrten oder die Aufklärungsphilosophen. Auch konnten sie jede Sonnen- und Mondfinsternis bis in die heutige Zeit vorhersagen. Und sie begriffen deutlich, was es mit der Präzession auf sich hat, dem galaktischen Äquator und den Sonnenwenden: Sie nannten diese Kreuzung den »heiligen Baum«.

Noch etwas beunruhigender ist, dass die Maya dem Vernehmen nach auch erstaunlich fit in Astrologie waren. So sollen sie vorhergesehen haben, in welchem Jahr ihre Zivilisation von Cortés und seinen Fremdlingen von der anderen Seite des Meeres überrannt werden wird. Es gibt sogar Menschen, die behaupten, dass die Maya die Weltkriege vorhergesagt haben. Wenn also die Maya sagen, dass die Welt 2012 zugrunde geht, sollte man das vielleicht doch ernst nehmen, betonen die Anhänger der Maya-Vorhersagen gerne.

Schade ist nur, dass die Maya überhaupt nichts Konkretes für 2012 vorhersagten. Das kann natürlich mit unserer geringen

Kenntnis der alten Maya-Kultur zu tun haben: Als die Spanier ihr Reich plünderten, verbrannten sie wirklich jedes Schriftstück, das sie zu Gesicht bekamen, um für Abkehr von der teuflischen Abgötterei zu sorgen. Es sind nur eine Handvoll Maya-Schriften übrig geblieben. Und dort steht nicht viel darüber, was passiert, wenn der Maya-Kalender abläuft.

Somit ist es eine offene Frage, was uns 2012 droht. Und so wie es häufiger bei solchen offenen Fragen ist, gibt es eine Menge Untergangsprediger, Unheilspropheten und andere Knalltüten, die sich mit einer Antwort melden. So wie der Astrologe und selbsternannte Maya-Kenner John Major Jenkins, der Forscher für alte Zivilisationen Charles Gallenkamp und Dee Finney, ein Medium, die laut ihrer Webseite unter anderem als »Moderator« bei Gesprächen mit Außerirdischen auftritt. Die Interpretationen, die aus dieser Richtung kommen, lauten: 2012 markiert den Beginn einer neuen, glorreichen Zeit der Weisheit und des Friedens. Die Ära des Wassermanns wird endlich anbrechen, mit einer Welt voller Frieden, Liebe und gegenseitigem Verständnis.

Ich will es Ihnen nicht ersparen, wie köstlich die Anhänger dieser Theorie es selbst in Worte fassen:

> *»Die Maya-Vorhersagen erzählen uns, dass die Welt um das Jahr 2012 über eine gänzlich neue Technologie verfügen wird und dass wir das Konzept Zeit, das an die dritte Dimension gebunden ist, werden übersteigen können. Dies kann nur über den 4. dimensionalen Plan geschehen, dessen Kern in unserem Herzen thront. Der Übergang von der Alten zur Neuen Zeit ist daher nicht möglich über das emotionale, mentale oder intellektuelle Feld. Wichtig ist, dass wir uns jetzt weiter trauen und weiter schauen wollen als nur auf dieses dreidimensionale Feld.« (»Centrum Nieuwe Dimensies Lichtwerk«, Drenthe)*

Unsere Basisorientierung wird umgekehrt werden. Auf dem Level der menschlichen Zivilisation werden unsere Auffassungen und Grundfesten offenbart werden, und wir werden in der Lage sein, Werte zu erkennen, die seit Langem unter der Oberfläche unseres kollektiven Bewusstseins liegen. Eine Tür zum Herzen des Weltalls wird sich öffnen. Der Kosmos wird neugeboren oder

verjüngt werden. Wir werden den Nullpunkt erreichen, einen
Augenblick spiritueller Geburt.« (›Kronosworld‹)

Aber schlafen Sie jetzt nicht ein, es steckt durchaus ein Körnchen
Wahrheit in diesem nebligen Gequassel. Die Maya glaubten
nämlich nicht an ein definitives Ende: Ihre Auffassung von Zeit
war eine zyklische. Sie glaubten, dass jedes Ende der Beginn einer neuen Periode ist. Und 2012 stellt dabei natürlich keine Ausnahme dar.

Darüber hinaus hatten die Maya eine sehr entwickelte Philo-
sophie, was den Kosmos angeht. Sie betrachteten das Weltall als
Mutter, von der alles stammte. Nach den Maya ist der Kosmos daher überall um uns herum und in uns drin. Jedes Pflänzchen, jedes
Tier, jeder Mensch ist purer Kosmos. Für die New-Age-Anhänger ist
der 21. Dezember 2012 jener Tag, an dem dieser innerliche Kosmos
wieder verbunden wird mit dem göttlichen Kosmos über unseren
Köpfen. Die Sonne soll dabei eine Art Pforte aufstoßen zwischen
dem Universum und unserer Seele. Jedes Wort wird dann getränkt
in kosmische Weisheit und göttliche Liebe ... ich meine, Sie haben
es ja eben selbst schon lesen können.

So ist das also dann. Am 20. Dezember treten Sie Ihren Hund,
brüllen Ihren Partner an und schummeln beim Kartenspielen.
Aber schon einen Tag später haben Sie sich in einen friedfertigen
Liebling verwandelt, der nur noch von Liebe und kosmischer
Einsicht säuseln kann. Obwohl es mitten im Winter ist, bricht
genau dann der »*summer of love*« an.

Andere, eher schroffe Unheilspropheten kündigen Tod und
Vernichtung an. Der 21. Dezember 2012 wird der Tag sein, an dem
die Erde an ihr Ende kommt. Möglichweise bricht ein weltwei-
ter Atomkrieg aus, möglicherweise kommt der Planet X vorbei.
Oder möglicherweise fällt die Erde um:

»Technisch gesehen könnten wir in eine Art Nullzustand bei
den Drehungen der elektromagnetischen Felder des Sonnen-
systems geraten. Nach den Überlieferungen der Hopi-Indianer
wird das drei Tage dauern; drei Tage Leere und Düsternis. Da-
nach könnten sich die magnetischen Pole umkehren. Wer kann
es schon sagen?« (Daan de Wit, Publizist)

Auch diese Meinung ist nicht einfach so vom Himmel gefallen. Die Maya unterteilten die Lange Zählung in fünf Perioden, die man große Zyklen nennt. Und jeder Zyklus hat ein deutlich markiertes Ende. Nach dem ersten Zyklus beispielsweise erschien ein Jaguar, der jeden auf Erden auffraß (nun ja, die Maya sagen so was, nicht ich!). Der zweite Zyklus endete in Luft, der dritte in Feuer, der vierte mit einer großen Sintflut. Und der fünfte? Der wird dann irgendwas mit Erdbeben zu tun haben, folgern die Unglücksweissager aus den kümmerlichen Resten der Maya-Schriften, die uns erhalten geblieben sind.

Tja, was sollen wir jetzt damit machen? Geht die Zeit wirklich zur Neige? Sie fühlen es schon nahen? Ich würde da an Ihrer Stelle nicht allzusehr drauf setzen.

Das fängt schon mit der Sternenkunde an. Die Milchstraße ist gar kein deutlicher Streifen durch den Kosmos, sondern eher ein unordentlicher Lichtfleck, der in einer Art S-Form über uns zu sehen ist. Und eine deutliche Mittellinie hat sie auch nicht. Ganz zu schweigen davon, dass die Sonne selbst am 21. Dezember 2012 weit vom Mittelpunkt der Milchstraße entfernt stehen bleiben wird: Fünf Grad – oder auch zehn Mal die Breite der Mondscheibe, so wie wir sie von der Erde aus sehen.

Außerdem dauert die Lange Zählung 25.800 Jahre. Das ist zwar eine stattliche Periode, aber angesichts der Tatsache, dass die Erde schon unglaubliche 4500 Millionen Jahre ihre Runden um die Sonne dreht, hat die Erde das »Ende der Zeiten« der Maya schon mehr als 150.000 Mal durchgestanden. Die letzten sechs Male, als es passierte, liefen schon Menschen über die Erde. Das Öffnen der kosmischen Maya-Pforte tut unserem spirituellen Leben offensichtlich wenig Gutes. So schlachteten die Spanier im 16. Jahrhundert in jedem Fall ohne Probleme mal eben rund 800.000 Maya ab; nichts zu sehen von göttlicher Liebe oder kosmischem Frieden.

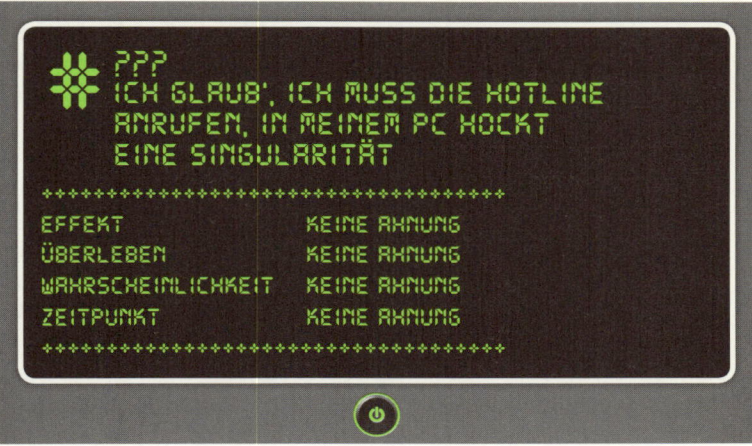

```
❊  ???
   ICH GLAUB', ICH MUSS DIE HOTLINE
   ANRUFEN, IN MEINEM PC HOCKT
   EINE SINGULARITÄT

   ++++++++++++++++++++++++++++++++++++
   EFFEKT                KEINE AHNUNG
   ÜBERLEBEN             KEINE AHNUNG
   WAHRSCHEINLICHKEIT    KEINE AHNUNG
   ZEITPUNKT             KEINE AHNUNG

   ++++++++++++++++++++++++++++++++++++
```

Und dann gibt es da noch das surrealistische Ende mit Namen »die technologische Singularität«. Die Idee stammt aus der Computerphilosophie und ist ziemlich nebulös. Aber inzwischen liegen wir gut auf Kurs, um dieses Szenario Wirklichkeit werden zu lassen...

Irgendwann in den nächsten 20, 30 Jahren wird es geschehen. Wir verschwinden dann in einem Strudel, in den vor uns noch kein Lebewesen geraten ist: in den der technologischen Singularität. Und das Bizarre daran ist, dass niemand Ihnen sagen kann, wie das sein wird. Das ist nämlich das Problem mit den Singularitäten: Sie liegen schon per definitionem außerhalb unseres Vorstellungsvermögens.

Ein paar Dinge stehen aber doch schon fest. Etwas, das sich »technologische Singularität« nennt, hat offensichtlich was mit Technik zu tun. Wir können auch festhalten, dass Singularitäten plötzlich stattfinden, und heftig. Und dann ist da noch ein Detail: Es läuft darauf hinaus, dass die Singularität die Welt, so wie wir sie kennen, endgültig vernichten wird.

Lassen Sie es uns einmal beim Romanschriftsteller und Mathematiker Vernor Vinge nachlesen, der es in seinem bahnbrechenden Essay ›The Coming Singularity. How to Survive in the Post Human Era‹ 1993 so ausdrückte: »Diese Veränderung wird das Verwerfen aller bekannten Regeln bedeuten, vielleicht in einem einzigen Augenblick, eine exponentielle Flucht, die wir nie wieder in den Griff bekommen werden.« Und: »Wir stehen am Vorabend einer Veränderung, die vergleichbar ist mit der Entstehung des menschlichen Lebens auf der Erde.«

Der Begriff »Singularität« stammt aus der Mathematik. Dort ist sie, einfach formuliert, ein Ort, an dem die mathematische Ordnung zum Chaos wird, wo Regelmäßigkeit unlogisch und unvorhersehbar wird. Mein wissenschaftliches Wörterbuch definiert es technisch: »Ein Punkt, an dem eine mathematische Funktion nicht länger analytisch ist.« Sie können eine Singularität nicht einfach so einen »Punkt« nennen. Sie ist, was sie ist: eine Singularität. Ein Schwarzes Loch ist zum Beispiel eine solche Singularität. In einem Schwarzen Loch hört die Zeit auf zu bestehen, und die Naturgesetze gelten nicht mehr.

In den Fünfzigerjahren des vorigen Jahrhunderts sagte der US-amerikanische Mathematiker John von Neumann voraus, dass unserer Gesellschaft auch vorbestimmt sei, eines Tages in einer Singularität zu verschwinden. Seine Überlegung war einfach: Wir finden neue Dinge immer schneller heraus. Schneller und schneller verläuft dieser Trend, so dass er eines Tages entgleist. Wir finden dann unendlich schnell neue Dinge heraus. Wir und unsere Erfindungen werden dann ... ähm, unbeherrschbar.

In der Tat, das ist damit nur erstaunlich vage beschrieben. Zum Glück war Vernor Vinge so nett, uns ein paar »Vorzeichen« mit auf den Weg zu geben, an denen wir die sich ankündigende Singularität erkennen können. Und es muss gesagt werden, manche davon können Sie heute bereits erkennen. Wenn sich die Singularität nähert, erkennen wir dies daran, dass Computer stets schneller werden und riesige Computernetzwerke entstehen. Immer mehr Dinge werden automatisiert. Informationen und Ideen verbreiten sich immer schneller. Langsam beginnen die Menschen, mit ihren Computern zu verschmelzen. Sie entdecken neue Möglichkeiten, um ihren Geist direkt an den Computer anzuschließen. In der Zwischenzeit werden wir uns selbst vielleicht genetisch upgraden oder unsere Intelligenz und Gedankenkraft über andere Wege vergrößern. Experten wie Futurologen und Science-Fiction-Autoren werden es immer schwerer haben, einen Entwurf der Zukunft zu zeichnen. Ihre Ideen davon, wie die Zukunft aussehen könnte, trocknen aus; die Zukunft wird unvorstellbar.

Und dann? Was dann passiert, ist, dass die eine oder andere Form außermenschlichen Bewusstseins erwacht. Aus den Computern und aus uns kommt »etwas« heraus. Es ist übermenschlich, superintelligent. Bevor Sie es richtig merken, beginnt es, Ideen und Theorien auszuspucken, unendlich schnell. Gleichzeitig sucht und findet es Wege, um diese Ideen in einer irren, unendlichen Geschwindigkeit zu verwirklichen.

Und es wird noch verrückter. Es sieht nämlich so aus, als würden Sie in diesen Prozess hineingesogen, auf eine Art und Weise, die wir uns noch nicht recht vorstellen können. Um das Jahr 2030 sitzen Sie festgenietet an Ihrem Computer, wissen Sie noch? Sie haben vielleicht ein Interface in Ihrem Gehirn, mit dem Sie Ihren Computer steuern, oder Ihr Gehirn ist schon ein Computer. Ihr Geist ist jedenfalls nicht losgelöst von der Singularität. Wahrscheinlich wird Ihr Geist eins mit der Singularität.

Und danach? Tja, das kann man nicht vorhersagen. Die Singularität ist ja die Grenze, hinter die man nicht blicken kann. Vielleicht verlassen wir unsere Körper. Vielleicht verschmelzen wir mit unserer Technik, vielleicht fallen die Grenzen unserer Individualität weg oder wir werden zu einem Gedankenstrom. Vielleicht werden wir zu einer purpurnen Gaswolke in Form eines Entchens, wer weiß? Vielleicht überwinden wir die Beschränkungen der Dimensionen, in denen wir leben, und werden wie Gott. Das wäre ziemlich außergewöhnlich, finden Sie nicht?

Aus der Perspektive von einfachen, primitiven Sterblichen wie mir und Ihnen bedeutet die Singularität vor allem Schlechtes. Wenn von Neumann und Vinge Recht haben, gibt es 2030 ja keine Menschen mehr. Eher werden Sie hier einen verlassenen Planeten vorfinden. Leere Gebäude, verlassene Straßen. Wer weiß, vielleicht gibt es ja nicht einmal mehr ein Weltall. Vielleicht haben wir das Weltall beim Betreten der Singularität ja auch sausen lassen.

Ist das jetzt gut oder schlecht? Ich kann es Ihnen wirklich nicht sagen. In einer Singularität haben »gut« und »schlecht« ihre Bedeutung höchstwahrscheinlich verloren. Es sind leere, altertümliche Worte geworden, so wie alte Nahrungsmittelgebote, antike religiöse Vorschriften und mittelalterliche magische Sprüche ihre Bedeutung verloren haben. Unsere Art kann einen Zustand erreichen, den wir, als Heutige, mit »göttlich« umschreiben könnten. Oder, abhängig vom Standpunkt, als »geisteskrank«.

Das scheint alles ordentlich dramatisch zu sein und fremd. Aber vielleicht wird es gar nicht so schlimm. Sie können natürlich nicht ausschließen, dass Vinge und von Neumann einfach aufs falsche Pferd gesetzt haben. Möglicherweise entspringt unseren Computern überhaupt kein supermenschliches Bewusstsein. Das ist die Sicht unter anderem von Sir Roger Penrose, dem Mathematiker und theoretischen Physiker: Er ist der Meinung, dass Maschinen definitionsgemäß kein echtes Bewusstsein bekommen können. Punkt. Aus.

Außerdem ist es gar nicht so sicher, dass unsere Technologie sich immer schneller entwickelt. Sicherlich, unsere Computer werden schneller und unsere medizinischen Erkenntnisse nehmen zu. Aber es gibt auch Hinweise darauf, dass die Technik sich sogar immer langsamer entwickelt. 2005 bestimmte der Physiker John Huebner das Tempo der technologischen Innovation, indem er die Anzahl der Patente und der großen Erfindungen pro Weltbürger aufzeichnete. Das Ergebnis war, dass das Tempo der Erfindungen abnimmt! Nach Huebner nehmen unsere neuen Ideen also ab. Wir haben die großen Erfindungen wie das Flugzeug, das Telefon und den Computer bereits erledigt, und jetzt beschäftigen uns nur mehr die Details, kleine Anpassungen an unsere alten, großen Ideen.

Hier ist der Anschluss an das berüchtigte, provozierende Buch ›The End of Science‹, mit dem der Wissenschaftsjournalist John Horgan 1996 für Aufregung sorgte. Auch Horgan betonte darin, dass die Ära der großen, neuen Entdeckungen eher hinter als vor uns liege. Die Wissenschaft würde nun vor allem Details nachliefern, so wie auch die Kirche aus dem Mittelpunkt des gesellschaftlichen Lebens an den Rand des öffentlichen Lebens gedrängt worden sei. Horgans Buch löste einen solchen Sturm der Kritik aus, dass es inzwischen als ein bisschen überholt gilt (denn wie kann man wissen, dass es nichts mehr zu entdecken gibt? Am Ende des 19. Jahrhunderts war der Mensch auch davon überzeugt, von ungefähr allem ein kleines Bisschen Ahnung zu haben, und dann kamen die Quantenmechanik und die Genetik). Aber zu denken gibt das natürlich schon.

Selbst wenn wir tatsächlich Richtung Singularität abgleiten, könnten wir das vielleicht noch stoppen, wenn wir das wollen. Eventuell können wir sie isolieren, vielleicht können wir unserem Computer auf die eine oder andere Art und Weise den strikten Auftrag geben: »Was immer du auch tust, Hände weg von der Menschheit.« Informatiker zerbrechen sich momentan den Kopf über diese Art von Fragen.

Ehrlich gesagt bin ich persönlich aber nicht so sicher, ob das klappt. Vorläufig lehrt die Erfahrung, dass Menschen mitnichten bereit sind, nützliche, finanziell einträgliche Technik über Bord zu werfen, nur weil vielleicht verheerende Folgen davon zu erwarten sind. »Wir spielen ein Spiel, dessen Regel wir nicht einmal kennen«, sagte der Zukunftsforscher Patrick van der Duin einmal, als ich mit ihm darüber sprach. »Vielleicht warten am Horizont doch Dinge auf uns, derentwegen man jetzt sagen muss: Wir hören auf damit. Das wäre dann sehr bizarr. Wir müssten dann lernen, gewisse Kenntnisse, die wir haben, nicht mehr zu gebrauchen.« Mir erscheint es logischer, dass der Mensch sich in seiner Gier nach mehr durch seine eigene Technologie weiterschleppen lässt, und dann hopp, rein in die Singularität.

Wer weiß, vielleicht ist es auch ganz toll! Sehen Sie es mal so: Wir müssten dann in jedem Fall nicht mehr besorgt sein über kleine Ereignisse wie Krankheit oder Tod. Es erspart uns eine Menge Stress, wenn wir »singulär« oder »post-human« werden, oder welchen anderen diffusen Begriff Sie dafür auch immer gebrauchen möchten.

Äh ... Es gibt da noch ein anderes Problem. Wenn wir übermenschlich werden, verüben wir möglicherweise Selbstmord. Doch davon mehr im folgenden Kapitel.

MACHT'S GUT!
ICH HAB EINE IDEE, LASSEN SIE
UNS DOCH SELBSTMORD BEGEHEN!

+++

EFFEKT   ENDE DER MENSCHHEIT
ÜBERLEBEN   UNMÖGLICH
WAHRSCHEINLICHKEIT   DENKBAR, ABER SPEKULATIV
ZEITPUNKT   NACH ETWA 2050

+++

Sie haben die Singularität überlebt, Sie sind reines Bewusstsein geworden. Und dann? Dann begehen Sie Selbstmord. Ich gebe zu, nach all dem, was unsere Art durchgemacht hat, wäre das ein lächerliches Ende. Aber so verrückt es klingt, kollektiver Selbstmord ist vielleicht das logischste Ergebnis der Evolution.

Heute geschah etwas Merkwürdiges auf HD 65217 f.
Das ist sehr beachtlich: In den vergangenen letzten paar Milliarden Jahren passierte auf HD 65217 f nämlich rein gar nichts. Es gab keine Kriege, keine Kabinettskrisen, keine Fußballturniere im Fernsehen. Na gut: Es entstand Leben. Aber die Lebewesen, die auf HD 65217 f rumwuselten, haben es nicht zu nennenswerter Intelligenz gebracht. HD 65217 f blieb ein Planet unter Milliarden. Ein unbedeutendes Stückchen Fels im ausgedehnten Weltall, das geduldig seine Runden drehte um ein ebenso nichtssagendes Sternchen.

Aber heute ist es anders. Geräuschlos schwebt aus dem dunklen Weltall ein vager Schimmer heran. Ein unförmiges Ding, das noch am ehesten einer Rauchfahne ähnelt, doch es ist rötlichlila; ein Wirbel im eiskalten Weltraum. Dicht bei HD 65217 f verringert es seine Fahrt und kommt dann sogar zum Stillstand, als ob es die anonyme Welt unter sich betrachten würde. Schließlich zieht es sich etwas zusammen. Sehr, sehr langsam schwebt es nach unten, zur Oberfläche des Planeten.

Auf HD 65217 f gleiten merkwürdig geformte Rüsseltiere durch das blaugrüne Blattwerk. Eines der Wesen schaut gerade nach oben, als die Raucherscheinung sanft auf der grasigen Oberfläche des Planeten niedersinkt. Einige Augenblicke tanzt die Wolke über den Blättern wie der lilarote Morgennebel. Ein flauschiges Insekt summt vorbei.

Dann geschieht das Unglaubliche. Der Nebel verdichtet sich. Winzige Teilchen, zu klein, um von einem Menschenauge gesehen zu werden, klicken zusammen. Mikroskopisch dünne Schlieren Materie heften sich aneinander. Elektronen schießen wild längs der Schlieren hin und her. Wo erst ein diesiger Nebel war, schwebt nun ein glänzender, geleeartiger, dunkelgoldener Klumpen über den Weiden von HD 65217 f.

In rasendem Tempo saugt sich diese Form mit Informationen voll. Über die Farben auf HD 65217 f, die Geräusche, die zu hören sind, die Lebewesen, die zu sehen sind. Nichts entgeht seiner Aufmerksamkeit.

Die goldene Entität verarbeitet die Informationen sofort. Manche Informationen setzt sie direkt in ihre Atome um; andere schickt sie weg, hoch ins Weltall hinein. Dort schweben noch viel mehr rötlichlila Wolken umher. Die fangen die Informationen auf und geben sie weiter. So wird HD 65217 f Teil des großen Bewusstseins, das sich heutzutage in immer mehr Ecken des Universums erstreckt. HD 65217 f ist »entdeckt«, könnte man sagen. Durch die Art, die einst auf der Erde wohnte, wo sie sich »Mensch« nannte.

Einstmals, in kosmischen Kategorien ausgedrückt ist das gar nicht mal so lange her, befand sich das Bewusstsein genau wie die Rüsseltierchen auf HD 65217 f flach auf dem Boden und unwissend. Das Bewusstsein war noch zerstückelt und verteilt über eine große Anzahl von kribbelnden, krabbelnden und flatternden Tieren und Tierchen. Die Tiere wurden geboren und starben, wurden geboren und starben, wurden geboren und starben in einer endlosen, holpernden Folge von Hinfallen und Wiederaufstehen. Aber mit jeder Geburt versuchte die Natur wieder etwas Neues. Eine genetische Veränderung hier, eine kleine Abänderung da. Die Natur unternahm etwas.

Auch wenn die meisten Versuche zu nichts führten, gab es ganz, ganz ab und zu eine Neuerung, die hängen blieb. Mikroben hakten sich zusammen zu schleimigen Meeresmatratzen, aus dem Meeresboden erhoben sich kurios geformte Schlieren, aus den Schlieren wurden Muscheln und Fische, die Fische krochen an Land, bekamen Pfoten und Zähne und lernten klettern und kreischen und fliegen.

Dass es, wohlgemerkt, schließlich ein Affe war, der die weitere Arbeit erledigen sollte, ist, im Nachhinein betrachtet, eigentlich zu blöd, um wahr zu sein. Das arme Tier wurde von der Trockenheit aus seinem Baum vertrieben. Fortgejagt und verwirrt musste er um sein Überleben in der afrikanischen Steppe kämpfen. Aus Verzweiflung lernte er das Gehen, aus Angst das Rennen. Verrückt vor Hunger verschlang er Knochen, wodurch er seine Finger zu gebrauchen lernte. Hitze und Entbehrung verzerren das Tier zu einem lächerlichen Geschöpf: ein aufrecht laufender, kahler Affe mit einem idiotisch großen Kopf; das Gespött der anderen Tiere. Aber der Mensch hielt seinen Kopf hin und gebrauchte sein Gehirn.

Danach ging es sehr schnell. Der kahle Affe hatte schon immer ein Händchen dafür gehabt, seine Umgebung nach seinem Willen zu formen. Allmählich ging er darüber hinaus. Wo er nicht gut laufen konnte, erschienen Wege. Wohin er mit Wegen nicht gelangen konnte, dorthin flog er mit dem Flugzeug, oder er zog einen Weltraumanzug an.

Der Mensch selbst veränderte sich mit. Getrieben durch Hunger, sexuelle Begierde und seine tiefe Abscheu vor dem Tod begann er, seinen eigenen Körper zu verfeinern. Er fing an, seine Wunden zu versorgen, aß Kräuter und andere Chemikalien und umgab sich mit allerlei Hilfsmitteln, um es sich angenehmer zu machen: Kleidung, Brillen, Holzbeinen, MP3-Playern.

Der Durchbruch gelang in einer Zeit, die der Mensch als 21. Jahrhundert bezeichnete. Der große Wandel war eigentlich nur noch mehr des Gleichen: noch mehr körperliche Verfeinerungen, noch mehr Hilfsmittel. Der Mensch wurde allerdings immer besser darin. Er begann an seinem eigenen Bauplan herumzudoktern, an seiner DNA. Was die Natur noch über den Zufall erledigte, erledigte der Mensch mit Absicht. Nach ein paar Fingerübungen mit Pflanzen, Fruchtfliegen und Mäusen begann der Mensch, sich selbst umzuschreiben. Das dehnte seine Lebensdauer aus und machte ihn weniger anfällig für Krankheiten.

Auch die Technik kam immer besser in Tritt. Der Mensch fing an, seinen Körper zu ersetzen, eine lange Reihe von Schritten, die schon begann, als der Mensch sich zum ersten Mal eine Tierhaut umlegte, um seinen eigenen, verloren gegangenen Affenpelz zu ersetzen. Die Holzbeine wurden zu fortschrittlichen künstlichen Gliedmaßen; die Brillen und MP3-Player wurden zu Implantaten, die in sein Gehirn eindrangen. Und nachdem der Mensch seinen verletzlichen Körper vollständig durch unendlich viel besser funktionierende Robotertechnik ausgetauscht hatte, setzte er zum letzten Schritt an, der Vollendung dieses Prozesses: Er wechselte sein Gehirn aus, den Teil seines Körpers, der ihn groß gemacht hatte. Er ersetzte sein Gehirn durch einen Computer. Der Mensch wurde reine Information, teilbar und vervielfältigbar und unbegreiflich.

Es folgte eine kurze, scharfe Krise. So heftig, dass die Menschheit das Gefühl bekam, in ein schwarzes Loch zu fallen, in eine Singularität. Und als die Krise vorüber war, hatte der Mensch sich von seinem Körper losgelöst. Er war pures Bewusstsein geworden, das nicht länger an einen Körper oder eine Maschine gebunden war. In Form einer rötlichlilafarbenen, sich aufspaltenden Wolke zog er in den Kosmos.

Ach, was für ein Unsinn. Rötlichlila Wolken, die sich zusammenklumpen zu einer geleeartigen, goldglänzenden Masse.[47] Rüsseltiere! Mir ist eben nichts Besseres eingefallen, tut mir leid. Die wirkliche Zukunft wird bestimmt ziemlich anders.

---

47 Wenn Sie gut aufgepasst haben, ist Ihnen vielleicht aufgefallen, dass ich hiermit hinterhältig ausgemacht habe, dass die Wolkenwesen aus Gold gemacht sind. Das Edelmetall scheint dafür sehr geschickt: Es ist inert, geht also nur ungern eine Reaktion mit anderen Stoffen ein, ist äußerst geeignet für den Gebrauch in elektronischen Geräten und wegen seiner großen Langlebigkeit prima verwendbar für Reisen durchs Weltall. Sehr kleine goldene Nano-Teilchen erscheinen in verdünnter Form rot oder lila.

Es beginnt schon damit: Warum sollte sich der Mensch in seiner neuen Gestalt eigentlich auf den Weg machen, das All zu erkunden? An diesen Unterstellungen machten sich vor allem Science-Fiction-Autoren schuldig: Dass der Mensch nichts lieber täte, als sich über den Weltraum auszubreiten. Natürlich ist es hübsch zu wissen, ob es tatsächlich Planeten gibt, auf denen merkwürdig geformte Rüsseltiere durch blaugrünes Gras bummeln. Aber das sagen wir jetzt. In einem Moment, in dem wir noch auf unserem Planeten eingeschlossen sind. Wenn wir eines Tages wirklich in eine wolkenartige Masse verwandelt sind, denken wir sicher anders darüber. Das Weltall zu erkunden könnte dann durchaus wie eine tödlich langweilige Unternehmung erscheinen. Und ganz sicher dann, wenn Sie den soundsovielten Planeten besucht, das soundsovielte Rüsseltier beobachtet und zum x-ten Mal ein außerirdisches Flugtier vorbeisausen gesehen haben. Gähn. Für eine lila Wolke ist das wahrscheinlich genauso eine stumpfsinnige Tätigkeit, wie es für Sie das Betrachten von verschiedenen Sorten Grashalmen ist, die auf der Erde existieren.

Es ist mühsam, ja unmöglich einzuschätzen, was eine wolkenförmige Masse eigentlich will. Unsere heutigen Triebe sind ziemlich deutlich. Wir wollen am Leben bleiben. Wir wollen uns gut fühlen, ohne Schmerzen, Hunger oder andere unangenehme sensorische Wahrnehmungen. Und wir sind auf Sex aus, auf Fortpflanzung. Alles andere – vom Fernsehgucken und lecker Essen bis hin zur Urlaubsreise – ist von diesen drei Dingen abgeleitet.

Für eine rötlichlila Wolke ist es was anderes. Die ist unsterblich, fühlt sich jederzeit sauwohl und hat das Vögeln nicht mehr nötig. Und daher nehmen wir an: Solch eine Wolke wird sofort auf die Suche nach mehr Wissen gehen. Aber vielleicht langweilt sich der Mensch von Morgen ja auch zu Tode in seiner neuen Erscheinungsform.

Was es auch nicht schöner macht, ist, dass die Zeit für eine Informationswolke äußerst langsam verstreicht. Wer sich einmal von seiner sterblichen Hülle befreit hat, hat plötzlich alle Zeit der Welt zu seiner Verfügung: die Ewigkeit. Wir koppeln uns dann ab von unserer »Uhr«, unserem alternden Körper. Darüber hinaus vergeht die Zeit wesentlich schneller, wenn Sie ein Wesen sind, dessen mentale Prozesse Milliarden Mal schneller ablaufen als die unseren. Eben mal 'ne Runde ein Schwätzchen halten? In ein paar Milliardstel Sekunden ist es getan. Die Geheimnisse des Weltalls ergründen? Schon geschafft.

Was das betrifft, sind wir in unserer Wolkenerscheinung nicht so sehr befreit, sondern eher Gefangene der Zeit. Wir haben dann zwar durchaus den Tod und die Krankheiten besiegt, aber werden wir auch glücklicher sein? Niemand hat das anschaulicher beschrieben als Lawrence Krauss und Glenn Starkman. »Die Ewigkeit wird ein Gefängnis werden, anstelle eines endlos fliehenden Horizonts der Kreativität und der Entdeckungen«, schrieben sie einst in einem Essay für den ›Scientific American‹. »Das mag dann das Nirwana sein. Aber ist es auch Leben?«

Das ist eine tiefsinnige Frage. Bitteschön, ich überlasse Ihnen ein Stückchen Papier. Hier können Sie drauf blicken, wenn Sie über diesen Punkt ein bisschen nachdenken wollen.

Es ist natürlich spekulativ, aber vielleicht wird die lila Wolke sich hier etwas ausdenken. Möglicherweise wird sie darüber sehr lange nachdenken (das kann durchaus eine Zehntelsekunde dauern!), bis sie zum Schluss kommt, dass es eine schlechte Idee war, sich in eine lila Wolke zu verwandeln. Wir werden erkennen, dass das Leben als Wolke eigentlich gar keinen Sinn hat. Wir werden begreifen, dass wir uns selbst dazu verurteilt haben, uns bis in alle Ewigkeit elend zu langweilen.

Es ist denkbar, dass wir unseren Willen erheben. In der Tat: Selbstmord begehen!

Das klingt ziemlich lächerlich, nach all den Mühen, die wir aufgewandt haben, um Krankheit und Tod zu überwinden. Aber betrachten Sie es einmal vom Standpunkt der lila Wolke. Die Wolke wird zur Einsicht kommen, dass das Weitermachen mit der Existenz wahrlich keinen Sinn mehr macht, so ganz ohne Ziele und Dinge, die man noch erreichen möchte. Und was zwecklos ist und keinen Sinne mehr hat, kann man genauso gut entbehren, könnte die Wolke einst folgern. Die Natur hält es ebenso: Was fertig ist mit der Fortpflanzung, wird gelöscht. Für eine Wolke wird Selbstmord genauso selbstverständlich sein wie das Wegwerfen eines nutzlos gewordenen, vollgeschriebenen Blatt Papiers. Genauso logisch wie das Aussteigen aus einem Zug, der seinen Endbahnhof erreicht hat. Und eine Endstation haben wir damit erreicht: den Endpunkt der Evolution.

Besondere Gefühle wird die Wolke nicht haben, wenn es darum geht, sich selbst zu beenden, das ist vielleicht sogar noch das uns einfachen Sterblichen wie Ihnen und mir am wenigsten Verständliche. Wir denken beim Thema Selbstmord an solch widerwärtige Dinge wie ein Hochhaus oder einen improvisiert an einem Dachbodenbalken befestigten Galgen. Aber für eine lila Wolke ist es was anderes. Selbstbewusste Wolken fühlen keinen Schmerz und haben gar keinen Grund ängstlich zu sein, schon gar nicht vor dem Tod. Für jemanden, der unsterblich ist, ist Sterben vielleicht sogar im Gegenteil eine spannende Herausforderung; gerade so wie für uns die Herausforderung besteht, Unsterblichkeit zu erreichen.

Das würde auch ein altes und tiefes Rätsel erklären: Warum wir noch niemals etwas von außerirdischem, intelligentem Leben bemerkt haben. Wenn der Weltraum wirklich vor Leben nur so schwirrt, so wie es immer mehr Astronomen glaubhaft machen, dann ist es nicht mehr als vernünftig anzunehmen, dass dieses Leben auch ab und an intelligentes Leben zum Vorschein bringt, selbstbewusste Wesen wie Sie und ich. Aber die Praxis sieht anders aus. Es ist beunruhigend still im Weltall, meinte schon der berühmte Kernforscher Enrico Fermi in den Fünfzigerjahren. Nirgends um uns herum können wir im Morsecode flackernde Lichter erkennen oder intergalaktische Radiobotschaften hören. Selbst die lila Wolken überfluten nun wirklich nicht gerade unseren Planeten. Soll das heißen, dass Selbstauslöschung tatsächlich die logischste Folge aus der Existenz ist? Nix mit Ufos; wenn eine außerirdische Intelligenz das »Lilawolkestadium« erreicht hat, wird sie sich selbst umbringen; Ende der Geschichte.

Und jetzt noch einmal: Stellen Sie sich eine rötlichlila Wolke vor, die sich selbst mit tränenden Augen vor einen Zug wirft. So läuft es natürlich nicht. Eine lila Wolke wird sich selbst elaboriert auslöschen, und zwar auf eine Art und Weise, die unsere Fantasie weit überfordert. Sie wird den Dimensionen entsteigen, aus dem Weltall treten, sich selbst zusammenklappen, so was in der Art. Einen Abschiedsbrief wird sie keinesfalls hinterlassen. Wer sollte den auch lesen?

Es gibt noch eine weitere, falls das möglich ist, sogar noch seltsamere Möglichkeit.

Denn was kann man sonst noch machen, wenn man eine übermenschliche Intelligenz geworden ist, die sich übermenschlich langweilt? Was machen Sie, wenn Sie sich langweilen? Genau: Sie suchen Ablenkung. Sie spielen ein Spielchen, gehen aus oder schalten den Fernseher an. Sie suchen sich selbst eine Herausforderung.

Genau das könnte unsere rötlichlila Wolke auch mal tun, aber dann natürlich auf ihre eigene, übermenschliche Art und Weise. Sie könnte ein neues Weltall schaffen, eine neue Wirklichkeit. Sie könnte ihr Bewusstsein wieder in Teilchen zerbröseln und in das neue Weltall die Keime seiner Anwesenheit einsäen. Sein »Spielchen« wird ein neues Universum sein, das vielleicht eines guten Tages Leben hervorbringt. Es wird eine Art übernatürliches Doppelspiel sein: Kriege ich aus meinem Weltall »Leben«, kriege ich »Intelligenz« oder krieg ich gar nichts?

Aber Moment mal. Schauen Sie mal um sich.

Wir leben auch in einem Weltall, das Leben und Intelligenz hervorgebracht hat. Könnte das vielleicht bedeuten, dass unsere Wirklichkeit nur Schein ist? Leben wir in einem Doppelspiel, einem Computerspiel, das von einer fremden, außerirdischen Intelligenz erdacht wurde, die sich zu Tode langweilte?

»Ich hoffe, dass du noch ein paar Wege entdeckst, wie die Erde untergehen könnte. Das ist starkes Zeug!«
Mike Clayton, April 2006

Die besten Szenarien, die Welt zu vernichten, habe ich Ihnen versprochen. Und doch haben wir nach all dem bislang Gehörten bei Weitem noch nicht alles berücksichtigt. Keine Sorge: Das Angebot ist offenbar unendlich.

Weg mit dem Mond!

Sehr, sehr langsam dreht sich der Mond von uns weg, mit der Geschwindigkeit, in der ein Fingernagel wächst. Das ist verheerend, denn der Mond stabilisiert die Drehung der Erde, ungefähr so, wie ein Hammerwerfer dadurch im Gleichgewicht bleibt, dass er einen Hammer herumschleudert. In etwa 100 Millionen Jahren wird der Mond so weit von uns entfernt sein, dass die Erde »umkippt«. Die Drehachse der Erde wird furchtbar zu wackeln beginnen. Das Wetter und das Klima werden dann unbeherrschbar: Tod und Verderben ziehen über die Erde.

Die Erde erstarrt!

Der Kern der Erde ist dabei, langsam zu erstarren, und in ein paar 100 Millionen Jahren werden wir das auch mitbekommen. Eine ziemliche Gemeinheit unseres Planeten, denn allerlei geologische Prozesse werden dann nach und nach zum Stillstand kommen, die Atmosphäre wird verschwinden, das Oberflächenwasser verdunsten und der Planet unbewohnbar werden. Genau das ist wohl auch auf dem Mars geschehen, und da kann man ja nun auch nicht wirklich leben.

Die Dimensionen zerbrechen!

Ein überaus ekelhafter Weltuntergang; komplexer, physikalischer Shit. Kurz und knapp gesagt läuft es darauf hinaus, dass durch eine Zerstörung der Dimensionen unser Weltall urplötzlich wie eine Seifenblase zerplatzt – eigentlich ein Zusammenprall mit einem anderen Weltall. Was man davon merken wird, ist für einfache 3D-Wesen wie Sie und mich wirklich nicht leicht zu verstehen. Wahrscheinlich wird es einfach so sein, dass Sie von einem auf den anderen Moment einfach aufhören zu sein, genau wie das Weltall um Sie herum. Schaurig ist, dass diese Katastrophe theoretisch jeden Moment stattfinden kann.

Die Sonne zerreißt!

Ein übles Weltraumproblem, bei dem die Sonne durch ein anderes großes Objekt, etwa einen Stern oder einen Beinahe-Stern, einen weißen Zwerg zum Beispiel, gerammt wird. Ich habe davon mal eine Zeichnung im ›Scientific American‹ gesehen, und das sah ziemlich widerwärtig aus. Versuchen Sie sich vorzustellen, wie die Außenseite der Sonne weggezerrt wird, so als ob jemand wahnsinnig stark mit einem Strohhalm dran saugen würde. Die Sonne hält das auf Dauer nicht aus, wird instabil und explodiert. Und wir sterben einen abscheulichen Weltraumtod mit viel Strahlung, Hitze und anderen kosmischen Wurfgeschossen.

Das Weltall zerbröselt!

Die Naturkonstanten – das Zahlenfundament, auf dem unser Weltall ruht – ändern sich nach Kalkulationen einiger Physiker seeeeeeeehr langsam. Das ist verheerend, denn wir wissen, dass das Weltall ohne diese Konstanten nicht bestehen kann. Wenn die Berechnungen stimmen, bleiben uns noch etwa drei Trillionen Jahre, bevor alle Dinge im All instabil werden. Das ist zwar noch ein Weilchen, aber hübsch ist das nicht, denn wir können gar nichts dagegen machen, und dann zerfällt auf einmal Ihr Körper.

Das Öl erreicht die Spitze!

»Ökonomisches Hiroshima« nennt man es. Jeden Moment kann der Weltvorrat an Öl zur Hälfte aufgebraucht sein (einige Leute sind der Meinung, dass es schon längst soweit ist). Gut, dann ist ja eigentlich immer noch die zweite Hälfte übrig. Aber das ist auch ein Wendepunkt: Ab diesem Zeitpunkt wird es immer schwieriger (und daher auch teurer), Öl zu fördern, genauso wie es immer mühsamer wird, Löffel voller Joghurt aus einem Becher herauszubekommen, der schon beinahe leer ist. Die Folge wird eine brutale wirtschaftliche Krise sein, gegen die die Große Depression von 1929 gar nichts ist. Arbeitslosigkeit, Armut, Hunger, Unruhe, Kriege. Der abrupte Umstieg auf saubere Energien ist keine Option: Damit könnten wir uns theoretisch eine Supereiszeit einbrocken.

Von unten!

Erschrecken Sie nicht: Theoretisch ist es denkbar, dass wir die Erde mit einer anderen, noch unentdeckten Lebensform teilen. Das würde nämlich erklären, weshalb unsere Art Leben vor 3800 Millionen Jahren so unvermittelt auftauchte. Wir würden dann von diesem exotischen Urleben abstammen. Übel wird es aber dann, wenn dieses Leben, das zum Beispiel aus Silizium aufgebaut ist, sich uns mir nichts dir nichts offenbaren würde. Dafür sind allerlei unheimliche Wege denkbar. Mein Lieblingsweg ist der, dass unsere Computer eine Symbiose mit den Siliziumwesen eingehen. Sehr theoretisch, aber durchaus möglich. Sie finden sich dann in der unwahrscheinlich seltsamen Situation wieder, dass unser Planet buchstäblich zum Leben erweckt wird. Es ist eine offene Frage, was die Erde dann mit uns machen wird. Was würden Sie machen, wenn Sie eines Tages wach werden und feststellen, dass da sechseinhalb Milliarden Tierchen in ihrem Fell sitzen?

Wie schade, jetzt haben wir schon einige der besten Szenarien gehabt. Dabei könnte noch eine Supernova das Leben auf der Erde vernichten, ein elektromagnetischer Impuls könnte unsere Zivilisation erschüttern, in 250 Millionen Jahren wird ein neuer Superkontinent entstehen mit allerlei ekligen Folgen, der Andromeda-Nebel wird eines Tages unsere Galaxie durcheinanderwirbeln, im Meer gibt es immer mehr sauerstofffreie Bereiche in denen kein Leben

»*Tatsachen dringen nicht bis in die Welt vor, in der unsere Überzeugungen leben.*«
Marcel Proust, 1913

»*Das hat Spaß gemacht zu lesen. Danke, dass du uns das aufgeschrieben hast. Übrigens, zu deiner Information, der Welt wird es noch viele Jahre bestens gehen.*«
Fast Willie, Februar 2006

»*Wart's ab.*«
Boza, Juni 2007

Es war eine außergewöhnliche Gesellschaft, die sich an diesem frühneuzeitlichen Herbsttag vor den Toren der Stadt Wittenberg einfand. Soldaten waren dort, einfache Bauern und Bürger und der brillante Gelehrte Michael Stifel, einer der bedeutendsten Mathematiker seiner Zeit und ein persönlicher Freund Martin Luthers. Doch nun saß er gefesselt auf einem Pferd und die Menschen um ihn herum brüllten: »Sti-fel muss ster-ben! Sti-fel muss ster-ben!«

Ein Jahr zuvor hatte Stifel, der außer Mathematiker auch noch Pfarrer im nahe gelegenen Dörfchen Lochau war, in einem Buch seine Berechnungen veröffentlicht, nach denen der Weltuntergang nahe sei. Am 19. Oktober 1533, um 8 Uhr morgens genauer gesagt, sollte der Vorhang für die Erde fallen. Das kam an. Der Gelehrte hatte es gesagt! Lochau verwandelte sich in einen Pilgerort, Bauern ließen ihre Äcker brach liegen, manche begingen Selbstmord oder steckten ihr Haus in Brand, um sich von ihren irdischen Besitztümern zu trennen, und der Gemeindesekretär brannte mit der Gemeindekasse durch. Als der Jüngste Tag anbrach, war Lochau zu einem wimmelnden apokalyptischen Ameisennest voller jammernder, bibbernder und todesängstlicher Pilger geworden. Aber was immer auch an diesem Tag geschehen sein mochte: Der Weltuntergang war es nicht.

Die Bevölkerung war zunächst erleichtert, dann wie betäubt und geriet bald völlig in Wut. Und jetzt mussten die Soldaten des Kurfürsten herbeieilen, um zu verhindern, dass Stifel gelyncht wurde. Erst nachdem Stifel sich in aller Öffentlichkeit entschuldigt, allen erlittenen Schaden zurückbezahlt und von seinem Pfarramt Abschied genommen hatte, kehrte wieder Ruhe ein.

In manchen anderen Fällen waren die Folgen lustiger. So wie einmal im 13. Jahrhundert, als Soldaten eine Gruppe verirrter Endzeitgläubiger aus der Wüste retten mussten, nachdem sie mit ihrem Bischof dorthin gezogen waren, um den Weltuntergang abzuwarten. Das Ende blieb aus, aber die Gläubigen hatten sich zumindest kräftig verlaufen. Oder die Geschichten endeten fieser: Einige Male wurden Endzeitpropheten gelyncht oder auf traditionell mittelalterliche Weise umgebracht, und bei Sekten wie denen von David Koresh oder Jim Jones endete das Warten auf den Weltuntergang im massenhaften Selbstmord von Dutzenden oder Hunderten Gläubigen.

Nur Irrtümer von blödsinnigen Christen, die die Bibel etwas zu wörtlich nehmen? Das ist nicht wahr. Die Menschen, die das Ende der Welt vorhersagten, waren nicht nur irgendwelche Dahergelaufenen. Isaac Newton war der Meinung, dass das Ende nahe ist – im Jahr 2060, um genau zu sein. Johannes Kepler glaubte es. Der schottische Mathematiker John Napier entwickelte Ende des 16. Jahrhunderts einen Logarithmus, um den Tag des Jüngsten Gerichts berechnen zu können. Der schwedische Physiker Emanuel Swedenborg meinte, dass das Neue Jerusalem 1757 aus dem Himmel herniederkommen würde. Newtons Nachfolger William Whiston war lange Zeit auf der Suche nach Vorzeichen der Endzeit. Der Entdecker des Sauerstoffs, Joseph Priestley, schrieb, dass »an allem das Nahen der elendigen Katastrophe abzulesen ist«. Die Wissenschaftler Daniel Bernoulli und Joseph Jérôme Lefrançais de Lalande hielten regelmäßig Vorträge über den nahenden Weltuntergang. Und als sich Christoph Kolumbus auf den Weg machte, um eine neue Seeroute nach Asien zu suchen, war eines seiner Motive, dass er die Barbaren in Asien so schnell wie möglich bekehren wollte, bevor das Ende kam. Soll ich weiter fortfahren?

Inzwischen sahen (und sehen) auch nicht-christliche Völker ständig das Ende der Welt nahen und ließen (und lassen) auch nicht-kirchliche Westler sich regelmäßig von der Apokalypse zu Tode erschrecken. Oder sie gaben dem Ende eine eigene Note: Die Kommunisten bedienten sich des apokalyptischen Jargons, um das Ende des Kapitalismus vorauszusagen, US-amerikanische Schwarze prophezeien, dass das Ende der weißen Herrschaft einen apokalyptischen Beigeschmack haben wird. Zu glauben, dass die Welt vergeht, ist offensichtlich etwas, das allen Menschen zu allen Zeiten nahegeht; es ist etwas universell Menschliches.

Auch als im 20. Jahrhundert der Einfluss der Kirchen abzunehmen begann, blieb der Glaube an den Weltuntergang wie gewohnt bestehen. Das Ende der Zeiten klebt an den Menschen wie ein hartnäckiger Wahn. Nach der Apokalypse der Bibel kamen die Apokalypsen unseres modernen Glaubens, der Wissenschaft. Das Biest aus dem Meer machte dem steigenden Meeresspiegel Platz, Vulkanwolken und nukleare Winter nahmen die Rolle der pechschwarzen Tage ein, die die Bibel vorausgesagt hatte, und das Loch zur Hölle hat sich in ein schwarzes Loch verwandelt, das kurz davor ist, den Planeten zu verschlingen.

Ein schönes Beispiel ist der Halleysche Komet. Jedes Mal, wenn der Komet an uns vorbeizog, wurde er als göttliches Vorzeichen auf den Weltuntergang gesehen. Aber als der Komet die Erde zum ersten Mal in der Ära der modernen Wissenschaft passierte, 1910, traf er auf eine Welt, in der die Priester durch Wissenschaftler ausgetauscht worden waren. Die sahen Halley aber ganz genauso als Unheilsbringer, nur dieses Mal in einem modernen, wissenschaftlichen Gewand. Der Astronom und Geophysiker Camille Flammarion behauptete etwa, dass der Schweif des Kometen Cyan enthalte, das in der Erdatmosphäre in tödliches Blausäuregas umgewandelt würde. Die Menschheit würde vergast werden!

Das Todesszenario verfehlte seine Wirkung nicht. In Europa und Amerika waren Gasmasken, Sauerstoffflaschen und »Kometenpillen« bald ausverkauft, Frauen verstopften alle Ritzen und Löcher ihrer Häuser, und in der Nacht, in der der Komet an der Erde vorbeizog, strömten die Menschen in die Kirchen und beteten auf der Straße. Unter anderem in Chicago und New York musste die Polizei in Panik geratene Menschenmengen beruhigen, und als der Komet verschwunden war und alle noch lebten, tanzten in Paris die Menschen vor Freude auf der Straße.

Jeder Ära ihre Apokalypse: Zur Zeit des Ersten Weltkriegs war solch eine Weltuntergangsphantasie mit Giftgas an der richtigen Stelle. Und so ging es weiter. In den paranoiden Jahrzehnten des Kalten Kriegs erwarteten wir, dass uns außerirdische Feinde vernichten kommen würden und dass die Atmosphäre in einem Atomkrieg vernichtet würde. Nach der Ölkrise von 1973 prophezeiten wir, dass wir durch die zur Neige gehenden Energievorräte bald wieder in der Steinzeit leben werden und eine Eiszeit ausbrechen könnte. In den optimistischen Neunzigerjahren standen unsere Apokalypsen unter den Zeichen des wissenschaftlichen Fortschritts: Die Roboter werden sich gegen uns auflehnen, genetisch manipulierte Pflanzen werden uns überfallen, Computer werden uns zu ihren Geiseln machen. Und jetzt, in der Ära der Überbevölkerung und Umweltverschmutzung, sinnieren wir darüber nach, wie die Natur zurückschlagen wird: mit Meteoriten, schmelzenden Eiskappen, Supervulkanen oder, nötigenfalls, mit dem Auseinanderreißen des gesamten Weltalls.

In all diesen Ideen steckt ein Körnchen Wahrheit, das haben wir gesehen (und das mussten einige prähistorische Tierchen am eigenen Leib erfahren). Aber dennoch bleiben es auch Fantasien, kulturell bestimmte Ängste. Das apokalyptische Angebot ist riesengroß, und jede Kultur pickt sich genau den Weltuntergang heraus, der zu ihr passt. Die eine Kultur denkt, dass uns der Himmel auf den Kopf fällt, die nächste kommt auf Blausäuregas, und wieder eine andere fürchtet sich vor Meteoriten oder genetisch modifizierten Monstern.

Sind solche Ängste begründet? Das tut eigentlich nichts zur Sache. Vergleichen Sie es mal mit einem Kleinkind, das Angst hat, eine Schlange könnte unter seinem Bett liegen. Natürlich, denkbar ist es schon. Genauso denkbar wie, dass ein Riesenmeteorit gerade auf dem Weg zu uns ist. Aber die meisten Eltern schaffen es doch, ihr Kind zu beruhigen.

Sie haben in diesem Buch erfahren, dass es zahllose Möglichkeiten gibt, wie die Welt untergehen kann. Aber wenn Sie aufmerksam waren, ist Ihnen wahrscheinlich auch aufgefallen, dass alles nur halb so schlimm ist. Die *möglichen* Katastrophen, die uns täglich bedrohen (wie etwa Meteoriteneinschläge, Supervulkanausbrüche oder Schwarze Löcher) sind so unglaublich selten, dass Sie keine Angst haben müssen, sie könnten morgen schon Wirklichkeit werden. Die meisten *sicheren* Katastrophen (alle die mit dem Ende des Weltalls oder der Sonne zu tun haben) liegen dermaßen weit in der Zukunft, dass wir uns heute absolut keinen Kopf darum machen müssen. Mittenmang haben wir »Vorhersagen« kennengelernt, die blanker Unsinn sind, Weltuntergänge, die durch Journalisten aufgebauscht, und Unglücke, die von Wissenschaftlern angedickt wurden, um Aufmerksamkeit und Forschungsgelder zu bekommen. Das wäre eigentlich Grund genug, um Propheten wie Zecharia Sitchin (der vom Planeten X) oder einen Politiker wie Al Gore (mit ›An Inconvenient Truth‹) auf ein Pferd zu binden und zum Bürgermeister von Wittenberg zu führen. Aber auf die eine oder andere Art und Weise kommen sie damit durch. Al Gore bekam sogar den Nobelpreis dafür.

Das bringt mich zu einem anderen Punkt. Die merkwürdige Realität ist nämlich, dass wir im Weltuntergang schwelgen. Warum sonst geben wir Geld aus für Filme wie ›2012‹, ›Armageddon‹ und ›The Day After Tomorrow‹ und schauen uns Dokumentationen wie ›Supervulkan‹ an? Aus welchem Grund sonst haben Sie sich die Mühe gemacht, dieses Buch zu lesen? Der Weltuntergang: klammheimlich sind wir verrückt danach.

Da stellt sich natürlich sofort eine dringende Frage – warum? Warum denken wir seit Menschengedenken, dass das Ende vor der Tür steht? Und warum denken wir das immer noch? Was ist denn in den modernen Menschen gefahren, dass er überall den Weltuntergang wittert?

Darauf gibt es mindestens zwei Antworten.

Die erste ist die, dass wir nicht anders können. Apokalyptisches Denken ist verwurzelt in der Struktur des menschlichen Zusammenlebens, genau wie beispielsweise das Nachdenken über das Jenseits, Mann-Frau-Unterschiede oder unser Verhältnis zur Natur. Jede Kultur hat eine eigene Erzählung darüber, wie alles einmal begann (bei uns ist diese »Erzählung« der Big Bang). Und was einen Anfang hat, hat nun mal auch ein Ende, so lautet unsere Grundsatzerfahrung mit der Natur. »Würde es die Apokalypse nicht geben, dann würden sich die Menschen unwohl fühlen«, schrieb der rumänisch-amerikanische Historiker Eugen Weber zu Beginn dieses Jahrhunderts.

Aber da gibt es noch etwas Wichtigeres. Apokalyptische Erzählungen bieten uns, so verrückt es auch klingen mag, einen Halt, eine Hoffnung. »Was passiert denn da alles? Oh, es ist nur der Weltuntergang.« Wenn wir das Ende einmal hinter uns gebracht haben, fängt unmittelbar eine bessere Welt an, ein Paradies auf Erden, denn auch das ist ein essenzieller Bestandteil einer guten Apokalypse. Die Götter errichten dann die neue Ordnung im Weltall, das Böse wird für Tausend Jahre vernichtet, Ihre Feinde werden getötet oder in ein tiefes Loch geworfen. Apokalyptische Erzählungen sind, was dies angeht, vor allem Berichte einer »skeptischen Hoffnung«, wie es die US-amerikanische Theologin Catherine Keller einmal in einer Fachzeitschrift nannte.

Meine These ist, dass dies auch für die Apokalypsen unseres modernen »Glaubens«, der Wissenschaft, gilt. Sie bieten uns eine Menge Elend, aber auch Hoffnung. Wenn wir verschwunden sein werden, so erzählen uns die Wissenschaftler, wird die Natur sich wiederherstellen. Es entstehen dann neue Tierarten, neue Pflanzen und neue Sterne, nötigenfalls auch neue Welträume. Der Garten Eden wird erblühen, die Natur soll beruhigt Atem holen können, und alles wird von Neuem beginnen. Hungern nach der Apokalypse heißt eigentlich: Verlangen nach der Zeit nach der Apokalypse.

Vor ein paar Jahren, als der für den Menschen gefährliche Vogelgrippevirus H5N1 zum ersten Mal in den Nachrichten auftauchte, widmete der Radiosender ›Stand.nl‹ der Grippedrohung eine Sendung. Zuhörer konnten zum Thema »Ein Ausbruch der Vogelgrippe ist unvermeidlich« Stellung nehmen.

Zu meiner großen Verblüffung urteilten viele Hörer sehr mild über die Grippe. »Unser Land ist so voll, so etwas musste irgendwann einmal passieren.« Und: »Wir gehen so schlecht mit der Natur um, dass es nur logisch ist, dass die Natur zurückschlägt.« Verzeihung? Ein Krankheitsausbruch mit Millionen Toten als etwas, das »passieren muss«?

Natürlich ging keiner der Zuhörer davon aus, dass er selbst einen abscheulichen Röcheltod würde sterben müssen. Heimlich dachten sie wohl an ein Großreinemachen; der Untergang als Rettung. Keine Staus mehr, nicht mehr tausend Bewerber auf den Traumjob, kein Drängeln mehr in der Schlange vor der Kasse.

So sieht es mit weitaus den meisten Apokalypsen aus. Jeder Nachteil hat auch seinen Vorteil; und je schlimmer die Katastrophe, umso größer die Vorteile. Nach einem Meteoriteneinschlag regeneriert sich die Natur, das wissen wir durch die Dinosaurier. Nach dem Vulkanausbruch im Yellowstone Park sind die USA endlich weggefegt, und Europa kann erneut die Rolle der Weltmacht übernehmen. Nach dem großen Meeresspiegelanstieg werden an den Küsten Häuser und Städte auf dem Wasser gebaut werden, ist doch eigentlich ganz toll. Und nach dem Tod der Sonne quetschen wir uns zusammen in ein Raumschiff, um das All zu erkunden, auch ein alter Menschheitstraum. Auf jede Apokalypse folgt ein tausendjähriges Paradies voller Ruhe und Frieden. Selbst in unserer verwissenschaftlichten Zeit ist das etwas wert.

Schön und gut: aber warum jetzt? Warum auf einmal all die Bücher, DVDs, Dokumentarfilme und Zeitschriftenartikel über den Weltuntergang? Die Antwort ist einfach. Wir können nichts daran ändern. Es ist ein kultureller Reflex. Passiert immer, wenn eine Gesellschaft eine verwirrende, desorientierende Periode der Veränderung durchlebt.

Schauen Sie mal in die USA. Nach den Anschlägen auf die Twin Towers griff nicht nur ein allgemeines Unbehagen um sich, auch der apokalyptische Glauben kam zu neuen Höhen. Mindestens einer von vier US-Bürgern sah die Anschläge als Vorzeichen für den Untergang der Welt, und in den Jahren nach dem Attentat gab es einen Ansturm auf Bücher und Lesungen und Filme, die mit dem (biblischen) Weltuntergang zu tun hatten.

In größerem Maßstab kann man das auf der ganzen Welt beobachten. Wir fühlen uns bedroht, scheinen die Macht über unser Leben zu verlieren. Die Technologie verändert unsere Erde, die große Welt ist ein *global village* geworden. Der Bäcker an der Ecke wurde durch den großen, anonymen Multinationalen ausgetauscht. Der Mann auf der Straße ist zu einem Fremden geworden, dessen Sprache Sie vielleicht nicht verstehen. Und folglich fühlen wir uns bedrängt, heimatlos und entfremdet: Die Verbrecher sitzen in Ihrem Computer, die Terroristen wohnen in Ihrer Straße, die Chinesen übernehmen die Wirtschaft! Selbst unseren Zugriff auf den Planeten scheinen wir verloren zu haben. Es sieht danach aus, als werde sich das Klima verändern, und überall, wohin man auch schaut, kämpft die Natur mit Problemen. Sehen Sie es als eine kulturelle Midlife-Crisis. »Wir leben in größerem Wohlstand als der Mensch je zuvor«, schrieb der Historiker Eugen Weber. »Aber unser moralisches

Unbehagen gibt dem Wohlstand dessen ungeachtet einen apokalyptischen Anschein.«

Also fallen wir zurück in unseren alten, bekannten Krampf. Wir klammern uns fest an unsere alten Heilsgeschichten, unsere Apokalypsen. Aber dieses Mal suchen wir unsere Chaosprophezeiungen nicht nur in religiösen Schriften, sondern auch in der Wissenschaft. Und verdammt noch mal, unsere Wissenschaftler erzählen uns aber auch allzu gern von dem, was sie in den vergangenen Jahrzehnten über Klimakatastrophen, Meteoriteneinschläge, Gammablitze und die Gefahren der Technik gelernt haben.

Zugegeben, vielleicht ist es noch unangenehmer zu wissen, dass wir nicht kurz davor sind auszusterben, als sich vor Augen zu halten, dass wir eines fernen Tages schließlich doch einmal verschwinden werden.

Und wann ist es so weit? Wann wird es geschehen? Ganz ehrlich, ich habe keinen blassen Schimmer. Echt nicht. Ich bin ja nicht Johannes aus Patmos, na hören Sie mal. Vielleicht stürzt schon morgen ein Meteorit auf uns nieder, vielleicht müssen wir noch tausend Milliarden Jahre warten. Wer weiß, vielleicht hört unser Weltall ja schon auf zu bestehen, noch bevor Sie diese Zei

Stampfen Sie mal fest auf den Boden. Glück gehabt, unser Planet ist noch da. Doch in den vergangenen 4,5 Milliarden Jahren war die Erde die Bühne für meist schauerliche, apokalyptische Katastrophen. Dazu nun eine Übersicht über die dramatischsten, markantesten und heftigsten Weltuntergänge, eingeteilt in drei Zeitblöcke. Ihnen wird auffallen, dass jeder Zeitblock wie ein Satellitenfoto ist, in das man hineinzoomen kann. In jedem Block finden Sie grob dieselben Katastrophen, nur in einer anderen Heftigkeit. Die Geschichte hat ein »Fraktalmuster«, um es mal ein bisschen technisch auszudrücken.

Das Zeitalter der Erde (vor ... Millionen Jahren)

4500	Ein Planet so groß wie der Mars kollidiert mit der jungen Erde. Die Erdkruste schmilzt und aus den Trümmern entsteht der Mond.
4500–4000	Riesenmeteoriten bombardieren die Erde. Sie sorgen für einen substanziellen Teil an Stoffen wie Wasser, Stickstoff, Sauerstoff und Kohlenstoffdioxid; unsere Atmosphäre ist gewissermaßen der Rauch, der nach dem Meteoritenbombardement übrig geblieben ist.
3800	Erste Lebensformen (primitive Mikroben)
2300	Sauerstoffapokalypse: Sauerstoff hält in die Atmosphäre Einzug, wodurch ein Blutbad unter den Mikroben entsteht, die Archaeen ziehen sich in den Untergrund zurück.
2300	Erste Supereiszeit: Die Erde gefriert in Gänze zu einem »Schneeball«.
2023	Ein Riesenmeteorit trifft bei Vredefort, Südafrika, auf die Erde. Ein Loch von 300 Kilometern Durchmesser – der größte bekannte Krater der Erde – ist das Ergebnis.
1850	In der Nähe von Sudbury, Ontario, schlägt ein Riesenmeteorit ein und hinterlässt den zweitgrößten Einschlagskrater, den wir auf der Erde kennen: 250 Kilometer Durchmesser, und damit viel größer als jener Einschlag, der die Dinosaurier aussterben ließ.
700	Zweite Supereiszeit, erneut wird die Erde ein Schneeball.
650	Erste mehrzellige (Meeres-)Tiere
600	Dritte Supereiszeit; die heutigen USA verwandeln sich in einen Trümmerhaufen, als ein riesiger Meteorit im heutigen Beaverhead, Montana, einschlägt; der erste Superkontinent Rodinia bricht auseinander, vielleicht als Resultat der Supereiszeit.
570	Im heutigen Australien hinterlässt ein Riesenmeteorit einen hundert Kilometer breiten Krater, in dem sich heute der Lake Acraman befindet.

517	Laut Einschätzung mancher Forscher war dies die größte Aussterbewelle aller Zeiten: Während des sogenannten Botomiumschen Aussterbens im Kambrium kamen zwischen 40 und 65 Prozent aller Arten um. Von manchen Meeresarten verschwanden sogar 80 Prozent. Die vermutliche Ursache ist Sauerstoffmangel.
500	Bei der Dresbachiumschen Aussterbewelle kommen etwa 40 Prozent aller Arten um. Niemand weiß warum.
488	Eine Reihe von Aussterbewellen an der Grenze zwischen dem Kambrium und dem Ordovizium rottet zahllose Brachiopoden und Trilobiten aus. Es ist dies das vielleicht zweitstärkste Massenaussterben, das die Erde je erlebt hat, doch die Ursache ist unbekannt.
450	Sehr heftiger Meeresspiegelanstieg, bis zu 400 Meter höher als heute.
443	Am Ende des Ordoviziums sterben 60 Prozent aller Arten aus, vielleicht durch Gammablitze, vielleicht durch eine Eiszeit, vielleicht durch eine Aufeinanderfolge von Meeresspiegelsenkungen und -anstiegen. Trilobiten werden stark zurückgedrängt.
443	Erste Landtiere und Landpflanzen
417	Erste Wälder
400	Eine Reihe Meteoriten bombardiert die Erde: v. a. das heutige Frankreich, Kanada und Sibirien sind betroffen.
368	Ein enormer Meteorit pflügt Skandinavien und Nordeuropa während des sogenannten Siljan-Einschlags um: Der zurückgebliebene Krater misst 55 Kilometer im Durchmesser.
367	Ein sehr großer Meteorit (oder ein Schwarm Meteoriten) verwüstet ein Gebiet von hunderten Kilometern Meeresboden in der Nähe von Alamo, Texas.
364	Eine Folge von Aussterbewellen (die etwa 20 Millionen Jahre dauert) rottet am End des Devon 70 bis 75 Prozent aller Arten aus, das sogenannte Frasnium-Famennium-Aussterben. Die Ursache dafür ist unbekannt.
	In Australien schlägt ein extrem großer Meteorit ein; der Woodleigh-Krater bringt es auf 120 Kilometer Durchmesser.
350	Sehr warme Periode; der Meeresspiegel erreicht den höchsten Punkt in 100 Millionen Jahren: 200–250 Meter höher als heute.
290	In Kanada schlägt ein Doppelmeteorit zwei dutzende Kilometer breite Krater in den Boden, die heutigen Clearwater Lakes.
260	Massive Aussterbewelle an der Grenze zwischen dem Guadalupium und dem Lopingium.
	In China und Kaschmir werfen Supervulkane enorme Hochebenen aus.
251	90 bis 95 Prozent des Meereslebens (darunter die Trilobiten) und 65 bis 70 Prozent des Lebens an Land sterben aus, vermutlich nach einem lang anhaltenden Supervulkanausbruch im heutigen Sibirien. Eine der schlimmsten Aussterbewellen aller Zeiten öffnet die Tür zum Zeitalter der Dinosaurier.
	Der Sauerstoffgehalt geht von 30 auf 12 Prozent zurück.

220	Im russischen Puchezh-Katunki schlägt ein riesiger Meteorit ein: Der Krater hat einen Durchmesser von 80 Kilometern. An anderer Stelle, in Saint Martin in Kanada, hinterlässt ein weiterer Meteorit ein Loch von 40 Kilometern Breite. Der Superkontinent Pangaea entsteht; sehr ernsthafte Klimaveränderungen sind festzustellen (Dürre).
214 – 200	Während der sogenannten Trias-Jura-Aussterbewelle kommen 20 bis 35 Prozent aller Arten um, darunter die Archosaurier und fast alle Meeresreptilien und die Synapsiden. Die wahrscheinlichste Ursache hierfür ist das Aufreißen von Supervulkanen, was durch das Auseinanderbrechen des Superkontinents Pangaea hervorgerufen wurde. Millionen Jahre lang steigen Lava und Gas auf, Ergebnis ist die »Zentralatlantische magmatische Provinz«.
212	Im heutigen Kanada formt ein Riesenmeteorit den hundert Kilometer breiten »Ring von Manicouagan«. Die Folgen müssen schrecklich gewesen sein: Der Einschlag wird mit dem Trias-Jura-Aussterben in Verbindung gebracht.
186	Das heutige Europa wird durch einen großen Meteoriten-Impakt in der Nähe der heutigen Stadt Rochechouart, direkt neben der Dordogne, zerstört.
184	In Südafrika sorgte ein Megavulkanausbruch für das Entstehen der Karoo-Hochebene und die Abspaltung von Madagaskar, Indien und der Antarktis. Diese Katastrophe fällt zusammen mit einer weiteren Aussterbewelle.
165	Der Superkontinent Gondwana zerbricht. Aus den Teilen entweichen große Mengen Lava und Gas. Das Klima ändert sich, Tierarten sterben aus.
135	In Brasilien, Namibia und Angola bricht die Erdkruste auf, und es strömt einige Millionen Jahre lang Lava aus, heute noch am Paraná-Etendeka-Trapp zu erkennen. Die Atmosphäre wird vergiftet und eine Aussterbewelle kommt ins Rollen.
125 – 119	Im Norden der heutigen Salomonen-Inseln findet der größte bekannte Vulkanausbruch statt. Eine Basaltflut ergießt sich danach in eine bis zu 30 Kilometer dicke Gesteinsplatte, die die Größe Kanadas erreicht: das sogenannte Ontong Java Plateau. Zahllose Tierarten sterben aus.
125 – 88	Sehr warme Periode, der Meeresspiegel steigt um 100 Meter.
117	In Nordindien ereignet sich ein weiterer großer Vulkanausbruch: Dabei wird das Rajmahal-Flutbasalt aufgeworfen. Dieses Ereignis fällt mit einer Aussterbewelle zusammen.
89	In Madagaskar findet ein riesiger Ausfluss von Basalt statt. Auffallend viele Arten sterben aus.
66	Im heutigen Manson, Iowa, hinterlässt ein Meteorit zwar nicht den größten Krater (35 Kilometer Breite), aber er sorgt für Gesprächsstoff: Würde der Einschlag heute stattfinden, würden die USA damit vom Erdboden gefegt werden.

65	75 Prozent aller Arten sterben aus, vermutlich verursacht durch einen Meteoriteneinschlag bei Chicxulub, Mexiko. Ende der Dinosaurier.
	In Indien spuckt ein Supervulkan den Dekkan-Trapp aus: eine riesige Bergkette aus Lava.
65–55	Vor rund 65 bis 55 Millionen Jahren wurde auch unsere Region durch eine Katastrophe getroffen. In die heutige Nordsee schlägt (vermutlich) ein 120 Meter großer Meteorit ein, was einen enormen Tsunami nach sich zieht. Geologen schließen dies aus dem sogenannten Silverpit-Krater am Grund des Meeres.
60	In Grönland bricht die Erde auf und lang anhaltend strömen Lava und Gas aus. Dadurch entstehen die Grönland-Flutbasalte.
58	Ganz nah beim Chicxulubkrater in Mexiko schlägt erneut ein großer Meteorit ein: Das Geschoss hinterlässt einen 22 Kilometer breiten Krater.
55	Aus dem Meeresboden bricht Methan aus.
	Ein enormer Wärmehöhepunkt herrscht auf der Erde, mit Temperaturen, die 8 Grad Celsius höher liegen als heute.
	Der Nordpol taut auf.
	Der nordatlantische Ozean öffnet sich, ein Ereignis, das mit einer enormen Supervulkanaktivität gepaart ist. Auf dem Meeresboden entsteht eine acht Kilometer dicke Schicht Basalt.
50	Schon wieder wird der heutige amerikanische Kontinent durch einen großen Meteoriten getroffen, der dieses Mal ein 45 Kilometer breites Loch in die kanadische Küste schlägt.
35,6	Ein (doppelter?) Meteoriteneinschlag gräbt die berühmte, 85 Kilometer lange Chesapeake Bay im heutigen Virginia. In Russland findet derweil einer der schwersten Meteoriteneinschläge statt, die unseren Planeten jemals trafen: Der Krater von Popigai ist 100 Kilometer breit.
30	In Äthiopien köchelt ein Flutbasalt nach oben: Die Hochebenen von Äthiopien entstehen und weltweit gerät das Klima durcheinander.
27,8	In Colorado platzt heftig ein Supervulkan: fünf Mal so stark wie der letzte Supervulkanausbruch im Yellowstone Park.
17	An der amerikanischen Westküste blubbert ein Flutbasalt eine Bergkette zum Vorschein, die sich durch drei Staaten zieht. Die Lava- und Gasströme fließen rund 7 Millionen Jahre lang. Manche Ausbrüche sind dabei so heftig, dass innerhalb weniger Tage ein kompletter Bergzug entsteht.
14,8	Dort, wo heute das Nördlinger Ries ist, schlägt ein großer Meteorit einen noch immer deutlich erkennbaren, 24 Kilometer breiten Krater in die Erde.
5	Afrika trocknet aus; durch die Entwaldung, die der Trockenheit folgt, werden die Affen, von denen die Menschen abstammen, aus den Bäumen vertrieben.
3	Hitzewelle auf der Erde; der Meeresspiegel steigt um 25 Meter, der Nordpol ist eisfrei.

2,2	Die heutigen USA werden durch den Ausbruch des Supervulkans, der momentan unter dem Yellowstone Park liegt, verwüstet.
2	Ein Stück der Insel Hawaii, das zehn Mal so groß ist wie der Mount Everest, bricht ab. Die Folge ist ein riesiger Tsunami, dessen Wellen möglicherweise einige hundert Meter hoch waren.
1,8	Die ersten, eher menschenähnlichen Urmenschen treten auf: *Homo heidelbergensis*, *Homo habilis* und *Homo erectus*.
	In Südafrika geht ein großer Meteorit nieder, der ein Loch von 640 Meter Breite schlägt, den sogenannten Kalkkop-Krater.
1,3	Ein großer Meteorit bohrt einen 10 Kilometer breiten Krater ins heutige Ghana.
0,75	Magnetische Umpolung der Erde.

Das Zeitalter der menschlichen Art (vor ... Jahren)

195.000	Älteste Fossilien des *Homo sapiens* (des Omo-Menschen aus Tansania)
100.000	Ein großer Meteorit trifft das heutige Algerien: Der 450 Meter breite Impaktkrater von Amguid ist das Ergebnis.
80.000	Eine der Kapverdischen Inseln stürzt ins Meer: Ein Megatsunami trifft die Westküste Afrikas.
74.000	In Indonesien bricht der Supervulkan von Tuba aus. Der moderne Mensch *Homo sapiens* wäre dabei um ein Haar ausgestorben.
52.000	Das prähistorische Indien wird durch einen schweren Meteoriteneinschlag in der Nähe von Lonar aufgeschreckt, von dem noch immer ein 1,8 Kilometer breites Loch übrig ist.
50.000	Der Mensch gebraucht zum ersten Mal in großem Maßstab Gegenstände.
	In Odessa, Texas, gräbt ein Meteorit einen 170 Meter großen Krater.
49.000	In Arizona formt ein eiserner Meteorit den berühmtesten Einschlagkrater der Welt, den 1,2 Kilometer breiten Barringer-Krater.
40.000 – 30.000	Der Neandertaler stirbt in Europa aus, die Ursache dafür ist unbekannt.
30.000	In Boxhole, Australien, schlägt ein großer Meteorit einen 170 Meter langen Krater; etwas davon entfernt sorgt ein weiterer Meteorit für ein Loch von einigen dutzend Metern Breite.
26.500	In Neuseeland bricht der Oruanui-Supervulkan aus. Er verwüstet Neuseeland und hat einen weltweiten Einfluss auf das Klima.
14.000	Der Meeresspiegel schießt in nur vier Jahrhunderten um 20 Meter in die Höhe.
13.000	Ein Binnenmeer aus Schmelzwasser stürzt mit gewaltiger Kraft in die Hudson Bay. Dadurch wird die Meeresströmung gestört und eine Eiszeit angeschoben.
	Auf der indonesischen Insel Flores lebt der allerletzte Nachfahre der Urmenschen-mit-den-dicken-Augenbrauen *Homo erectus*: der Zwergmensch *Homo floresiensis*.

12.900	In den heutigen USA schlägt ein Meteorit ein. Einige Forscher sind der Meinung, dass dies die Ursache für das Aussterben des *Clovis*-Menschen ist, des ersten Bewohners Amerikas.
12.000	Die Eiszeit endet. Inseln verschwinden daher unter Wasser und Kontinente werden überflutet, da der Meeresspiegel um dutzende Meter steigt.
10.000	Der Bosporus bricht durch: Mit großem Schwung läuft das Schwarze Meer voller Wasser. In der Forschung wird die Meinung vertreten, dass die biblische Erzählung von der Sintflut möglicherweise auf diesem Ereignis basiert.
	Polen wird von einem großen Meteoriten getroffen, der ein 100 Meter breites Loch in der Nähe des heutigen Städtchens Morasko hinterlässt.
8.000	Vor Norwegen verrutscht der Meeresboden, was einen Megatsunami auslöst. Die Flutwelle trägt dazu bei, der heutigen Nordsee ihre Form zu geben.
6.600	Nahe bei der estnischen Stadt Ilumetsa schlägt eine Reihe vernichtender Meteoriten ein. Der größte sorgt für einen Krater von 80 Metern Durchmesser.
6.000	Bei Norwegen findet eine enorme Meeresbodenverschiebung statt, die Storegga-Rutschmasse. Riesentsunamis überrollen Europa.
4.000	Im Indischen Ozean zerbricht die Insel Réunion. Ein enormer Megatsunami trifft unter anderem die australische Küste.
	In Argentinien hagelt es Eisenmeteoriten; das »Campo del Cielo« (»Himmelsfeld«) wird mit Einschlagskratern übersät.

Das Zeitalter unserer Geschichte
(mit Jahresangaben vor und nach Christus)

1650 v. Chr.	Ausbruch des Vulkans Santorini. Die minoische Kultur geht unter, vielleicht wegen eines Tsunamis oder dieser Vulkankatastrophe.
200 v. Chr.	In Bayern bekommen die Kelten möglicherweise den Schreck ihres Lebens, als plötzlich ein großer Meteorit in mindestens 81 Einzelbrocken auf sie niederfällt. Wälder verbrennen und es entstehen Krater mit einer Größe von bis zu 2 Kilometern. Das Streufeld soll rund 60 Kilometer lang und bis zu 30 Kilometer breit sein.
536 – 541 n. Chr.	Ein sehr heftiger Vulkanausbruch oder ein Meteoriteneinschlag sorgt für einen bedrohlichen vulkanischen Winter auf der Erde: Flüsse vertrocknen, Ernten misslingen. Die ernsten Auswirkungen reichen von Irland bis nach China. Das Mittelalter beginnt.
1347–1352	Der schwarze Tod bricht aus: Ein Viertel bis zur Hälfte aller Europäer stirbt.
1490	In China kommen bei einem Meteoritenregen viele Tausende Menschen ums Leben.
1700	In der Kaskadenkette, die die US-amerikanische Westküste entlang-

läuft, findet eine der heftigsten Erdbewegungen statt, von der die Menschheit weiß: Stärke 9 auf der Richterskala.

1755 Ein Seebeben zerstört Lissabon und noch eine ganze Reihe anderer Hafenstädte. Durch die Vibrationen fangen sogar in den Niederlanden noch die Kirchenglocken an zu läuten.

1783 Auf Island bricht der Laki-Vulkan aus: Ein Viertel der Isländer stirbt, und auf der Nordhalbkugel wird es bis zu zehn Grad Celsius kälter.

1815 Der Supervulkan Tambora in Indonesien bricht aus. Tausende Menschen kommen um, und die Welt erlebt ein »Jahr ohne Sommer«: In Amerika fällt im Juli sogar Schnee.

1830 Der Vulkan Krakatau bricht aus und verursacht eine schreckliche Flutwelle.

1906 Ein großes Erdbeben erschüttert San Francisco.

1908 Bei Tunguska, Sibirien, schlägt ein Meteorit ein.

1910 Weltweite Unruhen beim Auftauchen des Halleyschen Kometen.

1918 20 bis 40 Millionen Menschen sterben durch den Ausbruch der Spanischen Grippe.

1923 Das sogenannte Kanto-Erdbeben traumatisiert Tokio: Insgesamt 143.000 Menschen kommen um.

1944 Nach dem Ausbruch des Cumbre-Vieja-Vulkans auf der kanarischen Insel La Palma entsteht ein kilometerlanger Riss auf der Insel. Manche Geologen sind der Meinung, dass nur wenig gefehlt hat bis zum Einsturz der Vulkanwand ins Meer, was zu einem Tsunami mit schwerwiegenden Folgen für Spanien, Portugal, Nordafrika, England und Amerika hätte führen können.

1945 Die ersten Atombomben explodieren. Danach geben die zuständigen Experten zu, dass sie sich nicht sicher waren, ob die Explosionen nicht die Atmosphäre in Brand stecken könnten.

1947 Nördlich von Wladiwostok, im Sichote-Alin-Gebirge, zerplatzt ein eisenhaltiger Meteorit, der heller als die Sonne erschien, woraufhin es Eisenblöcke regnet. Der Vorfall gilt als einer der spektakulärsten Einschläge in der Moderne.

1960 Stärkstes bislang gemessenes Erdbeben (9,5) vor Chile. Tsunamis treffen Chile und sogar Hawaii, das Tausende Kilometer entfernt liegt.

1970 Ein Erdrutsch verschüttet das peruanische Städtchen Yungay: 66.000 Tote.

1976 Mindestens 250.000 Einwohner der chinesischen Stadt Tangshan kommen bei einem heftigen Erdbeben ums Leben.

1982 In Mexiko bricht der Vulkan Chichón aus: Ein Jahr lang ist es auf der Erde ein halbes Grad kühler.

1986 Explosion in Tschernobyl: der bislang schlimmste Atomunfall.

1991 Der Pinatubo-Vulkan auf den Philippinen bricht aus: Auf der Nordhalbkugel wird es zwischen 0,5 und 0,6 Grad und weltweit gesehen 0,4 Grad kühler, ein Effekt, der sich über drei Jahre hält.

1997 Auf Grönland schlägt ein mittelgroßer Meteorit ein.

1998	Nach einer Bodenbewegung unter Wasser rast ein Tsunami über Papua-Neuguinea hinweg: 2000 Tote.
2000	Weltweite Besorgnis über den »Millenium Bug«, der unter anderem dazu führen sollte, dass Atomraketen sich selbstständig abfeuern könnten.
2000	Die Planeten stehen auf einer geraden Linie aufgereiht, was nach Meinung des Unheilspropheten Richard Noone zum Weltuntergang führen soll. Es geschieht nichts.
2002	Australische Forscher entwickeln unbeabsichtigt ein Virus, das alle Versuchstiere, die mit ihm in Berührung kommen, sofort tötet, können es aber unter Verschluss halten.
	Bei Irkutsk schlägt ein Meteorit ein, der eine ganze Stadt hätte vernichten können.
2002–2003	Eine weltweite Panik entsteht beim Ausbruch der neuen Krankheit SARS: 760 Tote.
2003	Unsicherheit in den USA: Die Erde soll Besuch vom »Planeten X« bekommen. Es passiert nichts.
2004	Am zweiten Weihnachtsfeiertag zerstört ein Tsunami die Küsten Asiens: 275.000 Tote.
2005	Eine Flutwelle überflutet New Orleans: 1500 Tote.
2010	Starke Erdbeben in Haiti (7,0)
2010	Starkes Erdbeben in Chile (8,8), das siebtstärkste Beben, das weltweit je gemessen wurde. Das Erdbeben löste einen Tsunami aus, der zum Glück weniger Schaden anrichtete, als erwartet.

QUELLEN

Ich wollte Sie in diesem Buch nicht mit ständigen Literaturverweisen langweilen. Wer aber mehr zu einem bestimmten Thema wissen möchte, kann bei den folgenden Büchern und (Fach-)Artikeln beginnen. In dieser Quellenübersicht ist allerdings nicht berücksichtigt, dass ich viele Informationen durch meine Arbeit als Wissenschaftsjournalist, bei Vorträgen, Kongressen und in Gesprächen mit Wissenschaftlern erhalten habe.

Allgemein

Die Bücherliste zu apokalyptischen Katastrophen ist riesig. Die folgenden Bücher möchte ich Ihnen als Einführung empfehlen:

Abbott, Chris u. a.: *Jenseits des Terrors. Was unsere Welt wirklich bedroht*. Hamburg 2008.

Bryson, Bill: *Eine kurze Geschichte von fast allem*. München 2004.

Fortey, Richard: *Leben. Eine Biographie. Die ersten vier Milliarden Jahre*. München 1999.

Kroonenberg, Salomon: *Der lange Zyklus. Die Erde in 10.000 Jahren*. Darmstadt 2008.

Leslie, John: *The End of the World. The Science and Ethics of Human Extinction*. London 1996.

McGuire, Bill: *Apocalypse. A Natural History of Global Disasters*. New York 2000.

McGuire, Bill: *A Guide to the End of the World. Everything You Never Wanted to Know*. Oxford 2002.

Rees, Martin: *Unsere letzte Stunde. Warum die moderne Naturwissenschaft das Überleben der Menschheit bedroht*. München 2003.

Schilling, Govert: *Unser Universum. Vom Urknall in die Unendlichkeit*. Stuttgart 2004.

Weber, Eugen: *Apocalypses. Prophecies, Cults, and Millennial Beliefs through the Ages*. Harvard 1999.

Weiner, Jonathan: *Die nächsten 100 Jahre. Wie der Treibhauseffekt unser Leben verändern wird*. München 1990.

Warum die Welt untergehen wird

Rohde, Robert A. und Richard A. Muller: *Cycles in fossil diversity*. In: ›Nature‹. Band 434, S. 208–210. 2005.

Vines, Gail: *Mass extinctions*. In: ›New Scientist‹. Ausgabe 2216. 11. Dezember 1999.

Weed, William: *Seven Deadly Disasters*. In: ›Playboy Magazine‹. Band 52, S. 62–68. 2005.

Kapitel 1: Unheimliche Dinge mit Maschinen

ROBOTER

Biever, Celeste: *Self-aware robot turns mirror on humankind.* In: ›New Scientist‹. Ausgabe 2604. 19. Mai 2007.

Brooks, Rodney: *Menschmaschinen. Wie uns die Zukunftstechnologien neu erschaffen.* Frankfurt 2002.

D'Aluisio, Faith und Peter Menzel: *Robo sapiens. Evolution of a New Species.* Cambridge 2000.

Garis, Hugo de: *The Artilect War: Cosmists Vs. Terrans. A Bitter Controversy Concerning Whether Humanity Should Build Godlike Massively Intelligent Machines.* Palm Springs 2005.

Joy, Bill: *Why the future doesn't need us.* In: ›Wired‹. Ausgabe 8.04. April 2000.

Keulemans, Maarten und David Robson: *Robot in peuterpubertijd.* In: ›Natuurwetenschap & Techniek‹. Ausgabe 12 / 2007. Dezember 2007.

Richardson, Kathleen: *Robots are our friends.* In: ›New Scientist‹. Ausgabe 2557. 26. Juni 2006.

SELTSAME APOKALYPSE

Jaspers, Arnout: *Wetenschappelijk verantwoord griezelen.* In: ›Algemeen Dagblad‹. 9. August 1997.

Leake, Jonathan: *Big Bang machine could destroy earth.* In: ›Sunday Times‹. 18. Juli 1999.

Matthews, Robert: *A black hole ate my planet.* In: ›New Scientist‹. Ausgabe 2201. 28. August 1999.

Muir, Hazel: *Gambling with the earth.* In: ›New Scientist‹. Ausgabe 2259. 7. Oktober 2000.

Ruthen, Russell: *Strange matters.* In: ›Scientific American‹. August 1993.

SCHWARZE LÖCHER AUS DEM LABOR

Anchordoqui, Luis und Haim Goldberg: *Black Hole Chromosphere at the LHC.* In: ›Physical Review Letters‹. Band 92. 2006.

Carr, Bernhard J. und Steven B. Giddings: *Quantum black holes.* In: ›Scientific American‹. Mai 2005.

Dimopoulos, Savas und Greg Landsberg: *Black Holes at the LHC.* In: ›Physical Review Letters‹. Band 87. 2001.

Eijk, Ernst van: *Zwarte Gaten uit het lab.* In: ›Natuurwetenschap & Techniek‹. März 2005.

Jamieson, Valerie: *Black holes, but not as we know them.* In: ›New Scientist‹. Ausgabe 2483. 22. Januar 2005.

Kramer, John G.: *CERN's LHC: A black hole factory?* In: ›Analog‹. 2005.

Matthews, Robert: *A black hole ate my planet.* In: ›New Scientist‹. Ausgabe 2201. 28. August 1999.

Muir, Hazel: *Exploding black holes rain down on earth.* In: ›New Scientist‹. Ausgabe 2424. 6. Dezember 2003.

Reich, Eugenie Samuel: *Black hole-like phenomenon created by collider.* In: ›New Scientist‹. 19. März 2005.

Kapitel 2: Das Ding, das sicher kommen wird

Habing, Marcus und Paul Murdin: *Being around at the death*. In: ›Nature‹. Band 364, S. 677–678. 1993.

Jones, David: *Save the Earth!* In: ›Nature‹. Band 361, S. 408. 1993.

Maddox, John: *The future history of the solar system*. In: ›Nature.‹ Band 372, S. 611. 1994.

Muir, Hazel: *Hell on Earth*. In: ›New Scientist‹. Ausgabe 2424. 6. Dezember 2003.

Svitil, Kathy: *Hot times on Titan: death of the sun may heat Titan's atmosphere*. In: ›Discover‹. März 1998.

Volk, Tyler: *When climate and life finally devolve*. In: ›Nature‹. Band 360, S. 707. 1992.

National Geographic Channel: *Death of the Sun* (Dokumentarfilm 2005).

Kapitel 3: Dinge, die das Wort »groß« enthalten

BIG CRUNCH

Battersby, Stephen: *The final unravelling of the universe*. In: ›New Scientist‹. Ausgabe 2485. 5. Februar 2005.

Battersby, Stephen: *Runaway universe*. In: ›New Scientist‹. Ausgabe 2468. 9. Oktober 2004.

Chown, Marcus: *Kitte mein zerbrochenes Herz*. In: ders.: ›Das Universum nebenan. Revolutionäre Ideen in der Astrophysik‹. München 2003.

Chown, Marcus: *Unwrite this*. In: ›New Scientist‹. Ausgabe 2214. 27. November 1999.

Davies, Paul: *Time's arrow*. In: ›New Scientist‹. Ausgabe 2106. 1. November 1997.

Gefter, Amanda: *The world turned inside out*. In: ›New Scientist‹. Ausgabe 2439. 20. März 1994.

Glanz, James: *New Data on 2 Doomsday Ideas, Big Rip vs. Big Crunch*. In: ›New York Times‹. 21. Februar 2004.

Gribbin, John: *Auf der Suche nach dem Omega-Punkt. Zerfall oder Unendlichkeit als Schicksal des Universums*. München 1990.

Hawking, Stephen: *Das Universum in der Nussschale*. Hamburg 2001.

Muir, Hazel: *Crunch time soon?* In: ›New Scientist‹. Ausgabe 2359. 7. September 2002.

Perlman, David: *The Big Crunch*. In: ›San Francisco Chronicle‹. 23. September 2002.

Schwartz, Mark: *Cosmic »big crunch« could trigger an early demise of our universe*. In: ›Stanford Research Report‹. 25. September 2002.

Tipler, Frank und John Barrow: *The Anthropic Cosmological Principle*. Oxford 1996.

BIG RIP

Battersby, Stephen: *The final unravelling of the universe*. In: ›New Scientist‹. Ausgabe 2485. 5. Februar 2005.

Britt, Robert Roy: *The Big Rip: New Theory Ends Universe by Shredding Everything*.

In: ›space.com‹: *http://www.space.com/scienceastronomy/big_rip_030306. html*. 6. März 2003.

Caldwell, Robert u. a.: *Phantom Energy: Dark Energy with w<-1 Causes a Cosmic Doomsday*. In: ›Physical Review Letters‹. Band 91. 2003.

Chown, Marcus: *Phantom menace may rip up cosmos*. In: ›New Scientist‹. 5. März 2003.

Keulemans, Maarten: *De grote scheuring*. In: ›VPRO Noorderlicht Online‹: *http://noorderlicht.vpro.nl/artikelen/10916991/*. 7. März 2003.

Shiga, David: *Before the big bang*. In: ›New Scientist‹. Ausgabe 2601. 28. April 2007.

BIG SLEEP

Battersby, Stephen: *Runaway universe*. In: ›New Scientist‹. Ausgabe 2468. 9. Oktober 2004.

Battersby, Stephen: *The final unravelling of the universe*. In: ›New Scientist‹. Ausgabe 2485. 5. Februar 2005.

Dyson, Freeman: *Time without end. Physics and biology in an open universe*. In: ›Reviews of Modern Physics‹. Band 51, S. 447–460. 1979.

Glanz, James: *New Data on 2 Doomsday Ideas, Big Rip vs. Big Crunch*. In: ›New York Times‹. 21. Februar 2004.

Kaku, Michio: *How to survive the end of the universe*. In: ›Discover‹. Ausgabe 25/12, S. 47–53. Dezember 2004.

Krauss, Lawrence und Glenn Starkman: *The Fate of Life in the Universe*. In: ›Scientific American‹. Ausgabe 281, 5. November 1999.

Krauss, Lawrence und Glenn Starkman: *Life, the universe and nothing. Life and death in an ever expanding universe*. In: ›Astrophysical Journal‹. 2000.

Matthews, Robert: *To infinity and beyond*. In: ›New Scientist‹. Ausgabe 2129. 11. April 1998.

Schilling, Govert: *Unser Universum. Vom Urknall in die Unendlichkeit*. Stuttgart 2004.

Kapitel 4: Dinge, in die Sie sich verwandeln können

EVOLUTION:

Boyle, Alan: *Human evolution at the crossroads*. In: ›MSNBC Online‹: *http://www.msnbc.msn.com/id/7103668/print/1/displaymode/1098/*. 2. Mai 2005.

Douglas, Kate: *Are we still evolving?* In: ›New Scientist‹. Ausgabe 2542. 11. März 2006.

Keulemans, Maarten: *Voer voor de tanden*. In: ›VPRO Noorderlicht Online‹: *http://noorderlicht.vpro.nl/artikelen/21379988/*. 23. Februar 2005.

Keulemans, Maarten: *In geuren of kleuren*. ›VPRO Noorderlicht Online‹: *http://noorderlicht.vpro.nl/artikelen/16157424/*. 21. Januar 2004.

Keulemans, Maarten: *Genfout geeft hulkpostuur*. In: ›VPRO Noorderlicht Online‹: *http://noorderlicht.vpro.nl/artikelen/18100199/*. 24. Juni 2004.

Lahn, Bruce et al.: *Ongoing Adaptive Evolution of ASPM, a Brain Size Determinant in Homo sapiens*. In: ›Science‹. Band 309, S. 1720–1722. 2005.

Pääbo, Svante et al.: *Loss of olfactory receptor genes coincides with the acquisition of full trichromatic vision in primates*. In: ›PloS Biology‹. Band 2, S. 120–125. 2004.

Schuelke, Markus et al.: *Myostatin associated with gross muscle hypertrophy in a child*. In: ›New England Journal of Medicine‹. Band 350, S. 2682–2688. 2004.

Stedman, Hansell et al.: *Myosin gene mutation correlates with anatomical changes in the human lineage*. In: ›Nature‹. Band 428, S. 414–418. 2004.

Sweeney, Lee: *Gene doping*. In: ›Scientific American‹. Juli 2004. S. 37–43.

Vree, Jacqueline de: *Een gelukkige mutatie*. In: ›VPRO Noorderlicht Online‹: *http://noorderlicht.vpro.nl/artikelen/16391079/* . 11. Februar 2004.

DIE BORG

Horgan, John: *Mind control. Are we entering the brain-chip era?* In: ›Discover‹. Oktober 2004.

Keulemans, Maarten: *Geen gehoor*. In: ›VPRO Noorderlicht Online‹: *http://noorderlicht.vpro.nl/artikelen/15970593/* . 8. Januar 2004.

Keulemans, Maarten: *Grijze Machines*. In: ›VPRO Noorderlicht Online‹: *http://noorderlicht.vpro.nl/artikelen/19639067/* . 26. Oktober 2004.

McGee, Patrick: *Becoming one with your robot*. In: ›Wired‹. 10. März 2000.

ZOMBIES

»*Cambodian Troops Quarantine Quan'Sul*«. In: *http://65.127.124.62/south_asia/4483241.stm.htm* [aktuell nicht mehr aufrufbar, Anm. d. Üb.]

Booth, William: *Voodoo Science*. In: ›Sciene‹. Band 240, S. 274–278. 1998.

Glas, René: *Zombies rennen niet*. In: ›Folia‹. 9. September 2005.

Keulemans, Maarten: *The Negro's Hoodooism? The »Rascification« of White Popular Beliefs in Early Colonial and Modern America«*. Diplomarbeit 1993. (Ja, Sie lesen richtig, ich habe mein Examen über Zombies gemacht!)

Rushkoff, David: *What you can learn from zombie movies*. In: ›Discover‹. August 2007.

Kapitel 5: Dinge, die aus Ihrem Körper kommen

MÄNNERAUSSTERBEN

Amos, William et al.: *Factors affecting levels of genetic diversity in natural populations*. In: ›Philosophical Transactions of the Royal Society of London‹, Band 353, S. 177–186. 1999.

Dykes, Mervyn: *DNA Doomsday*. In: ›The Evening Standard‹. 4. Juli 2005.

Just, W. et al.: *The sex determination in Ellobius lutescens remains bizarre*. In: ›Cytogenetic Genome Research‹. Band 96, S. 146–153. 2002.

Keulemans, Maarten: *Dood aan alle mannen*. In: ›VPRO Noorderlicht Online‹: *http://noorderlicht.vpro.nl/artikelen/14032942/* . 4. September 2003.

Keulemans, Maarten: *Eerherstel voor Y*. In: ›VPRO Noorderlicht Online‹: *http://noorderlicht.vpro.nl/artikelen/12607536/* . 23. Juli 2003.

Kunzig, Robert: *Secrets of the Y chromosome. The hidden history of men*. In: ›Discover‹. Dezember 2004.

Mackenzie, Constanze et al.: *Declining sex ratio in a first nation community.* In: ›Environmental Health Perspectives‹. Band 113, S. 1294–1298. 17. August 2005.

Ridley, Matt: *Konflikt.* In: ders.: ›Alphabet des Lebens. Die Geschichte des menschlichen Genoms‹. München 2000.

Rozen, Steven et al.: *Abundant gene conversion between arms of palindromes in human and ape Y chromosomes.* In: ›Nature‹. Band 423, S. 873–876. 2003.

Saletsky, H. et al.: *The male-specific region of the human Y chromosome is a mosaic of discrete sequence classes.* In: ›Nature‹. Band 423, S. 824–837. 2003.

Sykes, Bryan: *Keine Zukunft für Adam. Die revolutionären Folgen der Gen-Forschung.* Bergisch Gladbach 2003.

Sutou, S. et al.: *Sex determination without the Y chromosome in two Japanese rodents, Tokudaia osimensis osimensis and Tokudaia osimensis spp.* In: ›Mammalian Genome‹. Band 12, S. 17–21. 2001.

UNFRUCHTBARKEIT

Adam, David: *Faking babies.* In: ›The Guardian‹. 19. Mai 2005.

Ballantyne, Aileen: *Why our men are getting less fertile.* In: ›The Times‹. 29. August 1995.

Coghlan, Andy: *Infant males affected by gender-bending chemicals.* In: ›New Scientist‹. Ausgabe 2502. 4. Juni 2005.

Dykes, Mervyn: *DNA Doomsday.* In: ›The Evening Standard‹. 4. Juli 2005.

Hooper, Rowan: *Pesticides reduce fertility in males and their offspring.* In: ›New Scientist‹. Ausgabe 2503. 11. Juni 2005.

Hooper, Rowan und Julie Wakefield: *Where did all the boys go?* In: ›New Scientist‹. 29. Juni 2002.

Hunt, Liz: *Why today's man is losing his virility.* In: ›The Independent‹. 6. Januar 1997.

Milloy, Steven: *Pesticide sperm count link is important.* In: ›Fox News‹. 20. Juni 2003.

Sheynkin, Yefim et al.: *Increase in scrotal temperature in laptop computer users.* In: ›Human Reproduction‹. Band 20, S. 452–455. 2005.

Wakefield, Julie: *Boys won't be boys.* In: ›New Scientist‹. Ausgabe 2349. 29. Juni 2002.

Watts, Susan und Tom Wilkie: *Soap may have caused fall in sperm counts.* In: ›The Independent‹. 9. September 1994.

Wright, Lawrence: *Science and sperm.* In: ›The Guardian‹. 9. März 1996.

KRANKHEITEN

Bäckhed, Fredrik et al.: *Host-Bacterial Mutualism in the Human Intestine.* In: ›Science‹. Band 307, S. 1914–1920. 2005.

Goudsmit, Jaap: *De virusinvasie. Over de overleving van virussen en de menselijke soort.* Amsterdam 2003.

Goudsmit, Jaap: *Viral Sex. The Nature of AIDS.* Oxford 1997.

Keulemans, Maarten: *Dossier Sars.* In: ›VPRO Noorderlicht Online‹: *http://noorderlicht.vpro.nl/dossiers/17014299/* . März/April 2004.

Kolata, Gina: *Influenza. Die Jagd nach dem Virus.* Frankfurt/M 2001.

MacKenzie, Debora: *Extreme TB: The White Plague.* In: ›New Scientist‹. Ausgabe 2956. 22. März 2007.

Meurs, Rudie van: *Erfenis van de Golfoorlog*. In: ›Vrij Nederland‹. 14. April 2004.

The Black Death: *www.insecta-inspecta.com/fleas/bdeath/*
Canvas: *De Zwarte Dood*. März 2005. [belg. TV-Programm, Anm. d. Ü.]

Kapitel 6: Das Ding, von dem wir inzwischen schon wissen

Alvaraz, Luis et al.: *Extraterrestrial cause for the cretaceous-tertiary extinction*. In: ›Science‹. Band 208, S. 1094–1108. 6. Juni 1980.
Aspaugh, Erik: *Taming the heavens*. In: ›New Scientist‹. Ausgabe 2391. 19. April 2003.
Bryson, Bill: *Eine kurze Geschichte von fast allem*. München 2004.
Dalyell, Tam: *Westminster diary*. In: ›New Scientist‹. Ausgabe 2447. 15. Mai 2004.
Editorial: *Discovering deep impact*. In: ›The Washington Times‹. 12. Januar 2005.
Editorial: *Look Skyward*. In: ›The Washington Times‹. 7. September 2003.
Editorial: *Tugboat as lifeboat?* In: ›Astrobiology Magazine‹. 11. November 2004.
Ellwood, Brooks et al.: *Impact ejecta layer from the Mid-Devonian: possible connection to global mass extinctions*. In: ›Science‹. Band 300, S. 1734–1737. 13. Juni 2003.
Emstston, Kord et al.: *Did the Celts see a comet impact in 200 BC?* In: ›Astronomy Magazine‹. 2004.
Fortey, Richard: *Leben. Eine Biographie. Die ersten vier Milliarden Jahre*. München 1999.
Foster, Kenneth: *Courting disaster*. In: ›Science‹. Band 307, S. 1205. 25. Februar 2005.
Gardner, Martin: *Near-earth objects: monsters of doom?* In: ›Skeptical Inquirer‹. Band 22, Nr. 4. 1998.
Graham-Rowe, Duncan: *Lobbying on asteroid threat finally pays off*. In: ›New Scientist‹. Ausgabe 2380. 1. Februar 2003.
Grossi, Patricia (hg.): *Catastrophe Modeling. A New Approach to Managing Risk*. Berlin 2005.
Hecht, Jeff: *Killing an asteroid softly*. In: ›New Scientist‹. Ausgabe 2391. 19. April 2003.
Hecht, Jeff: *Firebirth*. In: ›New Scientist‹. Ausgabe 2198. 7. August 1999.
Interfax: *Meteorite crash site found in Siberia*. 6. Juni 2003.
Keller, Gerta et al.: *Chicxulub impact predates the K-T boundary mass extinction*. In: ›Proceedings of the National Acadamy of Sciences‹. 2. März 2004.
Keulemans, Maarten: *Rijk der schimmels*. In: ›VPRO Noorderlicht Online‹: *http://noorderlicht.vpro.nl/artikelen/16663793/* . 6. März 2004.
Keulemans, Maarten: *Krateroorlog*. In: ›VPRO Nooderlicht Online‹: *http://noorderlicht.vpro.nl/artikelen/16644373/* . 1. März 2004.
Keulemans, Maarten: *Spoor van de sloper*. In: ›VPRO Noorderlicht Online‹: *http://noorderlicht.vpro.nl/artikelen/12424876/* . 12. Juni 2003.
Keulemans, Maarten: *Heilige krater. Kwam het christendom uit de lucht vallen?* In: ›VPRO Noorderlicht Online‹: *http://noorderlicht.vpro.nl/artikelen/12828988/* . 28. Juni 2003.

Keulemans, Maarten: *Twee keer raak. Twintig jaar maan maken werpt vrucht af.* In: ›VPRO Noorderlicht Online‹: *http://noorderlicht.vpro.nl/artikelen/10705930/* . 20. Februar 2003.

Keulemans, Maarten: *Indonesië-meteoriet was meters groot.* In: ›VPRO Noorderlog‹: *http://www.vpro.nl/weblog/news.jsp?news=20371402* . 20. Dezember 2004.

Keulemans, Maarten: *Hemels mitrailleurvuur.* In: ›VPRO Noorderlicht Online‹: *http://noorderlicht.vpro.nl/artikelen/19856788/* . 8. November 2004.

Keulemans, Maarten: *Mis!* In: ›VPRO Noorderlicht Online‹: *http://noorderlicht. vpro.nl/artikelen/16561904/* . 25 Februar 2004.

Kichinka, Kevin: *El Nakhla, first meteorite of Egypt.* In: ›Meteorite‹. Band 4, S. 8 – 12. 1998.

Koenen, Marc: *Kaboem! Gat in den Noordzee.* In: ›VPRO Noorderlicht Online‹: *http://noorderlicht.vpro.nl/artikelen/7867591/* . 1. August 2002.

Koppeschaar, Carl: *Kadunk!* In: *www.xs4all.nl/~carlkop/kadunk.html*

Langbroek, Marco: *Dodelijke meteorietinslag op 17e eeuws VOC-schip?* In: ›Zenit‹. März 1994.

Liu, Charles: *Loading the canon – how do asteroids from the belt between Jupiter and Mars get into near-Earth orbits?* In: ›Natural History Magazine‹. 1. Mai 2005.

McKee, Maggie: *Near-earth asteroids buzz US government.* In: ›New Scientist‹. 20. Mai 2005.

Marchat, Claude: *Rochechouart-Chassenon, un exemple en France.* Rochechouart 1996.

Melosh, Jay et al.: *Ignition of global wildfires at the Cretaceous/Tertiary boundary.* In: ›Nature‹. Band 343, S. 251. 1997.

Milani, Andrea: *Extraterrestrial Material – Virtual or Real Hazards?* In: ›Science‹. Band 300, S. 1882 – 1883. 2003.

Morris, Jefferson: *Search for smaller asteroids would cost 300 – 400 million dollars.* In: ›Aviation Now‹. 2005.

Morrison, David: *Is the sky falling? The threat of cosmic collision between Earth and asteroids or comets.* In: ›Skeptical Inquirer‹. Band 21.3, S. 22. Mai/Juni 1997.

Muir, Hazel: *Target Earth.* In: ›New Scientist‹. Ausgabe 2280. 3. März 2001.

Norris, Guy: *Deep impact.* In: ›Flight International‹. 30. März 2004.

Ravilious, Kate: *Dinosaurs: Killer blow.* In: ›New Scientist‹. Ausgabe 2341. 4. Mai 2002.

Ravilious, Kate: *Earth's volcanism linked to meteorite impacts.* In: ›New Scientist‹. 13. Dezember 2002.

Samuel, Eugenie: *Ray of hope for the test ban treaty.* In: ›New Scientist‹. Ausgabe 2352. 20. Juli 2002.

Semeniuk, Ivan: *Fires of the apocalypse.* In: ›New Scientist‹. Ausgabe 2391. 19. April 2003.

Shepherd, Robin: *Siberia meteorite flattens 40 square miles.* In: ›The Times‹. 7. Juni 2003.

Space Daily: *Meteorite crashes through roof.* 14. Juni 2004.

Steel, Duncan: *Coming soon to a planet near you.* In: ›The Guardian‹. 6. September 2001.

Steel, Duncan: *Zielscheibe Erde. Wie Asteroiden und Kometen unseren Planeten bedrohen.* Stuttgart 2001.
Vajda, Vivi und Stephen McLoughlin: *Fungal proliferation at the Cretaceous-Tertiary boundary.* In: ›Science‹. Band 303, S. 1489. 5. März 2004.
Whaley, Tom: *Far-off technology will mitigate the threat of near-Earth objects.* In: ›Press Journal‹. 24. Januar 2005.
Zimmer, Carl: *Why were the dinosaurs so successful?* In: ›Discover‹. April 2005.

Earth Impact Database: *www.unb.ca/passc/ImpactDatabase*
Boliden-Datenbank von Läslo Evers, Mitarbeiter des »Koninklijk Nederlands Meteorologisch Instituut« (Königlich-Niederländisches Meteorologisches Institut, kurz KNMI): *www.knmi.nl/~evers*
Near Earth Object Program: NEO-Discovery Statistics: *http://neo.jpl.nasa.gov/stats*

Ausstellungsmaterial des »Musée de la Météorite« in Rochechouart

Kapitel 7: Andere Dinge, die aus dem Weltall kommen

PLANET X

Hoyt, William Graves: *Planet X and Pluto.* Tucson 1979.
Keulemans, Maarten: *In de ban van Nibiru. De dreigende komst van Planeet X.* In: ›Skepter‹. Band 15(4). Dezember 2002.
Schilling, Govert: *De jacht op Planeet X. Sterrenkundigen ontdekken de buitendelen van het zonnestelsel.* 's Graveland 2007.
Sitchin, Zecharia: *Der zwölfte Planet.* Unterägeri 1979.
Soldt, Wilfred van: *De Babylonische astronomie, het begin van een wetenschap.* Vortrag. 2002.
Toole, Thomas O.: *Mystery heavenly body discovered.* In: ›The Washington Post‹. 30. Dezember 1983.

ALIENS

McKee, Maggie: *Wormhole wanderers face a deadly dilemma.* In: ›New Scientist‹. 24. Mai 2005.

GAMMABLITZE

Buchanan, Mark: *Gamma rays the likely cause of mass extinctions.* In: ›New Scientist‹. Ausgabe 2510. 30. Juli 2005.
McKee, Maggie: *»Black Sheep« gamma-ray bursts refuse to conform.* In: ›New Scientist‹. 20. Dezember 2006.
Ravilious, Kate: *Top 5 cosmic threats to life on Earth.* In: ›New Scientist‹. Ausgabe 2508. 15. Juli 2005.
Recer, Paul: *Theory links ancient extinction to supernova.* In: ›Associated Press‹. 7. Januar 2004.
Reich, Eugenie Samuel: *Earth escapes gamma-ray-burst disaster.* In: ›New Scientist‹. Ausgabe 2548. 19. April 2006.

Schilling, Govert: *Flash! De jacht op kosmische superexplosies.* Amsterdam 2000.

McNab, David: *Hunt for the Death Star.* Dokumentarfilm. 2001.

SCHWARZE LÖCHER

Battersby, Stephen: *The ultimate stealth attack.* In: ›New Scientist‹. Ausgabe 2361. 21. September 2002.

Begelman, Mitchell: *Evidence for black holes.* In: ›Science‹. Band 300, S. 1898–1903. 20. Juni 2003.

Brumfiel, Geoff: *The Milky Way's hidden black hole.* In: ›Scientific American‹. 1. Oktober 2001.

Chown, Marcus: *The black hole survival guide.* In: ›New Scientist‹. Ausgabe 2411. 6. September 2003.

Fabian, A.C. und J.M. Miller: *Black holes reveal their innermost secrets.* In: ›Science‹. Band 297, S. 947–948 9. August 2002.

Gefter, Amanda: *The elephant and the event horizon.* In: ›New Scientist‹. Ausgab 2575. 26. Oktober 2006.

Hawking, Stephen: *Das Universum in der Nussschale.* Hamburg 2001.

Jacobson, Theodore und Renaud Parentani: *An echo of black holes.* In: ›Scientific American‹. Dezember 2005.

Lemonick, Michael: *Probing the true nature of black holes.* In: ›New Scientist‹. Ausgabe 2624. 4. Oktober 2007.

Matthews, Robert: *A black hole ate my planet.* In: ›New Scientist‹. Ausgabe 2201. 28. August 1999.

Minkel, J.R.: *Black holes, but not as we know them.* In: ›New Scientist‹. Ausgabe 2483. 22. Januar 2005.

Muir, Hazel: *Black Holes.* In: ›New Scientist‹. Ausgabe 2365. 19. Oktober 2002.

Shiga, David: *Could black holes be portals to other universes?* In: ›New Scientist‹. 27. April 2007.

Tegmark, Max: *Measuring spacetime: from the Big Bang to black holes.* In: ›Science‹. Band 296, S. 1427–1433. 24. Mai 2002.

Wesson, Paul: *Life inside a black hole.* In: ›New Scientist‹. Ausgabe 2538. 10. Februar 2006.

Lucas, Thomas und Julia Cort: *Monsters of the Milky Way.* Dokumentarfilm. 2006.

Kapitel 8: Dinge, die aus dem Boden kommen

SUPERVULKANE

Chang, Wu-Lang et al.: *Accelerated uplift and magmatic intrusion of the Yellowstone caldera, 2004 to 2006.* In: ›Science‹. Band 318, S. 952–956. 9. November 2007.

Courtillot, Vincent et al.: *The emergence of primary hotspots at large igneous provinces at earth surface in the last 300 MA.* In: ›Geophysical Research Letters‹. Band 5, 06938. 2003.

Courtillot, Vincent et al.: *Mass extinctions in the last 300 million years: one impact and seven flood basalts?* In: ›Israeli Journal of Earth Sciences‹. Band 43, S. 254–266. 1994.

Mason, Ben et al.: *The size and frequency of the largest explosive eruptions on earth*. In: ›Bulletin of Volcanology‹. Band 66 (8), S. 734–748. 2004.
Ravilious, Kate: *Earth's volcanism linked to meteorite impacts*. In: ›New Scientist‹. 13. Dezember 2002.

Cusack, Sinead: *Supervolcanoes*. Dokumentarfilm. 2000.
Mitchell, Tony: *Supervolcano*. Dokumentarfilm. 2006.

UMPOLUNG

Fei, Yingwei und Constance Bertka: *The interior of Mars*. In: ›Science‹. Band 308, S. 1120. 22. Mai 2005
Gubbins, David et al.: *Fall in earth's magnetic field is erratic*. In: ›Science‹. Band 312, S. 900. 12. Mai 2006.
Hulot, G. et al.: *Small-scale structure of the geodynamo inferred from Oersted and Magsat data*. In: ›Nature‹. Band 416, S. 620. 11. April 2002.
Koenen, Marc: *Magneet op hol*. In: ›VPRO Noorderlicht Online‹: *http://noorderlicht.vpro.nl/artikelen/6058294/* . 12. April 2002.

EISZEIT

Donnadieu, Yannick et al.: *A »snowball Earth« climate triggered by continental break-up through changes in run-off*. In: ›Nature‹. Band 428, S. 303–306. 2004.
Keulemans, Maarten: *Een kern van waarheid*. In: ›VPRO Noorderlicht Online‹: *http://noorderlicht.vpro.nl/artikelen/18005678/* . 10. Juni 2004.
Keulemans, Maarten: *Groene golf*. In: ›VPRO Nooderlicht Online‹: *http://noorderlicht.vpro.nl/artikelen/12406309/* . 6. Juni 2003.
Keulemans, Maarten: *Hollywood ontketent ijstijd*. ›VPRO Noorderlicht Online‹: *http://noorderlicht.vpro.nl/artikelen/17709032/* . 25. Mai 2004.
Keulemans, Maarten: *Planeet Sneeuwball*. In: ›VPRO Noorderlicht Online‹: *http://noorderlicht.vpro.nl/artikelen/16846557/* . 17. März 2004.
Kroonenberg, Salomon: *Der lange Zyklus. Die Erde in 10.000 Jahren*. Darmstadt 2008.
Leutwyler, Kristen: *The first ice age*. In: ›Scientific American‹. November 1999.
Nemani, Ramakrishna et al.: *Climate-driven increases in global terrestrial net primary production from 1982 to 1999*. In: ›Science‹. Band 300, S. 1560–1563. 6. Juni 2003.
Pavlov, A. et al.: *Passing through a giant molecular cloud: »Snowball« glaciations produced by interstellar dust*. In: ›Geophysical Research Letters‹. Band 32, S. 3705. 2005.
Pearce, Fred: *Violent future*. In: ›New Scientist‹. Ausgabe 2300. 21. Juli 2001.
Ruddiman, William: *How Did Humans First Alter Global Climate?* In: ›Scientific American‹. März 2005.
Walker, Gabrielle: *Snowball Earth*. In: ›New Scientist‹. Ausgabe 2211. 6. November 1999.

Smit, Annemieke: *Weersverwachtingen*. Dokumentarfilm. 2002.
Whitworth, Hugh: *The Big Freeze*. Dokumentarfilm. 2005.
Williamson, Alex: *Big Freeze*. Dokumentarfilm 2001.

Kapitel 9: Dinge, die wir besser nicht tun sollten

ATOMKRIEG

Ehrlich, Paul, Carl Sagan et al.: *Die nukleare Nacht. Die langfristigen klimatischen und biologischen Auswirkungen von Atomkriegen*. Köln 1985.

Edwards, Rob: *How many more lives will Chernobyl claim?* In: ›New Scientist‹. Ausgabe 2546. 6. April 2006.

Gribbin, John und Paul Butler: *A nuclear winter would ›devastate‹ Australia*. In: ›New Scientist‹. Ausgabe 1706. 3. März 1990.

Groner, Chris: *When the dust settles*. In: ›New Scientist‹. Ausgabe 2155. 10. Oktober 1998.

Guterman, Lila: *Back to Chernobyl*. In: ›New Scientist‹. Ausgabe 2181. 10. April 1999.

Moller, A.P. et al.: *Elevated frequency of abnormalities in barn swallows from Chernobyl*. In: ›Biology Letters‹. Band 3 (4), S. 414–417. 2007.

Toon, Owen, Alan Robock et al.: *Consequences of regional-scale nuclear conflicts*. In: ›Science‹. Band 315, S. 1224–1226. 2007.

Toon, Owen, Alan Robock et al.: *The continuing environmental threat of nuclear weapons: integrated policy responses*. In: ›Eos‹. Band 88 (21), S. 228–231. 2007.

TERRORISTEN

Jones, David: *Save the Earth!* In: ›Nature‹. Band 361, S. 408. 1993.

Broeckhoven, Roel van: *De dag dat de dollar valt*. Dokumentarfilm. 2005.

SUPERUNKRAUT

Brown, Paul: *GM Crop Created Super Weed, Say Scientists*. In: ›The Guardian‹. 25. Juli 2005.

Dyson, Freeman: *Bevrijding van de genen*. In: ›Natuurwetenschap & Techniek‹. September 2007.

Keulemans, Maarten: *De grote ontsnapping. Biotech-genen lekken naar de natuur*. In: ›VPRO Noorderlicht Online‹: *http://noorderlicht.vpro.nl/artike-len/16558690/* . 24. Februar 2004.

Union of Concerned Scientists: *Gone to Seed. Transgenic Contaminants in the Traditional Seed Supply*. In: *http://www.ucsusa.org/food_and_environment/biotechnology/seed_index.html* . Bericht 2004.

Kapitel 10: Dinge, die schon begonnen haben

KATZENAPOKALYPSE

Goldschmidt, Tijs: *Oversprongen*. Amsterdam 2004.

Hecht, Jeff: *Survival of the cutest*. In: ›New Scientist‹. Ausgabe 2326. 19. Januar 2002.

Kirby, Alex: *Afghanistan snow leopard trade booms*. In: ›BBC News Online‹: *http://news.bbc.co.uk/2/hi/science/nature/3150667.stm* . 14. August 2003.

Roos, Rolf et al.: *Opgewarmd Nederland*. Amsterdam 2004.

Horizon: *The Elephant's Guide to Sex*. Dokumentarfilm. 2007.

MEERESSPIEGELANSTIEG

Crok, Marcel: *Meer dooi, minder zee.* In: ›Natuurwetenschap & Techniek‹. Juni 2007. S. 9.

Fell, Nolan: *Outcasts from Eden.* In: ›New Scientist‹. Ausgabe 2405. 31. August 1996.

Gribbin, John und Mary Gribbin: *The Greenhouse Effect.* In: ›New Scientist‹. Ausgabe 2037. 6. Juli 1996.

Hansen, James: *Huge sea level rises are coming – unless we act now.* In: ›New Scientist‹. Ausgabe 2614. 25. Juli 2007.

Keulemans, Maarten: *Atlantische jacuzzi. Aarde was al eerder een broeikaswereld.* In: ›VPRO Nooderlicht Online‹: *http://noorderlicht.vpro.nl/artikelen/15136434/* . 4. Dezember 2003.

Keulemans, Maarten: *Fucking groot meer.* In: ›VPRO Noorderlog‹. 16. August 2004.

McKenna, Phil: *Melting glaciers will dominate sea-level rise.* In: ›New Scientist‹. 19. Juli 2007.

Pearce, Fred: Climate change: *Menace or myth?* In: ›New Scientist‹. Ausgabe 2486. 12. Februar 2005.

Walker, Gabriel: *Climate.* In: ders. et al.: Angels or devils? London 2001.

Tang, Isabel: *Megaflood. The Perfect Disaster.* Dokumentarfilm. 2007.

METHAN

Day, Michael: *Hell on Earth.* In: ›New Scientist‹. Ausgabe 2213. 20. November 1999.

Haq, Bilal: *Methane in the deep blue sea.* In: ›Science‹. Band 248, S. 543–544. 25. Juni 1999.

Hecht, Jeff: *Sudden Heat – Did disasters in the Mediterranean end the last ice age?* In: ›New Scientist‹. Ausgabe 2127. 28. März 1998.

Hecht, Jeff: *Methane prime suspect for greatest mass extinction.* New Scientist. 26. März 2002.

Hecht, Jeff: *Earth's ancient heat wave gives a taste of things to come.* In: ›New Scientist‹. Ausgabe 2372. 7. Dezember 2002.

Hecht, Jeff: *Suffocation suspected for greatest mass extinction.* In: ›New Scientist‹. 9. September 2003.

Jeffs, Hadrian: *Methane catastrophe.* In: New Scientist. Ausgabe 2489. 5. März 2005.

Jones, Nicola: *Did blast from below destroy Tunguska?* In: ›New Scientist‹. Ausgabe 2359. 7. September 2002.

Kunzig, Robert: *When will the bubble burst? 20.000.000 microbes under the sea.* In: ›Discover‹. Band 25 (3), S. 32–41. 2004.

Pearce, Fred: *Wind of change.* In: ›New Scientist‹. Ausgabe 2132. 2. Mai 1998.

Pendick, Daniel: *The power below.* In: ›New Scientist‹. Ausgabe 2136. 30. Mai 1998.

Simpson, Sarah: *Methane Fever.* In: ›Scientific American‹. Februar 2000.

Steele, Diana: *Meltdown.* In: ›New Scientist‹. Ausgab 2198. 7. August 1999.

TREIBHAUSEFFEKT

Gribbin, John und Mary Gribbin: *The Greenhouse Effect.* In: ›New Scientist‹. Ausgabe 2037. 6. Juli 1996.

Keulemans, Maarten: *Atlantische jacuzzi. Aarde was al eerder een broeikas-wereld.* In: ›VPRO Nooderlicht Online‹: *http://noorderlicht.vpro.nl/artike-len/15136434/* . 4. Dezember 2003.

Pearce, Fred: *Climate change: Act now, before it is too late.* In: ›New Scientist‹. Ausgabe 2486. 12. Februar 2005.

Simpson, Sarah: *Methane Fever.* In: ›Scientific American‹. Februar 2000.

Kapitel 11: Dinge, die ziemlich weit gehen

GÖTTER

Gibbs, Nancy: *Apocalypse Now.* In: ›Time Magazine‹. 23. Juni 2002.

Morris, Brian: *Anthropological studies of religion. An introductory text.* New York 1987.

Weber, Eugen: *Apocalypses. Prophecies, Cults, and Millennial Beliefs through the Ages.* Harvard 1999.

Halperin, Jonathan: *Mysteries of the bible. Secrets of Revelation.* Dokumentar-film. 2006.

MAYA

Strous, Louis: *Astronomie antwoorden. 21 december 2012.* In: *http://www.astro.uu.nl/~strous/* .

SINGULARITÄT

Joy, Bill: *Why the future doesn't need us.* In: ›Wired‹. Ausgabe 8.04. April 2000.

Keulemans, Maarten: *De toekomst overkomt ons niet.* In: ›Delft Integraal‹. Aus-gabe 2006/4. 2006.

Kurzweil, Ray: *The Singularity Is Near. When Humans Transcend Biology.* New York 2006.

Vinge, Vernon: *The Coming Singularity. How to Survive in the Post-Human Era.* In: ›Whole Earth Review‹. Ausgabe Winter 1993.

SELBSTMORD

Krauss, Lawrence und Glenn Starkman: *The Fate of Life in the Universe.* In: ›Scientific American‹. Ausgabe 281/5. November 1999.

Warum die Welt nicht untergeht

Biographie von Michael Stifel: *http://www.kk.s.bw.schule.de/mathge/stifel.htm* .

Isaac Newton voorspelt einde van de wereld in 2060. In: ›Gazet van Antwerpen‹. 17. Juni 2007.

Gibbs, Nancy: *Apocalypse Now.* In: ›Time Magazine‹. 23. Juni 2002.

Weber, Eugen: *Apocalypses. Prophecies, Cults, and Millennial Beliefs through the Ages.* Harvard 1999.

REGISTER

A

Aids 70
Algen 124, 236
Aliens s. Außerirdische
Alvarez, Luis und Walter 119
Anthrax 107
Antibiotika 98, 106
Antichrist 245
Antimaterie 145
Apokalypse 241 ff., 272 ff.
Archaeen 228, 230, 279
Archimedes 132
Armageddon 242 f.
Asche 167 ff., 202
Asimov, Isaac 30
Atmosphäre 33, 39, 112, 114 ff., 123 ff.,
    152 ff., 158, 160, 168, 176, 184, 192, 194,
    202, 207, 223, 229, 231, 234 ff., 267, 273,
    279, 281, 285
Atombomben 33, 154, 244
Atomkrieg 22, 126, 189 ff., 249, 273
Außerirdische 10, 145 ff., 263
    Außerirdische Feinde 273
Aussterben
    Hintergrundrauschen 14
    Angst vor 18, 274
    von Tieren 123, 133, 155, 165, 211 ff.
Aussterbewelle 122, 166, 280 f.

B

Bakterien 103 ff., 147 f., 191, 207
Beschleunigerring für relativistische
    Schwerionen 32, 40
Bewusstsein 26 f., 62, 80, 84 f., 254, 256 f.,
    259, 263
Bibel 241, 244, 272 f.
Big Bang 51, 56, 275
Big Crunch 51 ff.
Big Rip 57 ff.
Biotechnologie 201, 207
Bolide 125, 133
Borg 74 ff.
Bubu 108

C

Chicxulub 118, 133, 282
Cholera 104, 106
Clarke, Arthur C. 153
CO_2 s. Kohlendioxid
Computer 252 ff., 259, 269, 274, 277
Computervirus 78
Cyborgs 77 f.

D

Daniel (Bibel) 243
Deutschland 121, 183, 204 f., 216, 218
Dimensionen 150, 159, 253, 263, 267
Dinosaurier 14 ff., 111, 119, 123 f., 167 ff.,
    211 f., 223 f., 236, 276, 279 f., 282
DNA 29, 72 f., 104, 141, 155, 170, 176, 191,
    214, 259
Dyson, Freeman 62, 206

E

Ebola 101 ff., 107 f.
Einschlagkrater 115, 117, 122, 128, 283
Einstein, Albert 53
Eiszeit 141, 155 f., 177 ff., 199, 202, 219, 235,
    274 f.
Energie 29, 32, 51 ff., 59, 62 f., 65, 73, 112,
    136, 149 f., 152, 212, 227, 230
    Dunkle 52 f., 59
Energiekrise 62
Entropie 53 ff.
Erdbeben 244 f., 250, 285 f.
Erde
    als Schneeball 182, 185, 279
    Umpolung 173 ff., 283
    Erwärmung 178 f., 220, 228 f.,
    235 f.
Evolution 25, 69 ff., 88, 98, 102, 105 ff.,
    148 f., 170, 210, 256, 262
Ewigkeit 18, 60 f., 65, 260 ff.

F

Farn 116 f., 192
Feuersturm 154, 229

Flutwelle s. *Tsunami*
Frösche 211 f., 215 f.
Fruchtbarkeit s. *Unfruchtbarkeit*

G
Gammablitze 152 ff., 278, 280
Gammastrahlung 153, 155
Gehirn 25 f., 56, 70 ff., 75 ff., 104, 149, 253, 258 f.
genetische Modifikation 72 f., 202 ff., 252, 258, 274
Golfstrom 182, 184, 199
Gore, Al 179, 275
Grippe 101 ff., 197, 276, 285

H
Haustiere 76, 206
Hinduismus 239 ff.
HI-Virus 103 ff., 197
Homo sapiens s. *Mensch*

I
Impfung 105
Implantate 75, 77, 259
Insekten 124, 165, 191, 200, 212, 215
Intelligenz 25, 27 ff., 77, 88, 149, 252, 256, 263 f.
Internet 28, 74, 76 ff., 82, 144, 175, 245
IPCC 179, 220, 235
Iridium 116, 119

J
Johannes 241 ff., 278
Jupiter 46, 58, 117, 119 f., 138 f., 141 f., 146 f., 161

K
Kalki 240 ff.
Kalter Krieg 194, 273
Kaninchen 199 ff., 216
Katzen 97, 102, 197, 211 f., 216 f.
Kernfusion 44 ff.
Kettenreaktion 31 ff., 233
Klimawandel 16 f., 71, 178, 182, 190, 194, 196, 220, 232 ff., 267, 281 f.
Kohlendioxid 44 ff., 168, 184, 220, 223, 225, 236

Kometen s. *Meteoriten*
Konstanten, physikalische 40, 268
Krankheit 70 ff., 81 ff., 94 f., 100 ff., 171, 191, 193, 197, 199 f., 202 ff., 215, 255, 259, 261 f., 276, 286
Krauss, Lawrence 261
Krebs 72, 79 f., 124, 176, 191 f.
Kuipergürtel 117

L
Lava 43, 46, 117, 138, 166 ff., 170, 281 f.
Lee-Wick-Materie 33

M
Magnetar 156
Magnetfeld 156, 174 ff.
Mann
    unfruchtbarer 93, 96 ff., 206
    Aussterben des 89 ff.
Marduk 140 f.
Mars 25, 33, 45 f., 58, 117, 126, 139, 147 f., 150, 193, 267, 279
Massenaussterben s. *Aussterbewelle*
Materie 18, 31 ff., 40, 51 f., 58, 64, 136, 145, 160 f., 257
Maya 246 ff.
Meeresspiegel, Anstieg des 181, 194, 196, 218 ff., 224 f., 232, 273, 277, 280 ff.
Mensch
    Entstehung 14, 16 f., 140, 148 ff., 169, 258, 283
    beinahe ausgestorben 170, 283
    Evolution 69 ff., 88, 98, 107, 170, 256, 262
    als Meteorit 212
Merkur 45
Meteoriten 9, 15 ff., 100, 107, 111 ff., 138, 153, 155, 160, 168, 171, 183, 190, 212, 274, 276, 278 f., 280 ff.
    Menschen als 212
Methan 126, 207, 222, 225, 227 ff., 232, 234, 282
Mikroben 15, 102, 147 ff., 227 f., 230, 258, 279
Milchstraße 57, 62, 80, 156, 160, 247, 250
    Ende der 57, 62

Mini-Eiszeit 183 f.
Mond 36, 46, 113, 117, 138, 147, 151, 160, 164, 171, 173, 200, 247, 267, 279
  Entstehung des 116 f., 279
MRSA-Bakterien 106

N
NASA 128 f., 137, 142, 147, 224
Naturgesetze 37, 53, 150, 252
Neutronen 31
Newton, Isaac 272
Nibiru 140 ff.
Niederlande 76, 126, 179 ff., 190, 204, 214, 216, 219, 221 ff., 233, 285
Nordpol 173 ff., 220, 222, 225, 236, 282
Nordsee 181, 282, 284
Nukleare Winter 190, 193 ff., 273

O
Offenbarung s. auch Johannes 118, 241 f., 244 f.
Oortsche Wolke 112, 161
Ozonschicht 155 f., 168, 215

P
Perm-Trias-Massensterben 166 f.
Pest 70 101, 106, 171
Pflanzen 9, 14 f., 72 f., 114 ff., 123 f., 148, 155, 160, 173, 184, 191 f., 201 ff., 211 f., 221 f., 234 f., 259, 274, 276, 280
Phantomkraft 57 ff.,
Planet X 137 ff., 249
Planetoidengürtel 117
Pocken 70, 197
Polio 105
Polywasser 33 f.
Psychose 82

Q
Quantenmechanik, Quantenphysik 65, 255
Quarks 31, 40

R
Radioaktivität 190 ff.
Rees, Martin 18, 122
Rinderwahnsinn 102

Roboter 9, 23 ff., 62 ff., 74, 259, 274
Rochechouart 117 ff., 281
Roter Riese 43 ff.

S
Samenzellen 93, 96 ff.
SARS 102, 197
Saturn 117, 138, 161
Sauerstoff 15 f., 33, 72, 114 f., 160, 165 f., 176, 192, 227, 231, 269, 272 f., 279 f.
Saurer Regen 115, 155, 168, 190
Schimmel 116, 192, 199 f., 215
Schlaf 61 ff.
Schwarzer Tod 100 ff., 284
Schwarzer Zwerg 48
Schwarzes Loch 35 ff., 62, 64, 153, 157 ff., 252, 259, 273 f.
Schwefel 44, 114 f., 123, 168
Schwefeldioxid 168
Schwefelsäure 115, 168
Schwerkraft 36 ff., 45 f., 57, 131, 157, 159, 161, 200, 222
Selbstmord 255 ff., 271 f.
Seltsame Materie 32 ff.
Sex 24, 29, 97, 192, 213, 258, 260
Singularität 159, 162, 251 ff., 256, 259
Sonne 9, 18, 32, 36, 43 ff., 52 ff., 58, 60, 62, 65, 70, 112, 114 f., 117 f., 129, 131 f., 136 ff., 143, 146, 150, 152, 154 f., 158, 160 ff., 164 ff., 171 ff., 181, 184 f., 190 ff., 196, 200, 206, 220, 222, 228, 230, 233 f., 246 ff., 268, 274, 277, 285
Sonnensturm 175
Spaghettifizierung 159, 162
Spanische Grippe 101 f., 108, 285
Sperma 94, 96 ff.
SRY-Gen 92 f.
›Star Trek‹ 74, 77
Steinheim 120
Stickoxid 114
Stickstoff 16, 44, 114, 176, 279
Stickstoffdioxid 154
Storegga-Effekt, -Rutschmasse 230, 284
Strahlung 35, 37, 48, 51, 56, 64, 71, 147, 153 f., 155, 162, 175 f., 192 f., 213, 220, 268

Superunkraut 201
Supervulkanismus s. auch Vulkanismus
    165 ff., 223

T
TBC s. Tuberkulose
Teilchen 26, 31 ff., 36, 38 f., 53, 56, 63, 65,
    104 f., 131, 153, 169, 174 ff., 190, 257, 259,
    263
Teilchenbeschleuniger 31 ff., 36 ff.
Terrorismus 107, 195 ff., 277
Treibhauseffekt 98, 220 f., 225, 232 ff.
Treibhausgase 179, 183, 207, 225
Trilobiten 15, 280
Tschernobyl 191 f., 285
Tsunami 107, 230, 244, 282 ff.
Tuberkulose 106
Tunguska 125 ff., 133, 285
Typhus 106

U
Überbevölkerung 102, 206, 274
Überschwemmung 15, 221, 224
UFO s. auch außerirdisches Leben 145,
    148 ff., 154, 263
Unfruchtbarkeit 96 ff.
Uranus 139, 143
Urknall s. Big Bang

V
Venus 45, 142, 232, 234 f.

Verschmutzung 97, 204, 215, 274
Viren 77, 102, 104 ff., 191, 197,
Vogelgrippe 276
Voodoo 84 f.
Vulkanischer Winter 168, 202, 230, 284

W
Warp Drive 150
Wasserdampf 168, 233 f.
Wasserstoff 44 f.
Weißer Zwerg 48, 268
Weltall 48, 51 ff., 57 ff., 61 ff., 69, 71, 74,
    111, 113, 116 f., 127, 129, 132, 135 ff., 146 ff.,
    152, 155 ff., 159, 162, 200, 206, 240, 246,
    248 f., 253, 256 f., 259 ff., 267 f., 274,
    276, 278
    Entstehung 31, 51 f., 162, 275
    Ende 49 ff., 274
    Schrumpfen 51 ff., 57, 60
Wikinger 216, 241
Wurmloch 150 f.

Y
Y-Chromosom 90 ff.
Yellowstone Park 172, 277, 282 f.
Yucatán 116

Z
Zeit 51 ff., 158 f., 246 ff., 252, 260
    rückwärtslaufende 51 ff.
Zombies 9, 81 ff.